DIE WAFFEN DER UKRAINISCHEN ARMEE

Handwaffen und Heeresgerät

Victor Schunkow

Motor buch Verlag

IMPRESSUM

Einbandgestaltung: Sven Rauert unter Verwendung von
Motiven des Ministry of Defence of Ukraine und Vitaly Ivanov.

Bildnachweis: Die zur Illustration dieses Buches verwendeten Aufnahmen stammen – wenn nicht anderes vermerkt ist – vom Verfasser.

Durchgesehen und bearbeitet von Franz Leip

Eine Haftung des Autors oder des Verlages und seiner Beauftragten für Personen-, Sach- und Vermögensschäden ist ausgeschlossen.

ISBN: 978-3-613-04655-9

1. Auflage 2024

Sie finden uns im Internet unter www.motorbuch-verlag.de

Lektorat: Redaktion Motorbuch
Innengestaltung: ERWE-WERBUNG Ralf Weinreich, Halle/S.
Druck und Bindung: Graspo CZ, 76302 Zlin
Printed in Czech Republic

INHALT

Zwei HMMWW M1151 mit Zusatzpanzerung. (Foto: Ralf Weinreich)

EINFÜHRUNG

Der unabhängige Staat Ukraine in seiner heutigen Form wurde am 16. Juli 1990 gegründet, als der Oberste Sowjet der Ukrainischen Sozialistischen Sowjetrepublik (SSR), die Teil der UdSSR war, die Erklärung über die staatliche Souveränität der Ukraine annahm. Darin wurden „die Souveränität, Unabhängigkeit, Vollständigkeit und Unteilbarkeit der Republik auf ihrem Territorium" und die Absicht proklamiert, in Zukunft ein dauerhaft neutraler Staat zu werden, der sich nicht an Militärbündnissen beteiligt und sich verpflichtet, keine Atomwaffen einzusetzen, herzustellen oder zu erwerben.

Am 24. August 1991, nach der Erklärung der Unabhängigkeit, beschloss der Oberste Sowjet der Ukrainischen SSR, alle militärischen Formationen der Streitkräfte der UdSSR auf dem Gebiet der Ukrainischen SSR seiner Gerichtsbarkeit zu unterstellen und das Verteidigungsministerium der Ukraine zu gründen. Zu diesem Zeitpunkt befanden sich drei Militärbezirke auf dem Gebiet der ehemaligen Ukrainischen SSR: der Militärbezirk Vorkarpaten, der Militärbezirk Kiew und der Militärbezirk Odessa. Damit erbte die Ukraine von der UdSSR die zahlenmäßig viertgrößte Armee der Welt. Sie bestand aus 14 motorisierten Schützen-, 4 Panzer- und 3 Artilleriedivisionen, 8 Artilleriebrigaden, 4 Spezialbrigaden, 2 Luftlandebrigaden, 9 Luftverteidigungsbrigaden, 7 Kampfhubschrauber-Regimentern, 3 Fliegerdivisionen (mit zusammen rund 1100 Kampfflugzeugen) und Luftverteidigungsverbänden. Das ukrainische Militär verfügte über folgendes Gerät:

- 8700 Kampfpanzer verschiedener Typen;
- 11.000 Schützenpanzer und gepanzerte Mannschaftstransportwagen;

Ukrainische Soldaten bei einer Parade.

Emblem der ukrainischen Bodentruppen.

- 18.000 Stück Raketen- und Rohrartillerie; *Werchowna Rada*
- 2800 Flugzeuge.

Über das Schicksal der 176 ballistischen Interkontinentalraketen und der rund 2600 taktischen Kernwaffen auf ukrainischem Gebiet wurde am 24. Oktober 1991 entschieden, als eine Resolution der Werchowna Rada (Oberster Rat; d. h. das gesetzgebende Organ der Ukraine) über den atomwaffenfreien Status der Ukraine verabschiedet wurde. Am 14. Januar 1992 wurde ein trilaterales Abkommen zwischen Russland, den Vereinigten Staaten und der Ukraine unterzeichnet, in dessen Rahmen alle Nuklearsprengköpfe abgebaut und nach Russland verbracht wurden. Am 1. Juni 1996 befanden sich keine Atomsprengköpfe mehr auf ukrainischem Gebiet.

Derzeit gliedern sich die ukrainischen Streitkräfte in die Teilstreitkräfte Bodentruppen/Heer, Luftwaffe und Marine unter einem gemeinsamen Generalstab/Oberkommando. Hinzu kommen ein Kommando Spezialeinsatzkräfte, ein Kommando Territoriale Verteidigung, ein Kommando Logistikkräfte, ein Kommando Unterstützungskräfte und ein Kommando Medizinische Versorgung/Sanitätskräfte. Selbstständige Abteilungen bilden weiterhin das Kommando Luftlandetruppen sowie das Truppenkommando Kommunikation und Cybersicherheit. Hinzu kommen Einrichtungen der Militärverwaltung sowie Truppenteile und Einheiten, die von den Dienststellen und Truppengattungen der Streitkräfte getrennt sind.

Die Bodentruppen – das Heer – bilden den zahlenmäßig stärksten Teil der ukrainischen Streitkräfte. Sie verfügen über gepanzerte und mechanisierte Truppen, Heeresflieger, Heeresflugabwehr sowie über Raketen- und Artillerietruppen. 2016 betrug die nominelle Personalstärke des Heeres 169.000 Soldaten. Die russische Invasion in der Ukraine im Jahr 2022 führte zu einer erheblichen Aufstockung des Personals; Verteidigungsminister Resnikow erklärte, dass die Streitkräfte bis zum Juli 2022 auf 700.000 Mann anwachsen würden, ohne Grenzschutz, Nationalgarde und Polizei. Die ukrainischen Bodentruppen untergliedern sich in die vier territorialen Oberkommandos (OK) West, Nord, Süd und Ost. Jedes Kommando verfügt mit den unten aufgeführten Verbänden über die gleichen Unterstützungs-

Kettenschützenpanzer BMP-2 bei einer Übung.

Mechanisierte Brigade auf dem Marsch.

elemente: Artilleriebrigade, Nachschubbataillon, Flugabwehrregiment, Aufklärungszentrum, Pionierregiment, Fernmelderegiment, Instandsetzungsregiment, Sanitätszentrum und weitere Einrichtungen. Gleichzeitig variiert die Anzahl der Kampfbrigaden innerhalb der Einsatzkommandos. Vor dem Einmarsch der russischen Truppen hatten sie die folgende Zusammensetzung:

- OK West: 2 Gebirgsbrigaden (10. und 128) und 2 mechanisierte Brigaden (24. und 14.)
- OK Nord: 2 mechanisierte Brigaden (30. und 72.), 1 motorisierte Brigade (58.), 1 Panzerbrigade (1.) und das 12. selbstständige Panzerbataillon.
- OK Süd: Es verfügte über die meisten leichten Einheiten, 1 mechanisierte Brigade (28.) und 3 motorisierte Brigaden (59., 57., 56.).
- OK Ost: 4 mechanisierte Brigaden (92., 93., 53., 54.) und die 17. Panzerbrigade.

Insgesamt verfügen die ukrainischen Bodentruppen über 2 Panzerbrigaden, 1 selbstständiges Panzerbataillon, 4 motorisierte Brigaden, 2 Gebirgsbrigaden und 9 mechanisierte Brigaden. Darüber hinaus standen allen vier Kommandos 25 territoriale Verteidigungsbrigaden zur Verfügung. Dazu auf übergeordneter Ebene 3 Panzer-, 2 mechanisierte, 2 motorisierte und 2 Artilleriebrigaden in Reserve. Nach Angaben von *The Military Balance* verfügten die ukrainischen Bodentruppen Anfang 2022 über folgendes Gerät:

- 858 Kampfpanzer verschiedener Typen und weitere 1132 in Depots,
- 1212 Schützenpanzer,
- 547 Panzerspähpanzer,
- 622 gepanzerte Mannschaftstransportwagen/Rad-SPw und geschützte Fahrzeuge,
- mindestens 607 selbstfahrende Artilleriegeschütze (Panzerhaubitzen),
- mindestens 515 gezogene Feldgeschütze und Haubitzen,
- 354 Mehrfachraketenwerfer,
- 340 Mörser (Granatwerfer) Kaliber 120 mm,
- 90 taktische Raketensysteme „Totschka".

Die ukrainische Infanterie

Die ukrainische Infanterie setzt sich aus den mechanisierten und motorisierten Infanteriebataillonen der mechanisierten und motorisierten Infanteriebrigaden, den Gebirgsjägerbataillonen der Gebirgsbrigaden, den Luftlande- und luftbeweglichen Bataillonen der Luftlande- und luftbeweglichen Brigaden sowie den Marineinfanteriebataillonen der Marineinfanteriebrigaden zusammen. Zur Infanterie zählen des Weiteren die Territorialverteidigungsbataillone der Territorialverteidigungsbrigaden.

Mechanisierte Brigaden (Panzergrenadiere) bilden die wichtigsten taktischen Verbände der ukrainischen Infanterie. Eine mechanisierte Brigade ist in der Lage, sowohl als Teil eines übergeordneten operativen Kommandos zu kämpfen, als auch eigenständig Aufgaben bei Verteidigungs- und Offensivoperationen zu übernehmen. Dies ist vor allem dem Umstand zu verdanken, dass die Brigade Einheiten bzw. Verbände verschiedener Truppengattungen umfasst. Das Vorhandensein von Rohr- und Raketenartillerie, Flugabwehr, Pionieren und einem Panzerbataillon verleiht der Brigade diese taktische Unabhängigkeit. Häufig arbeiten mechanisierte Brigaden mit Sondereinsatzkräften, luftbeweglichen Einheiten und taktischen Luftstreitkräften zusammen.

Eine Stärke der mechanisierten Brigade ist ihre Ausstattung mit geländegängigen gepanzerten Fahrzeugen sowie einer großen Anzahl schwerer Waffen. Die mechanisierte Brigade ist in der Lage, weite Strecken zu marschieren und bewegliche Operationen mit entsprechender Schnelligkeit durchzuführen.

Eine motorisierte Brigade verfügt über drei motorisierte Infanteriebataillone, eine Panzerkompanie, eine Aufklärungskompanie, einen Scharfschützen-

Emblem der Mechanisierten Infanterie der Ukraine.

Gliederung einer mechanisierten Brigade			
Abteilung	**Anzahl**	**Personalstärke**	**insgesamt**
Stabskompanie	1	122	122
Mechanisiertes Bataillon	3	520	1560
Panzerbataillon	1	189	189
Mot. Schützenbataillon	2	450	900
Brigadeartilleriegruppe	1	1052	1052
Stab/Führungszentrum	1	210	210
Scharfschützenkompanie	1	66	66
Kompanie Elektronische Aufklärung	1	65	65
Fernmeldekompanie	1	99	99
ABC-Kompanie	1	72	72
Brigadeaufklärungskompanie	1	32	32
Sanitätskompanie	1	261	261
Instandsetzungskompanie	1	263	263
Brigadeversorgungskompanie	1	60	60
Militärmusik (im Gefecht bei Sanitätsdiensten)	1	18	18
(Feldgendarmerie?) Trupp	1	4	4
Insgesamt			**5372**

zug und eine Artilleriegruppe, die der Artilleriegruppe einer mechanisierten Brigade entspricht. Diese Brigaden verfügen über keine eigene Kompanien für elektronische Kampfführung, elektronische Aufklärung und Funk, chemische und biologische Abwehr. Im Unterschied zu den mechanisierten (Panzergrenadier-)Brigaden verfügen sie hauptsächlich über leicht gepanzerte Fahrzeuge wie Radschützenpanzer und Mannschaftstransportwagen. Einige motorisierte Brigaden der zweiten Linie haben nur wenige oder überhaupt keine gepanzerten Fahrzeuge.

Die mechanisierten und motorisierten Schützenbataillone verfügten bis Anfang 2022 größtenteils über sowjetische Handwaffentypen, die die Ukraine einst übernommen hatte. Nach 2022 erhielten die ukrainischen Streitkräfte auch große Mengen an Handwaffen aus der Tschechischen Republik, Portugal und anderen NATO-Ländern. Die Fertigung eigener Waffen obliegt schwerpunktmäßig dem Unternehmen Fort in Winniza (das dem historisch interessierten Leser auch als Standort des Führerhauptquartiers von Juli 1942 bis Februar 1943 bekannt sein dürfte, wobei die Anlage rund 8 km nördlich der Stadt in einem Wald lag). Nachfolgend eine überblicksartige Vorstellung des von den ukrainischen Heerestruppen einschließlich Marineinfanterie, Territorialverbänden, Sondereinsatzkräften, Nationalgarde usw. verwendeten Geräts einschließlich Handwaffen.

Benutzerhinweis: Als ergänzende Lektüre zu den hier vorgestellten ukrainischen Waffen und Fahrzeugen sowjetischer bzw. russischer Bauart seien die 2023 erschienenen Werke *Die Waffen der russischen Armee – Infanterie und Artillerie* sowie *Die Waffen der russischen Armee – Panzerfahrzeuge und Flugabwehr* empfohlen. Des Weiteren erhebt dieses Buch keinen Anspruch auf Vollständigkeit – die Vorgänge in der Ukraine sind im Fluss und seit Abschluss der Manuskriptarbeit können weitere Typen an Waffen und Gerät das Land erreicht haben.

TEIL 1: WAFFEN AUS UKRAINISCHER UND SOWJETISCHER FERTIGUNG HANDWAFFEN

PM-Pistole, linke Seitenansicht.

Pistole Makarow PM

Viele Offiziere sowie einige Unteroffiziere und Mannschaften der ukrainischen Streitkräfte führen PM-Pistolen aus sowjetischer Produktion als persönliche Waffen. Das einst von Nikolai F. Makarow auf Grundlage der deutschen Walther-Pistole PP entwickelte Modell verschießt die Patrone 9 x 18 mm PM, wurde 1951 bei der Sowjetarmee eingeführt und im Wesentlichen von der Maschinenfabrik Ischewsk hergestellt. Schätzungsweise entstand davon eine Stückzahl von mehreren Millionen. Die PM ist als unverriegelter Rückstoßlader mit Masseverschluss ähnlich aufgebaut wie die erfolgreiche deutsche Polizeipistole Walther PP. Die Rückstoßfeder umschließt den Lauf und die Feder des Spannabzugs befindet sich im Griffstück hinter dem Magazin. Der Spannabzug ermöglicht es, den ersten Schuss abzugeben, wenn sich eine Patrone im Patronenlager befindet, ohne dass – wie bei anderen Pistolen – der Hahn von Hand vorgespannt werden muss. Dies erhöht den Bereitschaftszustand der Waffe, ohne die Sicherheit beim Tragen zu beeinträchtigen. Die mit dem Daumen der Schusshand erreichbare Flügelsicherung hinten am Verschluss wirkt auf Abzug sowie Schlagbolzen und entspannt praktischer Weise auch das Schlagstück. Das einreihige Wechselmagazin im Griffstück fasst acht Patronen. Nach Verschuss der letzten Patrone wird der Verschluss in der hinteren Position gefangen. Die PM-Pistole erfreut sich aufgrund ihrer Kompaktheit, einfachen Bedienbarkeit und Zuverlässigkeit noch immer großer Beliebtheit, gilt aber als veraltet. Zu ihren Nachteilen zählen die geringe Magazinkapazität, die mangelnde Schussgenauigkeit aufgrund des hohen Abzugswiderstandes sowie ihr verhältnismäßig hohes Gewicht. Außerdem kann ihre relativ schwache Patrone 9 x 18 mm PM auch mit Sondergeschossen moderne Schutzwesten kaum mehr durchschlagen.

Technische Angaben Makarow PM	
Patrone	9 mm x 18
Leergewicht, kg	0,73
Länge, mm	161
Lauflänge, mm	93
Mündungsgeschwindigkeit, m/s	315
Feuergeschwindigkeit, S/min	30
Magazinkapazität, Patronen	8
Einsatzschussweite, m	max. 50

PM-Pistole, rechte Seitenansicht.

Pistole Fort-9

Diese Pistole wurde von einem kleinen ukrainischen Unternehmen entwickelt, das am 24. Januar 1991 in Winniza als staatliche Forschungs- und Produktionsfirma für Polizei- und Sicherheitsausrüstung gegründet worden war. Um die Basis für die Entwicklung und Herstellung heimischer Schusswaffen und Ausrüstung zu stärken, beschloss die Regierung 1994, die kleine Firma zum Unternehmen Fort zu erweitern. Als eines der ersten Handwaffenmuster entstand die für die Patrone 9 mm kurz eingerichtete Polizeipistole Fort-9, die erstmals auf einer Waffenmesse im September 2010 vorgestellt wurde. 2011 wurde die Serienfertigung der Pistole und ihrer Modifikation Fort-9R aufgenommen. Es handelt sich um einen unverriegelten Rückstoßlader mit Spannabzug, 7-Schuss-Magazin und Lauf mit sechs Zügen mit Rechtsdrall. Die kompakte und leichte Fort-9 sollte Polizisten, Beamten des Innenministeriums sowie Offizieren der Streitkräfte als persönliche Waffe dienen. Leicht vorhersehbar, erwies sich die als Munition gewählte Patrone 9 mm kurz (9 x 17 mm) als zu schwach. Die ukrainischen Streitkräfte weigerten sich daher, die Fort-9 zu übernehmen und das ukrainische Innenministerium verwandte sie nun hauptsächlich als Geschenkwaffe für verdiente Beamte. Nach dem Einmarsch der russischen Truppen in die Ukraine änderte sich die Situation: Alle zur Verfügung stehenden Fort-9-Pistolen wurden an Streitkräfte und Innenministerium ausgegeben.

Technische Angaben Fort-9	
Patrone	9 mm x 17
Gewicht, kg	0,52
Länge, mm	147
Lauflänge, mm	77
Mündungsgeschwindigkeit, m/s	250
Magazinkapazität, Patronen	7
Einsatzschussweite, m	max. 30

Pistole Fort-9.

Pistole Fort-12

Die Armeepistole Fort-12 im Kaliber 9 mm Makarow wurde bzw. wird vorwiegend an Einsatzeinheiten der Streitkräfte und des Innenministeriums der Ukraine ausgegeben. Das Muster wurde Anfang der 1990er-Jahre vom Unternehmen Fort im Auftrag des Innenministeriums entwickelt und sollte die veralteten Makarow PM ersetzen. Die Muster CZ-75 und CZ-83 des tschechischen Waffenherstellers Ceska Zbrojovka (CZ) dienten als Vorlagen. Tschechische Spezialisten halfen den Fort-Leuten auch bei der Organisation der Produktion und lieferten technische Ausrüstung. Eine erste Vorserie ging 1995 zur Erprobung an Einheiten des Innenministeriums; sprich die Polizei. 1997 wurden die Ergebnisse als positiv bewertet und 1998 begann Fort mit der Serienproduktion der nunmehrigen Fort-12. Der halbautomatische Rückstoßlader mit Spannabzug, entlehnt der CZ-83, verschießt die Makarow-Patrone 9 x 18 mm PM aus einem zweireihigen Kastenmagazin für zwölf Schuss. Die Wahl dieser relativ schwachen Patrone mag wie bei der Fort-9 verwundern. Ausschlaggebend bei der Fort-12 waren jedoch die riesigen Bestände an Patronen 9 x 18 mm, die in den Munitionsdepots der ehemaligen Militärbezirke Kiew und Transkarpatien lagerten. Der Magazinverriegelungsknopf befindet sich am Griffstück hinter dem Abzugsbügel und der Abzugsbügel hat auf der Vorderseite eine Riffelung für die Finger der Nichtschusshand, die den beidhändigen Anschlag erleichtert. Kimme und Korn bilden das Festvisier.

Pistole Fort-12.

Technische Angaben Fort-12	
Patrone	9 mm x 18
Leergewicht, kg	0,95
Länge, mm	180
Lauflänge, mm	95
Mündungsgeschwindigkeit, m/s	320
Magazinkapazität, Patronen	12
Einsatzschussweite, m	max. 50

Pistole Fort-12 mit Ersatzmagazin im Holster.

Mit Ausnahme der Kunststoffgriffschalen bestehen alle Teile der Fort-12 aus Stahl, teilweise als Rostschutz matt beschichtet. Etliche Pistolen weisen Gravuren und Vergoldungen auf, was dem Geschmack ihrer Besitzer entsprechen dürfte. Im Laufe der Verwendung bei Einheiten des ukrainischen Innenministeriums wurde der Wunsch laut, die Fort-12 mit einer kleinen Taschenlampe nachzurüsten, um lichtscheuen Elementen „besser heimleuchten" zu können. Dies schlug sich am 19. Oktober 2011 im Vorschlag nieder, am Rahmen Rillen zur Anbringung einer „taktischen" Lampe unter dem Lauf einzuziehen. So geschah`s und die so präparierten Waffen konnten nun die Taschenlampe LT-6A aufnehmen. Neben dem Standard-Armeemodell Fort-12 gibt es im Wesentlichen noch zwei Ausführungen: Bei der Fort-12B handelt es sich um eine schallgedämpfte Pistole mit abnehmbarem, verlängertem Lauf und Schalldämpfer, eingerichtet für die Patrone 9 x 18 mm PM. Die Variante Fort-12 CURZ verschießt die Patrone 9 x 17 mm (9 mm kurz).

Pistole Fort-14.

Pistole Fort-14

Die polizeilichen Sonderverbände „Titan" und „Berkut" des ukrainischen Innenministeriums sind mit der Selbstladepistole Fort-14 im Kaliber 9 x 18 mm PM bewaffnet. Auch Mitglieder der Gruppe A des Zentrums für Sondereinsätze des Sicherheitsdienstes der Ukraine verwenden sie; ab 2014 ging sie ebenfalls an Heereseinheiten. Die Entwicklung erfolgte in der zweiten Hälfte der 1990er Jahre bei Fort, bald um ein kleines Schwesterchen erweitert: am 28. Mai 2004 stellte die Firma auf der „Ausstellung für Schutzausrüstung, Waffen und Spezialausrüstung 2004" in Kiew die spätere Fort-14TP mit Schalldämpfer und taktischer Taschenlampe vor. Ursprünglich sollte die Fort-14 für die stärkere Parabellum-Patrone 9 x 19 mm eingerichtet werden, weshalb es sich um einen verriegelnden Rückstoßlader mit kurzem Rücklauf und Verschlussfeder unter dem abnehmbaren Lauf handelt. Zur Sicherung gehören eine automatische Schlagbolzensperre, wenn der Abzug nicht betätigt wird, und eine manuelle Sicherung am Verschluss, mit der der Abzug sowohl im gespanntem als auch im entspannten Zustand verriegelt werden kann. Das doppelreihige Kastenmagazin fasst 14 Patronen; der Magazinhalter befindet sich am unteren Ende des Abzugsbügels. Das Festvisier besteht aus Kimme und Korn, die in einer querlaufenden Schwalbenschwanznut montiert sind. Laut Nutzerbewertungen sei die Fort-14 wartungsfreundlich, zuverlässig und genau. Weitere Ausführungen entstanden. So das Modell Fort-14 TP als „taktische Pistole" mit 23-mm-Lauf und der Möglichkeit, eine „taktische" Taschenlampe LT-6A und einen Schalldämpfer 032 zu montieren. Außerdem steht ein 24-Schuss-Magazin zur Verfügung. Die Pistole Fort-14 TP hat eine Rohrlebensdauer von stolzen 12.000 Schuss, was die Anforderungen des Verteidigungsministeriums für Armeepistolen (10.000 Schuss) deutlich übertrifft. Der Schalldämpfer verträgt 3000 Schuss. Beim Modell Fort-14 PP handelt es sich um eine für die Parabellum-Patrone 9 x 19 mm eingerichtete Ausführung mit 16-Schuss-Magazin.

Technische Angaben Fort-14	
Patrone	9 mm x 18
Gewicht ohne Patronen, kg	0,92
Länge, mm	210
Mündungsgeschwindigkeit, m/s	335
Magazinkapazität, Patronen	14 oder 24
Einsatzschussweite, m	max. 50

Pistole Fort-15

Die Militärpistole Fort-15 wurde der Öffentlichkeit erstmals im Oktober 2007 auf einer Waffenmesse in Kiew präsentiert. Das Modell ist für die Verwendung als persönliche Waffe für Offiziere und Soldaten mit bestimmter Funktion sowie Polizeikräfte bestimmt. Es verfügt über ein schlagfestes Polymergriffstück sowie ein doppelreihiges Kastenmagazin für 16 Patronen 9 x 19 mm. Die Flügelsicherung befindet sich auf der linken Seite des Rahmens. In oberer Stellung verriegelt sie den Abzug, so dass er nicht ausgelöst werden kann; in der mittleren Stellung verriegelt sie den Abzug im gespannten Zustand; in der unteren Stellung entspannt sie die Waffe. Die offene Visierung weist an Kimme und Korn Tritium-Leuchteinlagen für das Zielen bei schlechten Lichtverhältnissen auf. Eine „Picatinny"-Zahnschiene unter dem Lauf ermöglicht die Montage eines Lasers, einer taktischen Taschenlampe oder anderer Ausrüstung. Einer der größten Vorteile der Fort-15 gegenüber anderen Fort-Modellen liegt in der Verwendung der relativ starken Parabellum-Patrone 9 x 19 mm und einem

Magazin für 16 Schuss, was den NATO-Anforderungen für Faustfeuerwaffen entspricht. Der schlagfeste Kunststoffrahmen trägt dazu bei, das Gewicht der Waffe zu reduzieren, während der „Combat"-Griff den Halt beim Schießen verbessert. Es lagen dem Verfasser bei der Drucklegung des Werks keine Informationen über den Beginn einer Serienproduktion der Fort-15 vor. Man kann aber davon ausgehen, dass diese Pistole einen Teil der Bemühungen der ukrainischen Streitkräfte darstellt, auf NATO-Standards umzustellen.

Pistole Fort-15.

Technische Angaben Fort-15	
Patrone	9 mm x 19
Gewicht ohne Patronen, kg	0,73
Länge, mm	190
Lauflänge, mm	108
Feuergeschwindigkeit, S/min	40
Magazinkapazität, Patronen	16
Einsatzschussweite, m	max. 50

Pistole Fort-17

Auch die 13-schüssige Selbstladepistole Fort-17 im Kaliber 9 x 18 mm Makarow stammt aus dem Hause Fort. Sie war als persönliche Waffe für Soldaten, Polizisten und Sicherheitsbedienstete gedacht und wurde erstmals 2004 auf einer Waffenmesse in Kiew vorgestellt. Die Beschaffung erfolgte im Wesentlichen durch die ukrainische Polizei. Eine Besonderheit des Rückstoßladers mit Masseverschluss ist die weitgehende Verwendung hochfester Polymer-Kunststoffe, die den Stahlrahmen umschließen. Das Design des Rahmens ähnelt modernen Modellen von Heckler & Koch und Walther. Der Rahmen ist starr mit dem Gehäuse verbunden, in das der 95-mm-Lauf eingepresst ist. Zur Beschleunigung der Entwicklung und zur Vereinfachung der Massenproduktion wurden viele Teile vom Modell Fort-12 übernommen, darunter der Spannabzug. Sämtliche wichtigen Funktionsteile wurden geschmiedet, um Mikrorissen und Hohlräumen im Material vorzubeugen, und danach gehärtet. Auch Verschlussteile übernahm die Fort-17 von der Fort-12 und die Magazine beider Modelle lassen sich austauschen. Sie unterscheiden sich nur in der Magazinkapazität – das Magazin der Fort-17 fasst eine Patrone mehr und verzichtet auf die Kunststoffabdeckung der Fort-12. Ein wesentlicher Nachteil der Fort-17 ist die Verwendung der sowjetischen 9 x 18-mm-PM-Patrone, die nicht in der Lage ist, moderne Schutzwesten zu durchdringen. Das Geschoss entwickelt eine Mündungsgeschwindigkeit von 325 m/s. Der Rückstoß ist relativ gering, was zu einer besseren Treffgenauigkeit beiträgt (auf 25 m liegen die Schussgruppen bei eingespannter Waffe bei 50 mm). Die Waffe hat eine garantierte Lebensdauer von 5000 Schuss, hält aber gut und gern bis zu 10.000 Schuss aus. Das Modell Fort-17r für die ukrainische Polizei stellt eine Ausführung zum Verschuss nichttödlicher Gummigeschosse dar. Beim Einmarsch der russischen Truppen 2022 wurde eine gewisse Anzahl von Fort-17-Pistolen an Armee-Einheiten übergeben.

Pistole Fort-17.

Technische Angaben Fort-17	
Patrone	9 mm x 18
Leergewicht, kg	k. A.
Länge, mm	180
Lauflänge, mm	97
Mündungsgeschwindigkeit, m/s	320
Feuergeschwindigkeit, S/min	40
Magazinkapazität, Patronen	13
Einsatzschussweite, m	max. 50

Pistole Fort-19

Kommen wir zum nächsten Muster der Fort-Reihe, der für die Patrone 9 x 19 mm Parabellum eingerichteten Selbstladepistole Fort-19, in der die Firma Erfahrungen aus der Produktion und dem Einsatz der Vorgängermodelle berücksichtigte. Als Prototyp diente die Fort-14PP, und die Fort-19 wurde erstmals auf einer Waffenausstellung in Kiew im September 2015 vorgestellt. Gleichzeitig gab die Firma bekannt, das Modell sei in erster Linie für den Export bestimmt. Die ersten Auslandslieferungen waren dann mit einem öffentlichkeitswirksamen Skandal verbunden: Am 9. April 2019 fanden irakische Zollbeamte im Hafen von Umm Qasr bei einer Frachtkontrolle in einem Container 1033 Pistolen Fort-19, die offensichtlich ins Land geschmuggelt werden sollten. Aber auch im Inland fand sich Verwendung für die Fort-19 bei der ukrainischen Bahnpolizei und schließlich erhielten die Streitkräfte 2022 ebenfalls eine Anzahl Pistolen.

Der verriegelnde Rückstoßlader mit kurzem Rohrrücklauf verfügt über einen Spannabzug und ein 16-schüssiges Kastenmagazin. Der Rahmen besteht aus schlagfestem Kunststoff, wodurch sich das Gewicht der Pistole deutlich reduzieren ließ. Austauschbare Griffschalen für verschiedenen Handgrößen erhöhen die Benutzerfreundlichkeit, und an der „Picatinny"-Schiene unter dem Lauf lassen sich ein Laserzielgerät und eine „taktische" Taschenlampe befestigen. Das offene Festvisier besteht aus Kimme und Korn.

Technische Angaben Fort-19	
Patrone	9 mm x 19
Gewicht ohne Patronen, kg	0,82
Länge, mm	207
Lauflänge, mm	112
Feuergeschwindigkeit, S/min	50
Magazinkapazität, Patronen	16
Einsatzschussweite, m	max. 50

Pistole Fort-19.

Pistole Fort-21

Die Selbstladepistole Fort-21 entwickelte Fort auf Grundlage des Modells „Jericho" des israelischen Waffenkonzerns IMI. Sie verbindet die wesentlichen Eigenschaften einer modernen Militärpistole:

- leistungsstarke 9 x 19 mm Parabellum-Munition;
- Magazin für 16 Patronen;
- hohe praktische Feuergeschwindigkeit von bis zu 40 S/min;
- hohe Schussgenauigkeit durch komfortablen „anatomischen" Griff;
- eine „Picatinny"-Zahnschiene ermöglicht die Montage eines Laserzielgeräts und/oder einer taktischen Taschenlampe.

Natürlich verfügt die Fort-21 über einen Spannabzug, der das Schießen mit und ohne vorgespannten Hahn erlaubt. Der Abzugswiderstand liegt bei lediglich 1,5–2,5 kg, was sich vorteilhaft auf die Schussgenauigkeit auswirkt. Desgleichen der kantige Abschluss des Abzugsbügels, der beim beidhändigen Schießen dem Zeigefinger der Nichtschusshand zusätzlichen Halt bietet. Die offene Visierung besteht aus Kimme und Korn. Die Waffe ist in drei Hauptvarianten (Fort-21.01, Fort-21.02 und Fort-21.03) erhältlich, die sich in Größe und Gewicht unterscheiden.

Pistole Fort-21.

Technische Angaben Fort-21			
	Fort-21.01	Fort-21-02	Fort-21-03
Patrone	9 mm x 19	9 mm x 19	9 mm x 19
Gewicht ohne Patronen, kg	1,06	0,82	0,87
Länge, mm	192	192	207
Lauflänge, mm	97	97	112
Feuergeschwindigkeit, S/min	40	40	40
Magazinkapazität, Patronen	16	16	16
Max. Einsatzschussweite, m	50	50	50

Pistole Fort-28

Bei der Selbstladepistole Fort-28 beschritt das Unternehmen Fort neue Wege, indem es die Waffe für die panzerbrechende Patrone 5,7 x 28 mm einrichtete, welche die NATO als SS 190 standardisierte. Erstmals wurde der Rückstoßlader mit verzögertem Masseverschluss, der im Wesentlichen auf dem Modell „Five-Seven" von FN aufbaut, am 13. November 2015 auf dem Schießstand der Nationalgarde in Nowi Petriwzi nördlich Kiew der Öffentlichkeit vorgeführt. Die Patrone wurde vom belgischen Waffenkonzern Fabrigue Nationale Herstal (FN) entwickelt, um die Pistolenpatrone 9 x 19 mm zu ersetzen. Das Geschoss hat eine höhere Durchschlagskraft als die Projektile der meisten Pistolenpatronen. Bei einer Mündungsgeschwindigkeit von bis zu 716 m/s durchdringt das Standard-Stahlkerngeschoss Körperschutz der Schutzklasse 3, durchschlägt einen Schutzhelm auf 150 m und 48 Lagen Kevlar auf 50 m. Die Fort-28 ist einfach zu bedienen, verfügt sie doch über einen Abzugsmechanismus, der ähnlich wie bei der Glock 17 zugleich Sicherung ist und weitere Sicherungen erübrigt. Eine Patronenanzeige hinten im Verschluss gibt Auskunft über den Ladezustand. Unter dem Lauf lassen sich ein Laserzielgerät oder eine Taschenlampe anbringen. Der Rahmen und der ergonomisch geformte Griff bestehen aus schlagfestem Kunststoff. Pjotr Sajaz (Zayats), Chefkonstrukteur bei Fort, sagte schon in der Entwicklungsphase, er sei stolz auf die Fort-28: „Die technischen Merkmale dieses Modells unterscheiden es von anderen, zum Beispiel beträgt die Geschossgeschwindigkeit über 600 Meter pro Sekunde. Die Geschosse durchschlagen eine Panzerweste der Schutzklasse 3. Sie werden jetzt gerade getestet. Ich denke, das ist eine gut Perspektive für unser Militär. Es ist geplant, Spezialeinheiten mit dieser Waffe auszustatten."

Pistole Fort-28.

Technische Angaben Fort-28	
Patrone	5,7 mm x 28
Gewicht ohne Patronen, kg	0,7
Länge, mm	202
Lauflänge, mm	115,5
Mündungsgeschwindigkeit, m/s	über 600
Magazinkapazität, Patronen	20
Einsatzschussweite, m	bis zu 100

Maschinenpistole Fort-226
mit Kollimatorvisier.

Maschinenpistole Fort-226

Technische Angaben Fort-226	
Patrone	9 mm x 19
Gewicht ohne Patronen, kg	2,2
Länge, mm - Schulterstützte angeklappt - Schulterstütze abgeklappt	 300 529
Lauflänge, mm	152
Mündungsgeschwindigkeit, m/s	370–420
Theoret. Feuergeschwindigkeit, S/min	750–1200
Magazinkapazität, Patronen	32
Max. Einsatzschussweite, m	200

Bei der Fort-226 handelt es sich um einen lizenzierten Nachbau der Maschinenpistole UZI Pro des israelischen Waffenkonzerns IMI für die Patrone 9 x 19 mm Para. Der kompakte Rückstoßlader mit Masseverschluss kann Einzelfeuer und Dauerfeuer mit einer Kadenz von 700 S/min abgeben. Der Spanngriff befindet sich auf der linken Seite des Gehäuses. Der Lauf lässt sich mit einem Schalldämpfer versehen und das Gehäuse verfügt über eine „Picatinny"-Zahnschiene zur Montage eines Lasers oder einer Lampe. Das Gehäuse besteht aus hochfestem Kunststoff, wobei Rahmen und Griff in einem Stück gefertigt wurden. An Stellen, die hohen Belastungen ausgesetzt sind, verstärken Stahleinlagen den Kunststoff. Am hinteren Teil des Gehäuses befindet sich eine Metallschulterstütze, die sich an die rechte Seite des Gehäuses anklappen und als Vordergriff verwenden lässt. Die offene Visierung besteht aus Kimme und Korn. Nicht zuletzt dank ihrer verhältnismäßig niedrigen Schussfolge lässt sich die Fort-226 im Dauerfeuer gut beherrschen. Mit der Waffe sollen sich Ziele bis auf 200 m bekämpfen lassen. Aufgrund ihrer Kompaktheit und Feuerkraft eignet sich die Fort-226 nicht nur zur Bewaffnung von Sondereinheiten, sondern auch als persönliche Waffen von Soldaten, die aufgrund ihrer Funktion kein Sturmgewehr führen können oder sollen.

Fort-226 Maschinenpistole.

Maschinenpistole Fort-230

Diese Maschinenpistole im Kaliber 9 mm Para gehört zu den jüngsten Fort-Entwicklungen und wurde erstmals auf der Messe „Arms and Security" in Kiew im Herbst 2021 vorgestellt. Nach Angaben des Unternehmens eignet sich die Fort-230 für polizeiliche und militärische Sondereinheiten. Im Unterschied zum Modell Fort-226, das auf der israelischen UZI Pro basiert, ist die Fort-230 der deutschen MP7 von Heckler & Koch nachempfunden. Die Fort-230 übernahm u .a. die „Pistolengriff"-Bauweise, bei der das Magazin in den Abzugsgriff eingesetzt wird. Der Rückstoßlader mit Masseverschluss kann Einzel- wie Dauerfeuer bzw. Feuerstöße abgeben. Gehäuse mit Griffstück bestehen aus Polymer. Eine durchgehende „Picatinny"-Zahnschiene (MIL-STD 1913) oben auf dem Gehäuse erlaubt dic Montage von Optiken oder optronischen Geräten. Zusätzlich lassen sich zur Montage von Leucht-, Laser- oder Kombigeräten seitliche Schienen anbringen. Der Spannhebel lässt sich von der linken auf die rechte Gehäuseseite verlegen. Magazinhalter und der

Maschinenpistole Fort-230 mit eingeschobener Schulterstütze.

Maschinenpistole Fort-230 mit ausgezogener Schulterstütze.

kombinierte Sicherungs- und Feuerwahlhebel finden sich auf beiden Waffenseiten. Nach Angaben des Herstellers lässt sich die Länge der Maschinenpistole dank des abklappbaren Vordergriffs und der einschiebbaren Schulterstütze von 60 auf 40 cm verkürzen. Die Schulterstütze mit Metallrahmen und rutschfestem Kunststoffkolben arretiert in drei Positionen. Die Mündung ist mit einem Gewinde für den Mündungsfeuerdämpfer oder zur Anbringung eines Schalldämpfers versehen. Als Oberfläche stehen neben der üblichen schwarzen mindestens eine sandfarbene und eine grüne Beschichtung zur Verfügung. Im Gegensatz zum Prototyp, der eine neue 4,6 x 30-mm-Patrone verwendete, verschießt die Serien-Fort-230 eine stark laborierte Parabellumpatrone 9 x19 mm, die aus Stahlblechmagazinen für 20 oder 30 Schuss zugeführt wird.

Technische Angaben Fort-230	
Patrone	9 mm x 19
Gewicht ohne Patronen, kg	2,5
Länge, mm	
- Schulterstützte eingeschoben	400
- Schulterstütze ausgeschoben	600
Lauflänge, mm	160
Theoret. Feuergeschwindigkeit, S/min	800
Magazinkapazität, Patronen	20 oder 30
Max. Einsatzschussweite, m	200

Schießen mit der Fort-230-Maschinenpistole.

Sturmgewehr AK74M.

Sturmgewehr AK-74M

Die Infanteriebataillone der ukrainischen Territorialverteidigungsbrigaden verwenden eine Reihe älterer Kalaschnikow-Sturmgewehre AKM (7,62 x 39 mm) ex-sowjetischer Herkunft. Zu Beginn des russischen Einmarsches in die Ukraine wurden 25.000 solcher Gewehre an die Einwohner von Kiew verteilt. Die Standardwaffe der ukrainischen Streitkräfte ist jedoch das modernere, für die Patrone 5,45 x 39 mm eingerichtete Sturmgewehr AK-74M. Die ursprüngliche Version dieses Sturmgewehrs wurde von Michail T. Kalaschnikow entwickelt und 1974 von der Sowjetarmee unter der Bezeichnung AK-74 eingeführt. Seine Entwicklung stand im Zusammenhang mit der Umstellung auf die neue kleinkalibrige Patrone 5,45 x 39 mm. Die Erfahrungen mit dem AK-74 in Afghanistan machten Änderungen an der Konstruktion erforderlich. Das modernisierte AK-74 wurde 1994 unter der Bezeichnung AK-74M in Dienst gestellt. Das AK-74M verfügt über den für Kalaschnikow-Sturmgewehre üblichen Gasdrucklader-Mechanismus, der die Energie der aus dem Laufkanal austretenden Pulvergase nutzt. Die Waffe verriegelt durch Drehen des Verschlusses. Der Abzugsmechanismus ermöglicht die Abgabe von Einzelschüssen und Feuerstößen. Basierend auf den Erfahrungen mit dem AK-74 erhielt das AK-74M einen verstärkten Gehäusedeckel, der die Wahrscheinlichkeit einer Beschädigung des Gehäuses bei Stößen, etwa beim „Türöffnen" oder im Nahkampf, verringert. Die robustere Konstruktion ermöglicht die Verwendung eines Anbau-Granatwerfers unter dem Lauf, ohne dass wie bei früheren Modellen eine zusätzliche Montagevorrichtung erforderlich ist. Eine weitere Innovation war die praktische klappbare Kunststoff-Schulterstütze. Ihre Form und Abmessungen in der abgeklappten

Sturmgewehr AK74M mit Anbau-Granatwerfer G34.

Sturmgewehr AK74M mit Zielfernrohr 1PN93-1.

Infanteristen mit AK-74M-Sturmgewehren bei einer Gefechtsübung mit Unterstützung von BMP-2.

Position erlauben es, den Komfort beim Anschlag und Zielen beizubehalten, der für den Vorgänger mit Holzkolben charakteristisch war. Die Schulterstütze lässt sich nach links anklappen. Der Vorderschaft besteht ebenfalls aus Kunststoff; Längsrippen ermöglichen einen sichereren Halt der Waffe beim Schießen. Abgeklappt lässt sich die robuste Schulterstütze weiterhin im Nahkampf verwenden. Die Flügelsicherung – zugleich Feuerwahlschalter – verriegelt in oberster Stellung und verhindert, dass sich der Verschluss nach hinten bewegt. Die Waffe verschießt die 5,45 x 39-mm-Patrone 7H6 als auch die neuen Patronen 7H10 und 7H22, die eine zuverlässige Bekämpfung von Gegnern in Schutzausrüstung ermöglichen. Die Munition wird aus 30- oder 45-Schuss-Kurvenmagazinen zugeführt. Der Magazinhalter befindet sich vor dem Abzugsbügel. Das Gewehr ist mit einem offenen Schiebevisier ausgestattet; zudem lassen sich auf der Standardmontage Zielfernrohre und Nachtzielgeräte befestigen.

Technische Angaben AK-74M	
Patrone	5,45 mm x 39
Gewicht ohne Patronen, kg	3,4
Länge, mm	
- Schulterstütze angeklappt	700
- Schulterstütze abgeklappt	940
Lauflänge, mm	415
Mündungsgeschwindigkeit, m/s	900
Theoret. Feuergeschwindigkeit, S/min	600
Prakt. Feuergeschwindigkeit, S/min	40–100
Magazinkapazität, Patronen	30, 45
Max. Einsatzschussweite, m	1000

Ukrainische Fallschirmjäger sichern nach der Landung aus Hubschraubern.

Sturmgewehr „Wepr“

In den letzten Jahrzehnten traten vermehrt Sturmgewehre in so genanntem „Bullpup“-Design (Bullenkalb) in Erscheinung, mit all seinen Vor- und Nachteilen. Bei dieser Kurzbauweise befindet sich der Griff mit Abzug vor dem Magazin und dem Verschluss. Das „Bullpup“-Design reduziert die Gesamtlänge der Waffe, ohne die Länge des Laufs zu verkürzen, und folglich ohne Einbußen bei der Schussgenauigkeit oder Reichweite. Trotz dieser Vorteile scheint sich die Waffenbranche mittlerweile von dieser Modeerscheinung wieder erholt zu haben und greift bei neuen Sturmgewehren auf die altbewährte Auslegung zurück. Aber auch die Ukraine folgte dem Trend.; denn eine Gruppe von Waffeningenieuren arbeitete seit Anfang der 1990er-Jahre an einer solchen Konstruktion, die sie dann 1995 auf einer Kiewer Waffenausstellung präsentierten. Später schaltete sich das Ukrainische Wissenschaftliche und Technische Zentrum für Feinmechanik ein. Daraus entsprang das Sturmgewehr „Wepr“ (Eber, Keiler), ein AK-74-Sturmgewehr umgemodelt in Kurzbauweise mit geringfügigen Änderungen der Grundkonstruktion. So wurden Lauf und Gehäuse des AK-74 mit allen Mechanismen fast unverändert übernommen. Die feste Schulterstütze mit Wangenauflage

Sturmgewehr „Wepr“.

bastelte man hingegen an bzw. unter den hinteren Gehäuseteil. Der Feuerwahlschalter blieb in seiner ursprünglichen Position, aber der Abzug wurde nach vorne verlegt, was zu einigen Schwierigkeiten bei der Bedienung des früher so einfach erreichbaren Wahlschalters führte. Zur Vereinfachung der Handhabung verlegte man den Spanngriff auf die linke Gehäuseseite. Der Hülsenauswurf erfolgt auf der rechten Seite, was Linksschützen das Schießen mit der „Gurke“ ziemlich vermasselt. Der Lauf erhielt, wie gehabt, einen kombinierten Mündungsfeuerdämpfer/Kompensator. Auch ein Messerbajonett ließ sich weiterhin aufpflanzen und ein 40-mm-Granatwerfer unter den Lauf montieren. Das „Wepr“ verschießt die Patrone 5,45 x 39 mm 7H6 aus einem

„Wepr“-Sturmgewehr.

30-Schuss-Magazin, das sich gegen AK-74-Magazine tauschen lässt. Das Gewehr ist mit einem offenen Schiebevisier und einem Kornsockel ausgestattet, bei dem das amerikanische M16 Pate stand. Die linke Gehäuseseite lässt sich mit einer Montagehalterung für Zielfernrohre und Nachtzielgeräte ausstatten. Aus einer Reihe von Gründen ging das „Wepr" nie in Serie, aber 2015 stellte Interproinvest eine verbesserte Version namens „Maljuk" (Knirps, Kleinkind) vor. Es unterscheidet sich vor allem durch seine geringere Größe und kann mit 5,56 x 45 mm, 5,45 x 39 mm oder 7,62 x 39 mm Munition bestückt werden. Pläne sahen vor, bei dem in Lwiw (Lemberg) ansässigen Unternehmen Elektron AK-74 in „Maljuk"-Sturmgewehre zu verwandeln.

Technische Angaben „Wepr"	
Patrone	5,45 mm x 39
Gewicht, kg	3,45
Länge, mm	702
Lauflänge, mm	415
Theoret. Feuergeschwindigkeit, S/min	600–650
Magazinkapazität, Patronen	30
Max. Einsatzschussweite, m	1000

Das verkürzte Sturmgewehr „Maljuk" wurde für Spezialeinheiten entwickelt.

Sturmgewehr Fort-221 und -224

Das ukrainische Unternehmen Fort stellt die Sturmgewehre Fort-221 und Fort-224 im NATO-Kaliber 5,56 x 45 mm her, mit denen Einheiten des Sicherheitsdienstes, des Staatsschutzes, des Grenzschutzes und des Auslandsnachrichtendienstes bewaffnet werden. Derzeit finden sich Fort-221-Sturmgewehre vor allem bei den schnellen Eingreifbrigaden der ukrainischen Nationalgarde. Beim Fort-221 handelt es sich um eine Kopie des israelischen Sturmgewehrs TAR-21 (Tavor Assault Rifle-21), das von Israel Military Industries (IMI) hergestellt wird. Wie das TAR-21 oder das „Wepr“ entstand das Fort-221 in Kurzbau-

Technische Angaben	Fort-221	Fort-224
Patrone	5,56 mm x 45	
Gewicht ohne Patronen, kg	3,9	3,6
Gewicht mit geladenem Magazin, kg	4,3	4,0
Länge, mm	645	585
Lauflänge, mm	375	330
Mündungsgeschwindigkeit, m/s	890	860
Theoret. Feuergeschwindigkeit, S/min	500–1000	700–1000
Magazinkapazität, Patronen	30	30

Tadellos ausgerichtete ukrainische Soldaten mit Sturmgewehren Fort-221 bei einem Appell.

weise, wodurch sich die Länge der Waffe deutlich verringern ließ, ohne die Lauflänge zu verkürzen. Die Schulterstütze befindet sich auf Höhe des Laufs und überträgt daher den Rückstoß geradlinig auf die Schulter, was das „Klettern“ der Waffe im Schuss deutlich verringert. Der Gasdrucklader entnimmt die Pulvergase über eine Gasentnahmebohrung und ein separates Gasrohr, die sich oberhalb des Laufs unter dem Gehäuse befinden. Das Gehäuse besteht aus hochfestem Polymer und Leichtmetall-

Sturmgewehr Fort 221.

Ukrainische Fallschirmjäger mit Sturmgewehren Fort-221.

Im Anschlag mit dem Sturmgewehr Fort-221.

legierungen, an einigen Stellen mit Stahleinlagen verstärkt. Es ist leicht, „wasserdicht" und gegen das Eindringen von Sand und Schmutz abge-schottet. Die Aussparungen für den Ladegriff sind auf beiden Seiten angebracht, der Griff befindet sich auf der linken Seite der Waffe. Der Sicherungs- und Feuerwahlschalter sitzt oberhalb des Pistolengriffs (auf der linken Seite mit Umbaumöglichkeit auf die rechte Seite). Die Waffe schießt Einzel- wie Dauerfeuer und der Abzugsbügel ist sozusagen als großer Handschutzbügel gearbeitet. Das Gehäuse ist fest mit der oberen „Picatinny"-Schiene verbunden, auf der das Visier thront. Auf der rechten Seite befindet sich ein Schloss, das zum Wechseln des Laufs verwendet werden kann. Oberhalb des Pistolengriffs befinden sich auf jeder Seite des Laufs vier große Kühlöffnungen. Der obere Teil des Gehäuses und die Seiten sind mit Zahnschienen ausgestattet, an denen sich Zielfernrohre, Kollimatorvisiere, Lampen und Laser befestigen lassen. Das Fort-221 verwendet Standardmagazine des US-Sturmgewehrs M16 für 20 oder 30 Schuss. Der Magazinhalter sitzt hinter dem Magazin.

Das hauptsächlich für Sonderverbände vorgesehene Modell Fort-224 stellt eine verkürzte Version des Sturmgewehrs Fort-221 dar. Es lässt sich mit einer Lampe, einem Laserzielgerät, einem einfachen Zielfernrohr mit 3- oder 4-facher Vergrößerung sowie einem Nachtsichtgerät ausstatten.

Sturmgewehr Fort-227 und -228

Die für die Patronen 5.56 x 45 mm oder 7.62 x 39 mm eingerichteten Sturmgewehre Fort-227 und -228 zählen zur Bewaffnung der ukrainischen Bodentruppen. Das Modell Fort-227 ähnelt dem israelischen „Galil"-Karabiner ACE22, die Ausführung Fort-228 dem Galil-Modell ACE31 Die Gasdrucklader verfeuern Einzelschüsse wie Feuerstöße und verfügen über Stahlblech-Gehäuse. Die Gehäuseabdeckung/Verschlussdeckel besteht ebenfalls aus Stahl, der Pistolengriff, der Abzugsbügel und der Magazinschacht dagegen aus hochfestem Kunststoff. Die Sicherung/Feuerwahlschalter ist auf beiden Seiten angelegt. Eine federbelastete Schutzklappe am Auswurffenster verhindert im Übrigen, dass Staub, Fremdkörper und Schmutz ins Innere gelangen. Der mit dem Verschluss verbundene Spanngriff befindet sich auf der linken Seite. Die Patronen werden aus Kastenmagazinen zugeführt; ihre Anzahl ist je nach Kaliber unterschiedlich: 35 Schuss für Patronen 5,56 x 45 mm und 30 Schuss für Patronen Kaliber 7,62 x 39 mm. Die Teleskop-Schulterstütze aus Kunststoff lässt sich in der Länge verstellen, beim Kaliber 7,62 kommt eine stoßdämpfende Gummieinlage dazu. Das Diopteryisier besteht aus einer verstellbaren Lochkimme und einem verstellbaren Korn. Das Modell Fort-228 ist die verkürzte Ausführung des Fort-227 und verfügt über keine Bajonett-Aufpflanzvorrichtung. Beide Waffen sind einsatzerprobt und haben ihre Zuverlässigkeit bereits in extremen Lagen unter Beweis gestellt.

Fort-227-Sturmgewehre werden von Soldaten der mechanisierten Brigaden verwendet.

Technische Angaben	Fort-227	Fort-228
Patrone	5,56 mm x 45 7,62 mm x 39	
Gewicht ohne Patronen, kg	3,7	3,4
Gewicht mit geladenem Magazin, kg	4,12	3,9
Länge, mm -Schulterstütze ausgezogen -Schulterstütze eingeschoben	 845 760	 762 642
Lauflänge, mm	332	215
Mündungsgeschwindigkeit, m/s	850	600
Theoret. Feuergeschwindigkeit S/min	700	650
Magazinkapazität, Patronen	35/30	35/30
Max. Einsatzschussweite, m	800	500

Fort 227-Sturmgewehr.

Sturmgewehr Fort-229

Eines der Ergebnisse der militärischen Zusammenarbeit zwischen der Ukraine und Israel war die Einführung des Sturmgewehrs Fort-229. Dieses Gewehr ist eine Anpassung des israelischen Modells „Galil" ACE 52 an die Produktionskapazitäten der Firma Fort. In den ukrainischen Streitkräften wird das Fort-229 bei mechanisierten und motorisierten Infanteriebrigaden eingesetzt. Der Prototyp des Fort-229, das Gewehr „Galil" ACE 53, gehört zur Familie der „Galil"-Sturmgewehre der israelischen Firma IMI. Deren Modelle bauen wiederum auf dem sowjetischen Kalaschnikow-Sturmgewehr auf und zeichnen sich unter Beibehaltung seiner außergewöhnlichen Zuverlässigkeit durch eine höhere Schussgenauigkeit, verbesserte Ergonomie sowie Bedienbarkeit und die Verfügbarkeit zahlreicher Zubehörteile aus. Auch beim Fort-229 handelt es sich um einen Gasdrucklader; der Gaskolben befindet sich über dem Lauf. Der Abzugsmechanismus ermöglicht die Abgabe von Einzelschüssen und Feuerstößen. Der Feuerwahlhebel ist beidseitig angelegt und dient zugleich als Sicherung. Das gefräste Stahlgehäuse gewährleistet eine hohe Festigkeit und eine lange

Technische Angaben Fort-229	
Patrone	7,62 mm x 51
Gewicht ohne Patronen, kg	3,94
Länge, mm	
- Schulterstütze ausgezogen	954
- Schulterstütze eingeschoben	870
Lauflänge, mm	400
Mündungsgeschwindigkeit, m/s	800
Theoret. Feuergeschwindigkeit S/min	550–650
Magazinkapazität, Patronen	25
Max. Einsatzschussweite, m	1000

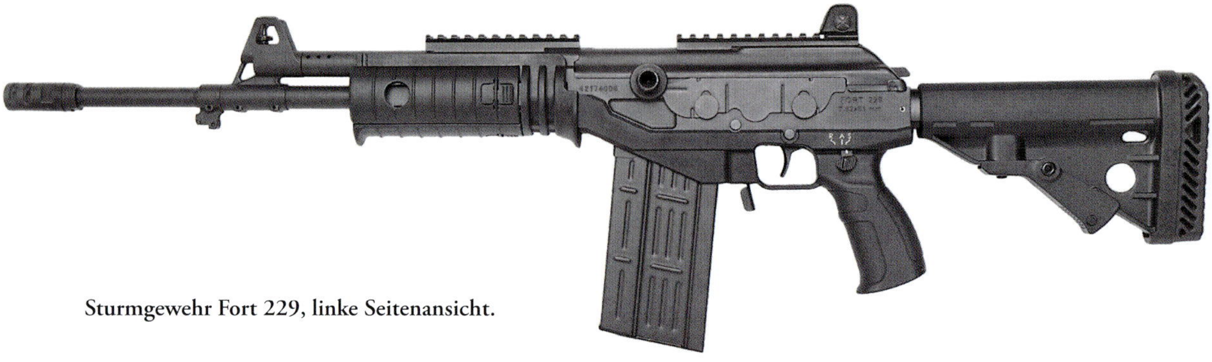

Sturmgewehr Fort 229, linke Seitenansicht.

Sturmgewehr Fort 229.

Lebensdauer. Der Gehäusedeckel ist aus Stahlblech gestanzt. Der Magazinschacht, der Abzugsbügel und der Abzugsgriff bestehen aus Kunststoff, ebenso die in der Länge verstellbare Schulterstütze. Eingerichtet ist das Fort-229 für die NATO-Patrone 7.62 x 51 mm. Die Munition wird aus Stahlblechmagazinen für 25 Schuss zugeführt. Die Visierung besteht aus einem verstellbaren Korn und einer klappbaren Diopterkimme. Auch eine Bajonetthalterung durfte nicht fehlen.

Ein ukrainischer Soldat nimmt spaßeshalber eine eigene Drohne ins Visier.

Sturmgewehr UAR-15

Außer dem Unternehmen Fort beliefert die Firma Zbroyar die ukrainischen Streitkräfte mit Handwaffen. Zbroyar begann 2012 mit der Herstellung von Sturmgewehren des Typs UAR-15 (Zbroyar-15) unter Nutzung der Produktionsanlagen des Werks Majak. Bei diesem Modell handelt es sich um einen lizenzierter Nachbau des US-amerikanischen Sturmgewehrs AR-15, wobei die Ukrainer Läufe und Abzüge vom US-Unternehmen Daniel Defence beziehen. Der Gasdrucklader verfügt über einen verstellbaren Gasdruckregler, der eine reibungslose Funktion des Systems gewährleistet und auf den Standard-Mündungsfeuerdämpfer/Rückstoßbremse „Zbroyar Monocore" bzw. die Verwendung eines Schalldämpfers abgestimmt ist. Die Waffe schießt Einzelfeuer und Feuerstöße. Das geschmiedete Gehäuse besteht aus Flugzeugaluminium und auch der Vorderschaft, der dem Schützen sicheren Halt bietet und überdies die Laufkühlung nicht beeinträchtigt. In den oberen Teil des Vorderschaftes ist eine „Picatinny"-Zahnschiene integriert. Zusätzliche seitliche und untere Schienen dienen der Montage von Visieren und „taktischem" Zubehör. Das UAR-15 ist für die NATO-Patrone 5.56 x 45 mm eingerichtet, die es aus 10- oder 30-Schussmagazinen verschießt. Eine Besonderheit des

Technische Angaben UAR-15	
Patrone	5,56 mm x 45
Gewicht, kg	3,5
Länge, mm	904
Lauflänge, mm	407
Mündungsgeschwindigkeit, m/s	975
Theoret. Feuergeschwindigkeit, S/min	700–950
Magazinkapazität, Patronen	10 oder 30
Einsatzschussweite, m	400–600

Ukrainische Soldaten beim Schulschießen mit UAR-15-Gewehren.

Sturmgewehr UAR-15.

Modells ist seine modulare Bauweise, die den Austausch einzelner Komponenten (z. B. Pistolengriff) ermöglicht, was nicht zuletzt dem Bedienkomfort zu Gute kommt. Als erste Einheit erhielt das 10. Einsatzkommando „Dosor" des ukrainischen Grenzschutzes UAR-15-Gewehre. Künftig soll das Modell die Kalaschnikow-Sturmgewehre der bewaffneten Organe vollständig ersetzen.

Das UAR-15-Sturmgewehr kann mit einem Schalldämpfer ausgestattet werden.

Scharfschützengewehr SWD

Viele Scharfschützen der ukrainischen Streitkräfte sind mit dem sowjetischen Dragunow-Scharfschützengewehr SWD bewaffnet. Die bereits 1963 bei den sowjetischen Streitkräften eingeführte Waffe samt verbesserten Nachfolgemustern bildet in vielen Armeen weltweit noch immer die wichtigste Scharfschützenwaffe. 2015 befanden sich rund 10.000 Exemplare in ukrainischen Lagern und bei der Truppe. Der für Einzelschüsse ausgelegte Gasdrucklader verfügt über einen Drehverschluss mit drei Verriegelungswarzen. Der Ladegriff ist Bestandteil des Verschlusses mit zwei spiralförmigen Verschlussfedern und sitzt auf der rechten Gehäuseseite. Die doppelt wirkende Flügelsicherung wirkt auf Verschluss und Abzug. Der Mündungsfeuer-/Rückstoßdämpfer weist fünf Längsschlitze auf, die das verräterische Mündungsfeuer unterdrücken sollen. Die Scharfschützenwaffe verwendet als Optik in der Regel das Zielfernrohr PSO-1, lässt sich aber notfalls über die offene mechanische Visierung einsetzen. Für das Gewehr wurden spezielle Scharf-

Scharfschützengewehr SWD-S mit Zielfernrohr 1P59r.

Technische Angaben SWD-S	
Patrone	7,62 mm x 54R
Leergewicht, kg **- ohne Magazin und Zielfernrohr** **- mit geladenem Magazin und Zielfernrohr**	 3,7 4,52
Länge, mm	1135
Lauflänge, mm	565
Mündungsgeschwindigkeit, m/s	830
Prakt. Feuergeschwindigkeit, S/min	35–40
Magazinkapazität, Patronen	10
Einsatzschussweite, m	1200

Scharfschütze mit Gewehr SWD-S im Anschlag.

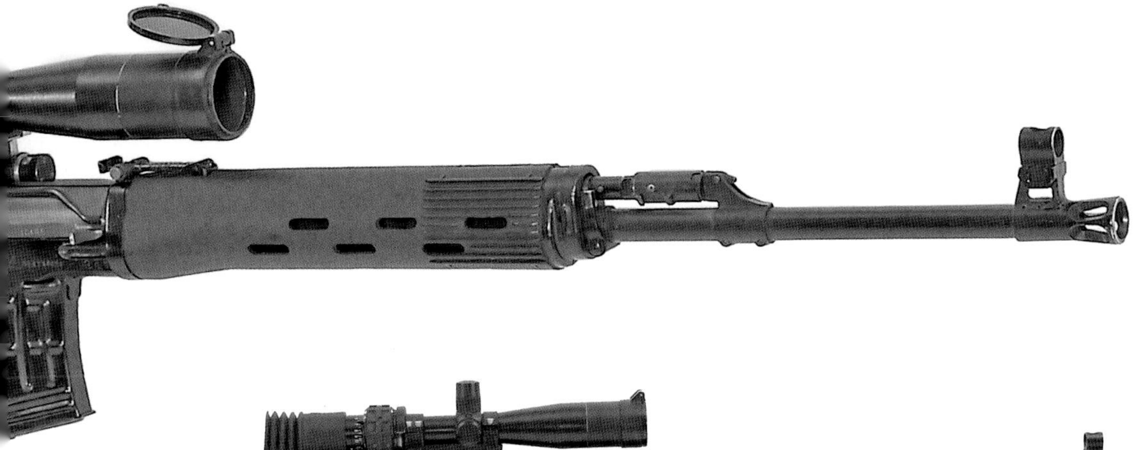

schützenpatronen 7,62 x 54 mm 7N1 und 7N14 entwickelt, es kann aber auch die übliche Gefechtsmunition 7,62 x 54R verschießen. Die Zufuhr erfolgt aus Stahlblechmagazinen zu 10 Schuss. 1991 stellte Hersteller Ischmasch (Maschinenbauwerk Ischewsk) das modifizierte Modell SWD-S vor, das die sowjetischen Streitkräfte 1995 einführten und das natürlich auch zur Ausrüstung ukrainischer Scharfschützen gehört. Zur Erleichterung des Transports wurden beim SWD-S die Lauflänge von 620 mm auf 565 mm verkürzt, zugleich erhöhte man aber auch die Stärke der Laufwandungen, was zur höheren Festigkeit und ruhigeren Gewehrlage beim Feuern beitrug. Der Lauf mit einer Rohrlebensdauer von 10.000 Schuss weist vier Rechtszüge auf und an der Mündung einen gegenüber dem SWD verkürzten Feuerdämpfer. Zum vereinfachten Transport und zur Unterbringung im Sprunggepäck von Fallschirmjägern erhielt das SWD-S statt des festen Kolbens eine metallene, nach rechts klappbare Skelettschulterstütze, womit sich die Gesamtlänge von 1135 mm auf 875 mm verkürzen lässt. Das oben angebrachte Wangenpolster aus Kunststoff lässt sich in zwei Positionen drehen: in die obere zum Schießen mit Zielfernrohr, in die untere zum Schießen mit offener Visierung. Das Gehäuse ist im Vergleich zum SWD im hinteren Teil modifiziert, um die Halterungen für den Schaft und den Pistolengriff aufnehmen zu können. Auch Abzug und Abzugsbügel erfuhren leichte Änderungen. Nach Ansicht vieler Experten ist das Gewehr ergonomisch gut gestaltet: Die Waffe ist gut ausbalanciert und überträgt den Rückstoß mehr oder weniger direkt auf die Schulter des Schützens, „bockt" also nicht. Im Vergleich zu anderen Scharfschützengewehren mit Zylinderverschluss, die eine praktische Feuerfolge von etwa 5 Präzisionsschüssen je Minute erreichen, kann der Selbstlader bis zu 30 gezielte Schüsse pro Minute abgeben. Sicherlich ein großer Vorteil im Einsatz z. B. im Rahmen einer Schützengruppe auf dem Gefechtsfeld. Für die hochpräzise Scharfschützenarbeit auf große Entfernungen gelten aber Repetiergewehre mit Zylinderverschluss nach wie vor als erste Wahl.

Scharfschützengewehr SWD-S mit Schalldämpfer.

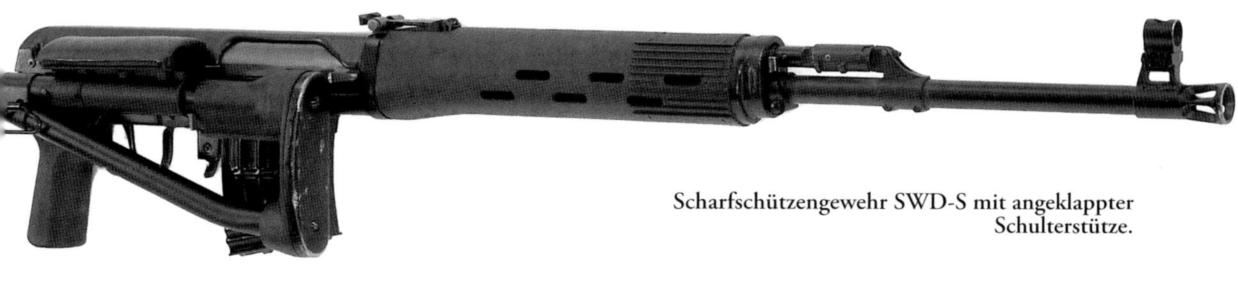

Scharfschützengewehr SWD-S mit angeklappter Schulterstütze.

UAR-10 Scharfschützengewehr.

Scharfschützengewehr UAR-10

Berichten zufolge wurden bei ukrainischen Sonder- und Luftlandeverbänden die sowjetischen SWD- und SWD-S-Modelle mittlerweile fast vollständig durch im eigenen Land hergestellte Scharfschützgewehre UAR-10 sowie aus den USA gelieferte Waffen der Marken Savage und Barrett ersetzt. Das halbautomatische Scharfschützengewehr UAR-10 wurde 2017 von der Firma Ukrop entwickelt, die zum Zbroyar-Konzern gehört, und Ende 2018 bei den ukrainischen Streitkräften eingeführt. Als Grundlage diente der Jagdkarabiner Z-10, den Zbroyar seit Mai 2012 fertigt. Der Z-10-Karabiner wiederum basiert auf dem amerikanischen Selbstladegewehr AR-10, einem Gasdrucklader im Kaliber 5,56 x 45 mm. Im Gegensatz zum AR-10 verwendet das UAR-10 jedoch die leistungsstärkere NATO-Patrone 7,62 x 51 mm (die Berichten zufolge zwischenzeitlich auch in der Ukraine hergestellt wird). Die Zufuhr erfolgt aus durchsichtigen Kunststoffmagazinen (von Lancer) für 10 Schuss. Spanngriff und Verschlussträger sind vorteilhafter Weise fest miteinander verbunden – dadurch kann der Schütze eine verklemmte Patrone oder Hülse einfacher auswerfen bzw. entnehmen. Der Lauf aus rostfreiem Stahl besitzt eine Innenverchromung und eine garantierte Lebensdauer von 7000 Schuss. Das UAR-10 ist mit einem so genannten „KeyMod"-Vorderschaft, einem übergroßen T-förmigen Ladegriff, einer „MagPul PRS"-Schulterstütze, einer langen „Picatinny"-Zahnschiene und einem Schalldämpfer (für 10.000 Schuss) ausgestattet. Zum einfacheren Transport lässt es sich in zwei Teile

Das UAR-10 Scharfschützengewehr wird üblicherweise mit Zweibein und Schalldämpfer ausgestattet.

Technische Angaben UAR-10	
Patrone	7,62 mm x 51
Gewicht mit geladenem Magazin, kg	5,0
Länge, mm - Schulterstütze abgeklappt - Schulterstütze angeklappt	 1240 1030
Lauflänge, mm	610
Max. Einsatzschussweite, m	1200

zerlegen. Zum Zubehör zählen ein Aimpoint-Kollimatorvisier, ein wasserdichter Transportkoffer, eine Gewehrttasche, Magazintaschen, ein Schulterriemen und dergleichen mehr. An die Streitkräfte wird die Waffe mit Zielfernrohr und Zweibein aus ukrainischer Produktion ausgegeben. Während der Kämpfe in der Ostukraine wurden einige UAR-10-Gewehre von russischen Truppen erbeutet. Einem russischen Scharfschützen zufolge entspricht seine Reichweite und Präzision auf 800 m dem SWD. „Und wenn Sie mich fragen", fügte der Scharfschütze hinzu, „ist das SWD noch immer die bessere Wahl".

Scharfschützen beim Übungsschießen mit dem Gewehr UAR-10.

Scharfschützengewehr Fort-301

Zu Beginn des Bürgerkriegs in der Ostukraine 2014 verfügten die ukrainischen Streitkräfte bereits über halbautomatische Scharfschützengewehre Typ Fort-301 des Herstellers Fort in Winniza. Bei der für die NATO-Patrone 7,62 x 51 mm eingerichteten Waffe handelt es sich um eine Kopie des israelischen Scharfschützengewehrs „Galil Sniper", das auf dem Sturmgewehr „Galil" basiert, dem wiederum das sowjetische Kalaschnikow-Sturmgewehr zugrunde liegt. Das Fort-301 ist keine „reinrassige" Scharfschützenwaffe, sondern eher ein Sturmgewehr mit Zielfernrohr für die Unterstützung von Infanteriegruppen auf mittlere Kampfentfernungen. Die ukrainisch-israelischen Gewehre wurden vor allem von der Nationalgarde übernommen, finden sich jedoch auch bei Einheiten der Streitkräfte, des Sicherheitsdienstes, des Grenzschutzes und des Nachrichtendienstes. Der halbautomatische Gasdrucklader im NATO-Kaliber 7,62 x 51 mm erlaubt nur die Abgabe von Einzelschüssen; die Patronenzufuhr erfolgt aus einem 25-schüssigen Kastenmagazin. Zu den weiteren Merkmalen des Fort-301 zählen die durch verschiedene Schulterpolster in der Länge

Technische Angaben Fort-301	
Patrone	7,62 mm x 51
Gewicht, kg **- ungeladen** **- geladen**	 6,8 7,31
Länge, mm **- Schulterstütze abgeklappt** **- Schulterstütze angeklappt**	 1115 840
Lauflänge, mm	584
Mündungsgeschwindigkeit, m/s	800
Magazinkapazität, Patronen	20–25
Einsatzschussweite, m	1000

Scharfschützengewehr Fort-301 mit zusätzlichem Gummi-Schulterpolster.

Scharfschützengewehr Fort-301.

verstellbare, klappbare Schulterstütze; der zylindrische Mündungsfeuerdämpfer; die Möglichkeit, einen Schalldämpfer und ein klappbares Zweibein anzubringen; sowie das Sechsfach-Zielfernrohr auf einer Schnellwechselmontage. Der Hersteller achtet bei diesem Modell besonders auf Qualitätskontrolle. Jede Waffe wird zur Überprüfung der Funktion und der Schussleistung auf dem werkseigenen Schießstand angeschossen. Danach wird sie im Werk nochmals auf kleinere Produktionsmängel wie Kratzer, Schrammen, Grate usw. überprüft, gereinigt und geölt. Das Scharfschützengewehr Fort-301 gilt als zuverlässige Waffe, die sich durch einfache Konstruktion und leichte Bedienbarkeit auszeichnet.

Scharfschütze mit Fort-301 Scharfschützengewehr in Schussposition.

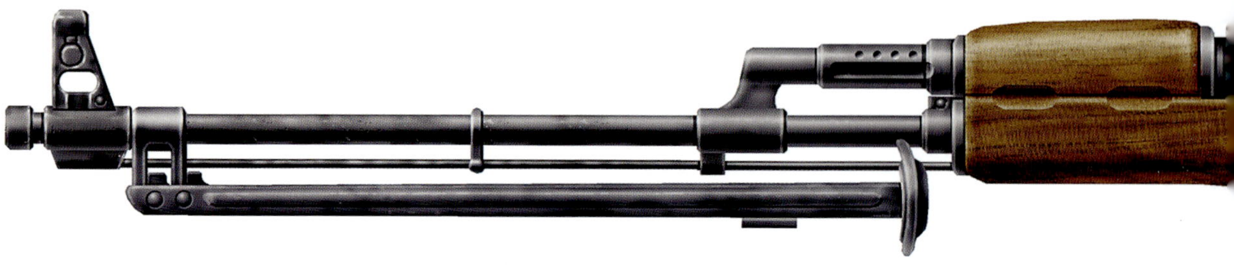

Leichtes Maschinengewehr RPK-74M

Wie bei der russischen stellt auch bei der ukrainischen Infanterie das leichte Maschinengewehr RPK-74M die stärkste automatische Waffe im Kaliber 5,45 mm dar. Dieses Gasdrucklader-MG ist eine modernisierte Version des sowjetischen Modells RPK-74, das Mitte der 1970er-Jahre auf Grundlage des Sturmgewehrs AK-74 entstanden war. Im Zuge der Modernisierung kam es zu einigen Verbesserungen: Im Unterschied zum Vorgängermuster erhielt das RPK-74M ein verstärktes Gehäuse samt Deckel, eine nach links klappbare Kunststoff-Schulterstütze sowie verstärkte Laufwandungen, welche die Rohrlebensdauer mit der Patrone 7N10 von rund 25.000 auf 50.000 Schuss erhöhten. Wie beim RPK-74 beträgt die Lauflänge 590 mm und der Lauf weist vier Rechtszüge auf.
Die Waffe verschießt Einzel- und Dauerfeuer; der Feuerwahlhebel dient zugleich als Sicherung, die Abzug und Verschluss blockiert. Ein klappbares Zweibein dient als vordere Schießauflage. Der Griff samt Abzugsbügel und der zweiteilige Vorderschaft bestehen ebenfalls aus schlagfestem Kunststoff. Die Waffe verschießt die Patrone 5,45 x 39 mm mit Vollmantel-, Leuchtspur- sowie panzerbrechenden Geschossen. Manöverpatronen („Platzpatronen") lassen sich nach Austausch der Mündungsbremse gegen ein Manöverpatronengerät verschießen. Verboten ist allerdings die Verwendung von Patronen mit reduzierter Geschwindigkeit (RS), um ein „Verkleben" des langen Laufs zu verhindern. Diese Patronen sind durch eine charakteristische schwarz-grüne Geschoss-Spitze gekennzeichnet. Die Munitionszufuhr erfolgt aus 30-Schuss-Magazinen der AK-74/AK-74M oder aus 45-Schuss-MG-Magazinen. Die offene Visierung aus Schiebevisier und Korn lässt sich seitlich verstellen zum Vorhalt auf sich bewegende Ziele.
Auf Grundlage der Maschinengewehre RPK-74 und RPKS-74 wurden Modifikationen mit der Möglichkeit entwickelt, unterschiedliche Optiken anzubringen. Interessanterweise unterschieden sich die Modifikationen mit verschiedenen Zusatzbuchstaben in

Maschinengewehr RPK-74 mit abgeklapptem Zweibein.

Maschinengewehr RPK-74 mit angeklapptem Zweibein. Handschutz und Fest-Schulterstütze bestehen aus Holz.

Maschinengewehr RPK-74M angeklapptem Zweibein und Schulterstütze.

der Bezeichnung nur durch die Art der im Bausatz enthaltenen Visiere. Die Visierhalterungen waren einheitlich und wurden auf der linken Seite des Gehäuses montiert. Das leichte MG mit Zielfernrohr 1P29 erhielt die Bezeichnung RPK-74P (RPKS-74P). Bei Verwendung der Nachtoptiken NSPU, NSPUM oder NSPU-3 erweiterte sich die Bezeichnung der Basiswaffe um den russischen Buchstaben „H" (= N), „H2" oder „H3". So wurde das RPK-74 mit NSPU-Optik zum RPK-74H und das RPKS-74 mit Optik NSPUM zum RPKS-74H2. Je nach Ausführung kletterte das Gewicht des Maschinengewehrs auf bis zu 8 kg.

Technische Angaben RPK-74M	
Patrone	5,45 mm x 39
Gewicht ohne Magazin, kg	4,76
Länge, mm - Schulterstütze angeklappt - Schulterstütze abgeklappt	 857 1065
Lauflänge, mm	590
Theoret. Feuergeschwindigkeit, S/min	600–650
Magazinkapazität, Patronen	45
Max. Einsatzschussweite, m	1000

PKM Handmaschinengewehr.

Mehrzweck-Maschinengewehr PK

Wie bei der russischen stellt auch bei der ukrainischen Infanterie das für die Patrone 7,62 mm x 54R eingerichtete Mehrzweck-Maschinengewehr PK die automatische Waffe mit der höchsten Feuerkraft auf Gruppen- und Zugebene dar (auf Fahrzeugen montierte überschwere MG und Maschinenkanonen fallen hier außer Betracht). Das von Michail Kalaschnikow entwickelte Modell PK führten die sowjetischen Streitkräfte bereits 1961 ein. Auf klappbarem Zweibein (montiert am Gasrohr) wird es nach deutschem Sprachgebrauch als leichtes, auf Dreibeinlafette als schweres Maschinengewehr (PKS) eingesetzt. Der Gasdrucklader mit Drehverschluss gilt als einfach zu bedienen, zuverlässig und störungsfrei. Die Gaskammer befindet sich unter dem Lauf und ist mit einem Gasregler für drei feste Einstellungen ausgestattet. Der schnell wechselbare Lauf mit trichterförmigem (später zylindrischem) Mündungsfeuerdämpfer verfügt über Längsrippen zur Kühlung sowie einen Tragegriff, der auch zur Trennung von Lauf und Gehäuse dient. Die Waffe schießt nur Dauerfeuer; die Sicherung blockiert den Abzugshebel und hält den Verschluss in hinterster Stellung. Schulterstütze und Pistolengriff sind fest mit dem Gehäuse verbunden. Hinter dem Bodendeckel kommen ein Öler mit Putzzeug und Zubehör zum Vorschein. Die Patronenzufuhr erfolgt über Metallgurte von rechts aus Gurtkästen für 100 oder 250 Schuss. Bei Gebrauch des Zweibeins lässt sich der Kasten unter dem MG befestigen; auf Samoschenkow-Stativ rechtsseitig am Dreibein. Das Maschinengewehr PK verfügt über ein offenes Tangentenvisier mit seitlich verstellbarer Kimme. Mit Nachtsichtoptiken PPN-3 oder NSPU ausgerüstet, wird die Waffe zum PKN. 1969 erfolgte

PKMB-Maschinengewehr für die Montage auf gepanzerten Fahrzeugen.

Technische Angaben	PK/PKS	PKM/PKMS	PKT
Kaliber, mm	7,62 mm x 54R	7,62 mm x 54R	7,62 mm x 54R
Gewicht, kg	9,0	7,5	10,5
Länge, mm	1173	1173	1098
Lauflänge, mm	658	658	722
Mündungsgeschwindigkeit, m/s	825	825	855
Theoret. Feuergeschwindigkeit, S/min	650	650	650
Prakt. Feuergeschwindigkeit, S/m	250	250	250
Gurtkapazität, Patronen	100	200	250
Einsatzschussweite, m	1500	1500	2000

PKMS-Maschinengewehr auf Dreibein.

die Modernisierung des PK zum PKM; in erster Linie, um das Gewicht zu reduzieren und den Bedienungskomfort zu verbessern. Das modernisierte PKM unterscheidet sich vom PK hauptsächlich durch die Änderung einzelner Teile. Zum Beispiel verzichtete man beim Lauf des PKM auf die bisherigen Kühlrillen und der Mündungsfeuerdämpfer erhielt eine kürzere, mehr zylindrische Form. Auch Nachladegriff, Schulterstütze und Abzugsgriff (früher Holz, jetzt Kunststoff) erfuhren Änderungen und den Gehäusedeckel versteiften jetzt Längsrippen. Ursprünglich war das Maschinengewehr mit der von E. S. Samoschenkow entwickelten, 7,7 kg schweren Lafette ausgestattet, die im Zuge der Modernisierung der nur noch 4,5 kg schweren Stepanow-Lafette wich. Für Kampfpanzer gibt es die Ausführung PKT, die das Gorjunow-Panzermaschinengewehr (SGMT) ersetzte. Um die ballistischen Eigenschaften des Gorjunow beizubehalten und die darauf abgestimmten Panzerzieloptiken nicht ändern zu müssen, passte man die Lauflänge des PKT durch Verlängerung auf 722 an. Die Mündungsgeschwindigkeit des Stahlkerngeschosses stieg dabei auf 865 m/s. Der Gasregler basiert auf dem Prinzip der Veränderung des Querschnitts des Gasauslasses, um die Belastung der Besatzung im Innenraum durch Pulvergase zu verringern. Ferner wurde hinten am Gehäuse ein fernbedienbarer elektrischer Abzug eingeführt, denn der Pistolengriff entfiel ja im Panzer.

MG-Schütze mit PKM im Anschlag.

PKM-Schießen im Freihand-Anschlag.

Leichtes Maschinengewehr Fort-401.

Leichtes Maschinengewehr Fort-401

Technische Angaben Fort-401		
Kaliber, mm	7,62 x 51	
Gewicht ohne Patronen, kg	8,1	
Länge, mm - Schulterstütze angeklappt - Schulterstütze abgeklappt	730 819	
Mündungsgeschwindigkeit, m/s	915	850
Theoret. Feuergeschwindigkeit, S/min	800–1000	
Magazinkapazität, Patronen	12, 35, 50	30
Gurtkapazität, Patronen	200–300	150–200
Einsatzschussweite, m	500	1000

Das Maschinengewehr Fort-401 entstand auf Grundlage des leichten israelischen „Negev"-MG und stellt mehr oder weniger seine lizensierte Kopie dar. Am 23. Dezember 2009 gab die ukrainische Regierung bekannt, dass der ukrainische Sicherheitsdienst, der Staatsschutz, der Grenzschutz und der Auslandsnachrichtendienst das Maschinengewehr Fort-401 einführen würden. Als Hauptabnehmer aber traten die ukrainischen Streitkräfte in Erscheinung. Der für die NATO-Patronen 5,56 x 45 mm und 7,62 x 51 mm eingerichtete Gasdrucklader verschießt nur Dauerfeuer bzw. Feuerstöße, deren Kadenz der Schütze einstellen kann. Die Patronenzufuhr erfolgt über Zerfallgurte oder über Magazine der Sturmgewehre Fort-221 und -222. Das Fort-401 wird entweder wie ein Sturmgewehr im Handanschlag, vom abnehmbaren Zweibein oder von einer Fahrzeuglafette geschossen. Dank einer Schnellwechselvorrichtung lassen sich heißgeschossene Läufe rasch austauschen. Im Übrigen gibt es die Waffe in normaler und verkürzter Ausführung. Die klappbare Schulterstütze wie der Tragegriff gehören zum Standard; wahlweise lässt sich das Fort-401 mit einer „Picatinny"-Zahnschiene an der Oberseite des Gehäuses und einem Vordergriff ausstatten. Es lässt sich in sechs Hauptbaugruppen zerlegen und gilt allgemein als recht einfache und zuverlässige Waffe mit hoher Feuerkraft.

Leichtes Maschinengewehr Fort-401 mit Gurttrommel..

Das Maschinengewehr ist mit einem zusätzlichen Griff ausgestattet, um die Bedienung zu erleichtern.

Ukrainischer MG-Trupp mit Fort-401.

ROHR- UND RAKETENARTILLERIE

Die Ukraine übernahm von den sowjetischen Streitkräften Tausende von Rohr- und Raketenartilleriesystemen. Zu Beginn des Jahres 2022 verfügte das ukrainische Militär über folgende Bestände:

- 1302 Selbstfahrgeschütze (Panzerhaubitzen)
- 1669 gezogene Geschütze
- 625 Mehrfachraketenwerfer
- bis zu 90 Taktische Kurzstrecken-Raketensysteme „Totschka-U"

Diese stehen bei Artillerie- und Raketenbrigaden sowie bei Artilleriegruppen mechanisierter und motorisierter Infanterie- und Gebirgsbrigaden, Panzerbrigaden, Luftlandebrigaden, Marineinfanteriebrigaden sowie selbstständigen Artillerieverbänden in Verwendung. Der traditionelle Begriff „Abteilung" entspricht dem Bataillon. Die Artilleriegruppe einer mechanisierten Brigade gliedert sich wie folgt:

Emblem der Raketentruppen und der Artillerie der Ukraine.

Truppenteil	Anzahl Einheiten	Anzahl Soldaten	Insgesamt
Artillerie-Aufklärungs- und Führungsbatterie	1	62	62
Panzerartillerieabteilung	2	197	394
Panzerabwehrabteilung	1	136	136
Flugabwehrrabteilung	1	247	247

Damit entspricht die Brigadeartilleriegruppe in ihrer Zusammensetzung in etwa einer Artilleriebrigade. Die Personalstärke der Gruppe liegt bei offiziell 1052 Mannschaften, Unteroffizieren und Offizieren. Die Artilleriegruppen der Brigade waren bis 2022 mit Gerät bestückt, das hauptsächlich aus sowjetischer Produktion stammte: 152-mm-Panzerhaubitzen 2S3 „Akazija" und 122-mm-Panzerhaubitzen 2S1 „Gwosdika" (18 Einheiten je Abteilung/Bataillon). Die Panzerabwehrabteilungen (-bataillone) verfügten über 100-mm-Panzerabwehrkanonen MT-12 „Rapira" und die Raketenartillerie über Mehrfachraketenwerfer BM-1 „Grad" (122 mm), 9K57 „Uragan" (220 mm) und 9K58 „Smertsch" (300 mm). Zusätzlich zu den Brigadeartilleriegruppen gab es bis 2014 drei selbstständige Artilleriebrigaden:

1) Die 26. selbständige Artillerie des 8. Armeekorps:

- 2 Abteilungen Panzerhaubitzen „Msta-S" (36 Geschütze),
- 1 Abteilung Selbstfahrlafetten „Giatsint-S" (18 Geschütze),
- 1 Abteilung Panzerabwehrkanonen „Rapira" (18 Geschütze).

2) Die 55. selbstständige Artilleriebrigade des 6. Armeekorps:

- 3 Abteilungen Panzerhaubitzen „Msta-S" (54 Geschütze),
- 1 Abteilung Panzerabwehrkanonen „Rapira" (18 Geschütze).

3) Die 11. selbstständige Artilleriebrigade des 13. Armeekorps mit gleicher Zusammensetzung wie die 55. Brigade.

Zusätzlich zu den bestehenden drei Artilleriebrigaden wurde 2014 die **44. Brigade** aufgestellt mit:

2 Abteilungen Panzerhaubitzen „Msta-S" (36 Geschütze);

1 Abteilung Selbstfahrlafetten „Giatsint-B" (18 Geschütze);

1 Abteilung Panzerabwehrkanonen „Rapira" (18 Geschütze).

Bis Mai 2020 erhöhten die Ukrainer die Zahl ihrer mit sowjetischem Gerät ausgerüsteten Brigaden auf sieben. So wurden die 38. und 45. Reservebrigade neu aufgestellt sowie die schwere 43. Brigade mit 203-mm-Selbstfahrgeschützen 2S7 „Pion". Zusätzlich zu den Rohrartilleriebrigaden verfügte die ukrainische Artillerie 2020 über eine Raketenbrigade taktischer Kurzstreckenraketen „Totschka-U“ und drei Regimenter Mehrfachraketenwerfer. Aufgrund schwerer Verluste der selbstfahrenden Artillerie im Bürgerkrieg bzw. nach der russischen Invasion erhielt ein erheblicher Teil der Artillerieabteilungen gezogene Geschütze. Das ex-sowjetische Gerät wurde bzw. wird allmählich durch Systeme ersetzt, die von NATO-Staaten geliefert wurden bzw. werden. In den vergangenen zwei Jahrzehnten hat die ukrainische Armeeführung versucht, ihre Mehrfachraketenwerfer-Verbände zu modernisieren. Es wurden verschiedene Optionen für die Modernisierung der vorhandenen „Grad“ und anderer Werfer entwickelt, vollmundige Erklärungen abgegeben und sogar Befehle für die Indienststellung erteilt. Die Ergebnisse rechtfertigten jedoch keinesfalls alle Hoffnungen. Tatsächlich erhielt das Heer in den besagten 20 Jahren nur wenige neue Mehrfachraketenwerfer. Beispielsweise wurden im Rahmen des Projekts BM-21K nur 5–10 Werfer gebaut, die veraltete Fahrgestelle erhielten. Zwei Projekte der „Bastion“-Reihe zeitigten ähnlich magere Ergebnisse. Die Gesamtzahl dieser RS-30 betrug höchstens 10–12 Einheiten. Der neuere und fortschrittlichere BM-21U „Werba“ durchlief die Erprobung und wurde sogar offiziell in Dienst gestellt, dem Verfasser lagen zur Zeit der Drucklegung dieses Buches aber noch keine Informationen über eine Serienfertigung und Lieferungen an das ukrainische Heer vor. Die neueste Entwicklung, der BM-21UM „Berest“, hatte die Erprobung zum Zeitpunkt der Drucklegung dieses Werks noch nicht hinter sich und war auch noch nicht serienreif. Infolgedessen erhielten die ukrainischen Streitkräfte trotz aller Pläne und Bemühungen in zwei Jahrzehnten nicht mehr als 15–20 neue 122-mm-Mehrfachraketenwerfer aus eigener Fertigung. Erschwerend kommt hinzu, dass es sich dabei nur um Modernisierungen alter ex-sowjetischer Ausrüstung handelt, oft nicht einmal unter Verwendung moderner Teile oder Fahrzeuge. Infolgedessen war die ukrainische Artillerie darauf angewiesen, weiterhin veraltetes Gerät einzusetzen. In einem Punkt aber – wohl unter westlichem Einfluss – war sie ihren russischen Gegnern weit voraus – dem umfassenden Einsatz unbemannter Luftfahrzeuge (Drohnen) zur Zielaufklärung und zur Leitung des Artilleriefeuers. Bei der Bekämpfung gegnerischer Artillerie setzten die Ukrainer geschickt Radar- und andere Technik zur Ortung gegnerischer

Ukrainische Artilleristen beim Laden einer 152-mm-Haubitze 2A65.

152-mm-Geschütz 2A36 „Giatsint-B“.

Geschützstellungen ein. Die Leitung der Artillerieunterstützung für Bodentruppen erfolgte über (aus dem Westen bereitgestellte) verschlüsselte Satellitenkommunikationskanäle. All dies ermöglichte es den Ukrainern, die zahlenmäßige Überlegenheit der russischen Artillerie weitgehend zu kompensieren.

Weitere eindeutige Vorteile im Gefecht brachte der Einsatz „nomadischer Batterien" aus je drei Mörsergruppen auf leichten, meist zivilen Lkw oder Pritschenwagen und einer mit Maschinengranatwerfern AGS-17 bewaffneten Deckungsgruppe. Die Ziel- und

100-mm-Panzerabwehrkanone 2A19 „Rapira" in Feuerstellung.

Schadensaufklärung erfolgte zumeist mit leichten „Phantom"-Quadrocoptern (Drohnen) chinesischer Bauart. Die Angriffe dieser Batterien laufen bzw. liefen immer nach dem gleichen Muster ab: Nach erfolgreicher Zielaufklärung ging die Batterie zügig in Feuerstellung, beschoss den Feind nicht länger als 12 bis 15 Minuten und verließ darauf ebenso zügig wieder die Stellung, ohne weitere Ergebnisse der Schadensaufklärung geschweige denn Gegenfeuer abzuwarten (wobei ein 12–15-minütiges Verharren in Feuerstellung bei moderner Artillerie bereits als selbstmörderisch gilt). Das Vorbild dieser erfolgreichen Taktik – die die Ukrainer freilich nicht erfanden – führte allgemein zur Erhöhung der Mobilität der ukrainischen „Taschenartillerie" und zu listenreichen, wenn auch nicht immer geltendem Kriegsrecht entsprechenden Einsätzen. So fuhren mit Granatwerfern bestückte „Sabotagegruppen" in zivilen Autos durchs Hinterland der Ostukraine, ohne bei den meist russischen Bewohnern aufzufallen. In Donezk wurden verschlagener Weise sogar mit Mörsern bestückte Müllwagen zu diesem Zweck eingesetzt.

Mehrfachraketenwerfer BM-21 "Grad" beim Feuern.

82-mm-Mörser UPIK-82

2017 führten die ukrainischen Streitkräfte den 82-mm-Mörser UPIK-82 des ukrainischen Rüstungskonzerns *Ukrainian Armoured Equipment Factory* (Ukrobomprom) und der *Melitopol Factory of Autotractor Spare Parts* (MZAtZ/MSAtS) ein. Weit über 300 Granatwerfer wurden bereits ausgeliefert. Der Mörser ist nach dem klassischen Schema eines imaginären Dreiecks aufgebaut, dessen zwei Seiten das Rohr und das Zweibein bilden, während die dritte Seite als imaginäre Linie zwischen den Aufsetzpunkten des Rohrs und des Zweibeins am Boden verläuft. Der Granatwerfer besteht im Wesentlichen aus dem glatten Rohr mit Verschluss, dem Zweibein mit Höhen- und Seitenverstellung sowie Richtaufsatz, und der Bodenplatte. Bei der Entwicklung des Mörsers – sofern man bei diesem alten Schema überhaupt von einer Entwicklung sprechen kann – setzten die Konstrukteure vor allem auf neue Werkstoffe. So besteht die Bodenplatte nicht mehr aus Stahl, sondern aus einer Aluminium-Magnesium-Legierung, die das Gewicht um rund 4,5 kg verringerte. Dank der verbesserten Gelenkverbindung zwischen der Bodenplatte und dem Rohr lässt sich die Waffe nach Vorbild des russischen 82-mm-Mörsers „Dewa" um 360 Grad schwenken, ohne die Stellung der Bodenplatte verändern zu müssen. Bei der Rohrherstellung verwenden die Ukrainer keine Schmiedetechnik mehr, sondern Walzstahl, dessen Schichten nacheinander aufgebracht wurden. Dies erhöhte die Rohrlebensdauer erheblich und bei Versuchen hielt ein solches Rohr über 10.000 Schuss stand. Dies entspricht in etwa der doppelten Rohrlebensdauer vergleichbarer ausländischer Waffen. Dazu trug zweifellos auch die verbesserte Rohrkühlung bei, bei der sich der dickere und mit Kühlrippen versehene untere Teil weniger stark erwärmt und schneller abkühlt. Dies wirkt sich nicht nur positiv auf die Verschleißfestigkeit, sondern auch auf die Feuergeschwindigkeit aus. Auch die Höhen- und Seitenrichttriebe zum Richten des Rohres wurden erheblich verbessert und zum Anbringen des Richtaufsatzes muss vorher nicht, wie bei sowjetischen Modellen, die Doppelladungssicherung an der Rohrmündung entfernt werden. Außerdem haben

UPIK-82 Mörser.

UPIK-82-Mörsertrupp übt den Stellungswechsel.

Laden eines Mörsers UPIK-82.

ukrainische Spezialisten eine Vorrichtung entwickelt, bei der es ausreicht, die Zielkoordinaten einzugeben, statt händisch zu richten. All diese Änderungen verbesserten die taktischen und technischen Eigenschaften des Mörsers erheblich, insbesondere die Treffgenauigkeit sowie die Feuergeschwindigkeit von bis zu 15 Schuss pro Minute mit Zielkorrektur und 23 Schuss pro Minute ohne Zielkorrektur. Auch die maximale Schussweite wurde um 300 Meter erhöht und beträgt nun fast 4100 m, wobei der Rückstoß dank des neuen Verschlusses geringer ausfällt als bei vergleichbaren sowjetischen Modellen, die aber bei etwa gleichem Gewicht in Feuerstellung in etwa die gleiche Feuergeschwindigkeit bei höheren Schussweiten erreichen („Podnos" 4270 m, „Dewa" 6000 m mit neuer Granate). Aus guten Gründen haben die nach Aufnahme in die NATO strebenden Ukrainer für ihren neuen Mörser das sowjetische Kaliber 82 mm gewählt und nicht das im Westen übliche Mörserkaliber 81 mm. Denn so lassen sich die reichlichen Bestände ex-sowjetischer 82-mm-Munition ebenso verwenden wie westliche 81-mm-Granaten.

Technische Angaben UPIK-82	
Kaliber, mm	82
Gewicht in Feuerstellung, kg	44
Feuergeschwindigkeit, S/min	23
Höchstschussweite, m	4100
Geschossgewicht, kg	3,1

120-mm-Mörser 2S12 „Sani“

Der 120-mm-Mörser 2S12 „Sani“ (Schlitten) stellt das Granatwerfer-Hauptmodell der russischen Streitkräfte dar und 2021 zählten die ukrainischen Streitkräfte rund 190 „vererbte“ „Sani“ im Bestand, hinzu kommt eine nicht näher bezifferbare Anzahl in Depots, die nach dem russischen Einmarsch 2022 ebenfalls an die Truppe gingen. Der Granatwerfer 2S12 „Sani“ wurde in den frühen 1970er-Jahren von Konstrukteuren des Unternehmens Burewestnik in Gorki (heute Nischni Nowgorod) als Komplex entwickelt. Die Familie umfasst neben dem 120-mm-Mörser 2B11 das Zweirad-Fahrgestell 2L81 und das Zug- bzw. Transportfahrzeug 2F510. Der Mörser 2B11 folgt dem klassischen Entwurf und besteht aus dem 14,5 Kaliber langen Rohr, der Zweibeinlafette, der Bodenplatte und dem Richtaufsatz. Das glatte Rohr verfügt über einen aufgeschraubten Verschluss nebst Verschlussring sowie einer Sicherung gegen doppeltes Laden an der Mündung. Die Zündvorrichtung im Verschluss erlaubt das Abfeuern der Granate durch Hinabgleiten im Rohr mit Auftreffen auf den Schlagbolzen oder über eine Abzugsleine. Das Zweibein trägt den Richtaufsatz mit Höhen- und

120-mm-Mörser 2B11 „Sani“ in Marschstellung.

Mörser „Sani“ in Feuerstellung. (Foto: Pressedienst Burewestnik)

2B11 Mörser in Feuerstellung.

Laden eines Mörsers 2B11 „Sani" mit einem Lenkgeschoss des Grin-Komplexes. (Foto: Pressedienst JSC KB Instrument Engineering Design Bureau)

Technische Angaben 2B11 „Sani"	
Kaliber, mm	120
Gewicht in Feuerstellung, kg	210
Feuergeschwindigkeit, S/min	10-15
Schussweite, m	7100
Geschossgewicht, kg	15,9

Seitentrieb, zwei Stoßdämpfer und die Rohrmontagevorrichtung. Der Höhenrichtbereich reicht von +45° bis +80°, der Seitenrichtbereich 10° (bei neuer Zweibeinlafette 52°). Der Richtaufsatz umfasst den Richtsatz MPM-44M, den Kollimator K-1 und den Beleuchtungssatz „Lutsch" PM2M. Das Visier bietet eine 2,55-fache Vergrößerung und ein Sichtfeld von 9°. Der Kollimator ermöglicht das Schießen bei schlechten Sichtverhältnissen; bei Nacht erfolgt die Beleuchtung des Absehens sowie anderer Visierteile durch den Beleuchtungssatz „Lutsch". Das Zweiradfahrgestell 2L81 ist in erster Linie für das Bewegen des Mörsers durch die Bedienung beim Stellungswechsel und für das Ziehen des Mörsers mit einem Fahrzeug über kurze Entfernungen (5–10 km) vorgesehen. Ansonsten übernimmt das Transportfahrzeug 2F510, das auf dem GAS-Lkw 3-66-15 (4 x 4) beruht und außer der Waffe die Bedienung, Munition und Zubehör aufnimmt. Das Be- und Entladen der Waffe erfolgt über die geöffnete Heckklappe, wobei die Bedienung zwei Schienen nutzt. Im Schlepp beträgt die zulässige Höchstgeschwindigkeit 60 km/h (bis zu 20 km/h auf unbefestigten Straßen und im Gelände). Bei verlastetem „Sani" wird die Geschwindigkeit nur durch die Beschaffenheit der Straßen, die Leistung des Zugfahrzeugs, seines Fahrers sowie die Verkehrssicherheit beschränkt. Der „Sani" verschießt sämtliche 120-mm-Mörsergranaten sowjetischer und ausländischer Herstellung auf Schussweiten bis zu 7100 m (mit Sondermunition 9000 m). Die Mindestschussweite liegt bei 480 m und die Feuergeschwindigkeit ohne Nachrichten bei bis zu 15 Schuss pro Minute, mit Nachrichten bei 10 Schuss pro Minute.

120-mm-Mörser M-120-15 „Molot“

Das in Kiew ansässige Unternehmen Majak „entwickelte“ den Granatwerfer M-120-15 „Molot“ (Hammer) im Jahr 2015 innerhalb von zwei Monaten. Kein Wunder, denn die Kiewer stützten sich auf den bewährten sowjetischen Mörser 2B11 des Systems 2S12 „Sani“, dessen verbesserter Nachfolger der „Molot“ werden sollte. Die Rohre stellte die Maschinenbaufabrik Starokramatorsk her, die erste Versuchswaffe lag am 25. August 2015 vor und ging am 1. September 2015 in die Erprobung, bei der sie über 500 Schuss abfeuerte. Am 17. November 2015 wurde der „Molot“ durch Befehl Nr. 448 des Generalstabs für den Einsatz bei den ukrainischen Streitkräften zugelassen, die am 3. März 2016 eine erste Charge und am 23. März 2016 die nächste Charge erhielten; insgesamt 120 Mörser. Wenig überraschend sieht die Waffe dem sowjetischen Mörser 2B11 „Sani“ zum Verwechseln ähnlich und besteht aus dem Rohr, dem Zweibein, der Bodenplatte und dem Richtaufsatz. Eine Zweiradlafette dient zum Transport auf dem Gefechtsfeld und zum Stellungswechsel, ansonsten wird der Mörser von einem Zugfahrzeug geschleppt. Der „Molot“ verschießt sämtliche sowjetisch-russische 120-mm-Granatwerfermunition und auch Geschosse ausländischer Herkunft. Im Allgemeinen wurde der Mörser freudig als recht moderne Waffe begrüßt, aber das dicke Ende kam bald nach. Der Ärger begann am 25. Juli 2016, als das Rohr eines „Molot“ bei Schießübungen auf dem Schießplatz Schiroki Lahn in der Region Mykolajiw (Nikolajew) krepierte, wobei ein Soldat der Bedienung getötet und acht weitere verletzt wurden. Dass es sich bei diesem Unfall nicht um einen Einzelfall handelte wurde deutlich, als aus anderen Einheiten ähnliche Vorfälle gemeldet wurden. Am 12. Juli 2018 erklärte der Leiter des Zentralen Forschungsinstituts für Bewaffnung und militärische Ausrüstung der ukrainischen Streitkräfte, Igor Tschepkow, auf einer Sitzung des Ausschusses für nationale Sicherheit und Verteidigung der Werchowna Rada der Ukraine, dass es in den zwei Jahren seit Übergabe des Mörsers an die Truppe zwölf Unfälle aufgrund von Fehlzündungen gegeben habe, darunter acht Rohrkrepierer. Laut Tschepkow waren sieben der zwölf Unfälle aufgrund doppelten Ladens und fünf auf vorzeitige Zündung der Granaten zurückzuführen. Damit nicht genug,

120-mm-Mörser M120 „Molot“.

Technische Angaben M-120 „Molot“	
Kaliber, mm	120
Gewicht in Feuerstellung, kg	210
Feuergeschwindigkeit, S/min	12
Schussweite, m	7100
Geschossgewicht, kg	15,9

120-mm-Mörser M-120 „Molot“ in Feuerstellung.

120-mm-Mörser M-120 „Molot“ beim Laden in offener Feuerstellung.

es ging „hammerhart“ weiter: Am 23. September 2018 zerbarst ein weiterer „Molot“ bei Schießübungen der 72. mechanisierten Brigade. Insgesamt kam es zwischen 2016 und September 2018 zu neun Rohrkrepierern bei „Molot“-Mörsern, bei denen 13 Soldaten getötet und 30 verletzt wurden. Am 8. Dezember 2018 verhängte die Zentrale Raketen- und Artilleriedirektion der ukrainischen Streitkräfte ein vorläufiges Schießverbot für den „Molot“ und betonte, das Modell sei noch immer nicht offiziell eingeführt. Dessen ungeachtet kam es am 8. Februar 2019 bei der 79. Luftsturmbrigade zu einem weiteren „Molot“-Unfall: beim siebten Schuss detonierte die Granate im Rohr. Zwei Fallschirmjäger wurden getötet und drei weitere verletzt. Am 6. November 2019 kamen durch ein ähnliches Vorkommnis zwei Jäger der 128. Gebirgsbrigade ums Leben; drei weitere erlitten Verletzungen. Die Ukraine hatte ihren „Witwenmacher“ wie weiland die Bundeswehr mit dem „Starfighter“. Am 14. Juni 2020, also schon vor dem Krieg mit den Russen, wurden beim Beschuss des Dorfes Kaliniwka zwei Soldaten der ukrainischen 24. Brigade durch Rohrkrepierer eines „Molot“-Mörsers getötet und zwei weitere verletzt. Und es nahm kein Ende: Am 30. Juni 2020 wurden drei Soldaten der 30. Brigade durch ihren Mörser verletzt, zwei davon schwer (sie wurden ins Militärkrankenhaus der Stadt Chasow Jar eingeliefert). Selbst die Geduld des ukrainischen Verteidigungsministeriums mit der Waffe war damit erschöpft. Am 20. August 2020 gab es bekannt, den Mörser endgültig aus der Truppenverwendung nehmen zu wollen. Spätere Ereignisse zeigten, dass diese Absicht nie umgesetzt wurde – möglicher Weise waren Schmiergelder im Spiel. Ganz davon abgesehen, hätte es schon wesentlich früher zu einer Außerdienststellung der offensichtlich ganz und gar nicht truppenverwendungsfähigen Waffe kommen müssen. Jedenfalls kam es am 26. März 2021 erneut zu einem tödlichen Unfall: ein „Molot“ krepierte in einer vorderen Stellung der 59. motorisierten Schützenbrigade. Zwei Mann der Bedienung wurden getötet, zwei weitere schwer verletzt. Jetzt endlich wurden technische Verbesserungsmaßnahmen ergriffen. Am 20. Januar 2021 stellte das Majak-Werk in Kiew einen Prototyp des verbesserten Modells M-120-16 vor, das den „Witwenmacher“ M-120-15 künftig ersetzen soll. In der entsprechenden Mitteilung des Werkpressedienstes hieß es: „Seit nunmehr einem Jahr bereitet sich unsere Entwicklergruppe auf die Inbetriebnahme des Mörsers M-120-16 »Molot« vor. Wir sind uns der Verantwortung bewusst, eingedenk dessen, was in der Vergangenheit mit dem »Molot« passiert ist“. Berichten zufolge verfügt der modernisierte Mörser über eine verbesserte Sicherung zur Verhinderung des doppelten Ladens. Des Weiteren wurde die Bodenplatte durch eine leichtere ersetzt, die sich auch auf hartem Untergrund verwenden lässt. An der Zweiradlafette ersetzte man die Spiralfedern als Stoßdämpfer durch Blattfedern, die sich im harten Feldeinsatz auch bei Fahrzeugen als zuverlässiger und bruchfester erwiesen.

122-mm-Haubitze D-30 (2A18)

Die Artillerie der ukrainischen leichten Infanterie (Gebirgsbrigaden, luftbewegliche und Luftlandebrigaden sowie motorisierte Infanteriebrigaden) ist mit gezogenen 122-mm-Haubitzen des sowjetischen Typs D-30 bewaffnet. Vor dem Einmarsch der russischen Truppen 2022 wurde die Zahl der ukrainischen D-30 auf etwa 75 geschätzt, dann aber gingen der ukrainischen Artillerie zusätzliche 30, bereits ausgemusterte Geschütze zu und Estland spendierte weitere neun. Beim Muster D-30 (2A18) handelt es sich um eine Mitte der 1950er-Jahre vom Konstruktionsbüro des Jekaterinburger Werks Nr. 9 entwickelte Haubitze, die das sowjetische Heer 1960 einführte. Das Geschütz war zwar noch für den Schleppzug vorgesehen, wies aber einige pfiffige Neuheiten auf (teils von deutschen Konstruktionen des 2. Weltkriegs übernommen). Darunter die dreiholmige Spreizlafette für einen Rund-um-Schwenkbereich von 360° und die Aufhängung der beiden Räder an der Oberlafette. Beim Instellunggehen werden die beiden beweglichen Holme (der dritte ist feststehend) um 120° ausgeschwenkt, sie bilden die Schießplattform. Die Räder werden dann hochgekurbelt und haben keine Bodenberührung mehr, so dass sich das Geschütz rundum schwenken lässt. Bei der Panzerabwehr ein ebenso großer Vorteil wie die niedrige Feuerhöhe, was freilich auch für den artilleristischen Feuerkampf als Feldgeschütz gilt. Das 38 Kaliber (L/38) lange Rohr (4780 mm) verfügt über eine Mehrkammer-Mündungsbremse, die bis zu 50 % der Rückstoßenergie absorbiert. Den Rest, sowie das Vorholen des Rohrs nach dem Schuss, übernehmen die bei der Wiege

Technische Angaben D-30	
Kaliber, mm	122
Rohrlänge, Kaliber	L/38
Gewicht in Feuerstellung, kg	3200
Höchste Rohrerhöhung, Grad	+70
Tiefste Rohrerhöhung, Grad	–7
Feuergeschwindigkeit, S/min	6–8
Höchstschussweite, m	15.300
Geschossgewicht, kg	14,8–21,76

122-mm-Haubitze D-30 beim Feuern.

122-mm-Haubitze D-30.

über dem Rohr montierte hydropneumatische Rohrbremse und der Rohrvorholer. Der vertikale halbautomatische Keilverschluss weist eine Geschosshalterung auf, die ein Zurückgleiten der Kartuschgranate bei großer Rohrerhöhung verhindert. Diese reicht von –7° bis +70°. Die auf der Oberlafette montierte Visiervorrichtung besteht aus einem Kollimatorvisier für indirektes und einem Zielfernrohr für direktes Feuer. Zum Schutz der Bedienung vor Handwaffenbeschuss und Granatsplittern dient der an der Oberlafette montierte Schutzschild. Als Zugfahrzeug findet ein allradgetriebener dreiachsiger Militärlastwagen (6 x 6) Verwendung. Beim Übergang in die Marschlage werden die beiden beweglichen Spreizholme auf den festen dritten Holm gelegt und an diesen an das Rohr mit Schleppdeichsel an der Mündung gekoppelt, die Räder herunter gekurbelt. Eine eingespielte Bedienung bewältigt den Übergang vom Marsch- in die Schießstellung und umgekehrt in etwa 1,5 bis 2,5 Minuten. Die gefederten Räder ermöglichen ein Schleppen der Haubitze mit hoher Geschwindigkeit, sowohl auf befestigten Straßen als auch in unwegsamem Gelände. Die Haubitze D-30 verschießt die gleiche 122-mm-Munition wie ihr Vorgängermodell M-30 aus dem 2. Weltkrieg: Spreng-, Sprengbrand-, Hohlladungs-, Rauch-, Leucht- und Propagandagranaten sowie pfeilbildende Geschosse. Die Hohlladung durchschlägt 180 mm dicke Panzerplatten in einem Winkel von 90° auf jede Entfernung. Die D-30 verwendet so genannte halbgetrennte Munition, wobei vor dem Laden die Geschosse auf die mit Treibladungsbeuteln bestückten Kartuschen gesteckt werden. Die direkte Einsatzschussweite beträgt 850 m, die Höchstschussweite 15.300 m und die Feuergeschwindigkeit 6–8 Schuss pro Minute.

122-mm-Haubitze D-30, Ansicht von vorne rechts.

Die 122-mm-Haubitze D-30 zeichnet sich durch ihre niedrige Feuerhöhe aus.

Haubitze D-30 in Feuerstellung.

152-mm-Kanonenhaubitze D-20 (52-P-546)

Zumindest bis 2022 verfügten die ukrainischen Streitkräfte über rund 130 gezogene 152-mm-Kanonenhaubitzen D-20 ex-sowjetischer Herkunft. Zusammen mit selbstfahrenden 152-mm-Panzerhaubitzen „Akazija" bildeten sie die Grundlage der Artilleriegruppen der motorisierten Infanterie und einiger mechanisierter Brigaden. Eine beträchtliche Anzahl D-20 wurde nach Beginn der Kampfhandlungen 2022 aus Depots reaktiviert und ersetzte teilweise nicht marschfähige oder außer Gefecht gesetzte ukrainische „Akazija"-Panzerhaubitzen. Entwickelt wurde die 152-mm-Kanonenhaubitze D-20 vom Konstruktionsbüro des Werks Nr. 9 in den frühen 1950er-Jahren und ab 1955 wurde sie unter der Kennung 52-P-546 (GRAU-Index der sowjetischen Hauptverwaltung für Raketen und Artillerie) im Werk Nr. 9 in Swerdlowsk (heute Jekaterinburg) gefertigt. Später verlagerte die Produktion ins Wolgograder Werk Nr. 221 „Barrikady". Das Geschütz verfügt über eine beachtliche Rohrlänge von 34 Kalibern (L/34, 5190 mm), weshalb man es als Kanonenhaubitze einstufte. Das Monoblockrohr aus hochfestem Stahl verfügt über eine Zweikammer-Mündungsbremse und einen halbautomatischen vertikalen Keilverschluss. Über dem Rohr in Höhe der Wiege befinden sich zwei hydropneumatische Rohrvorholer und Rohrbremsen. Der Schutzschild an der Oberlafette schützt die Bedienung vor Handwaffengeschossen und Granatsplittern. Der Höhenrichtbereich liegt bei –5° bis +45°, der Seitenrichtbereich (Schwenkbereich) bei 58°. Beim Beziehen der Feuerstellung wird das mit einer zweirädrigen Spreizlafette versehene Geschütz mittels eines hydraulischen Hebers auf eine Art Schießpilz gesetzt, so dass die Räder keine Bodenberührung mehr haben. Dank zusätzlicher

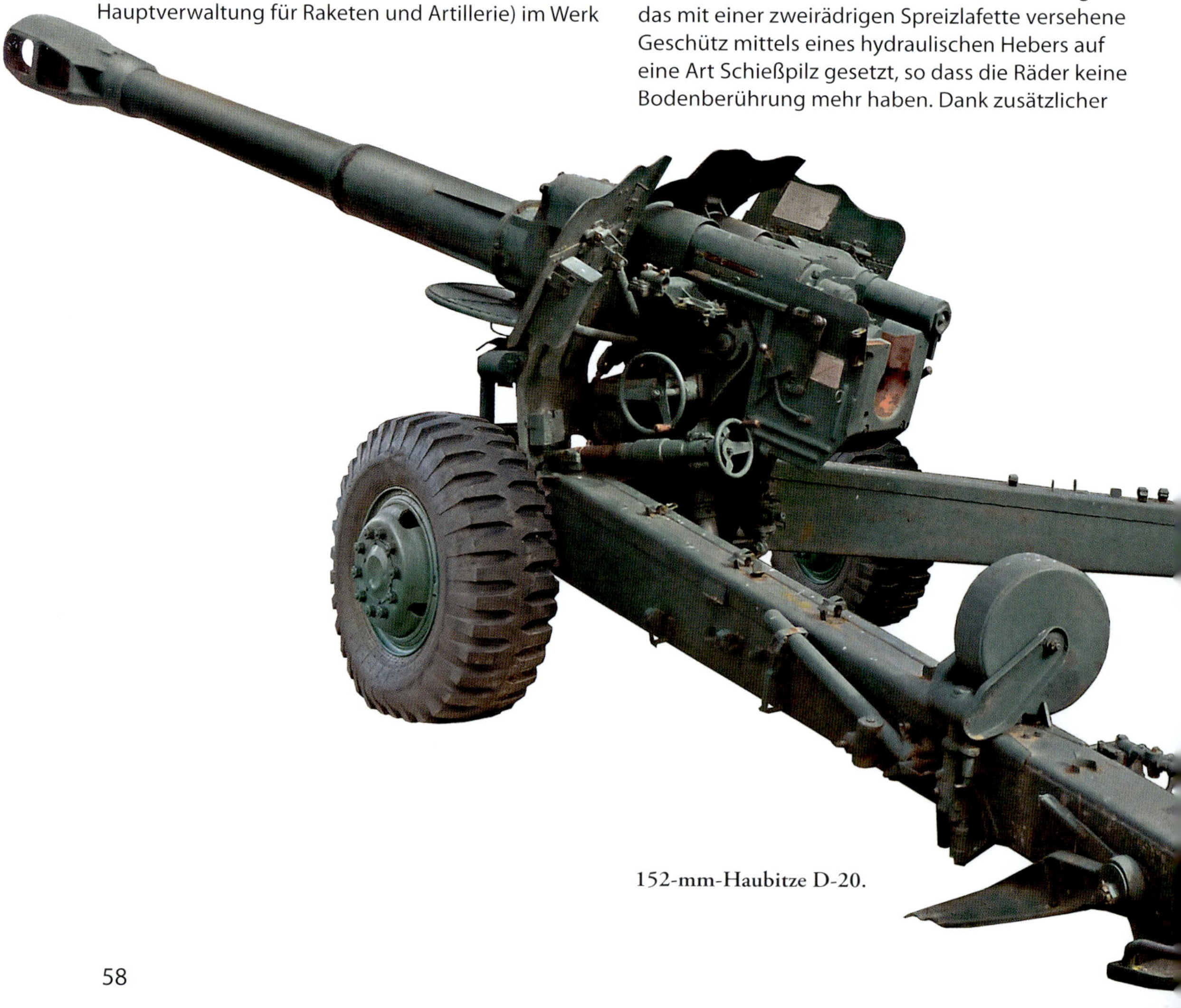

152-mm-Haubitze D-20.

152-mm-Haubitze D-20 in Marschstellung.

Technische Angaben D-20	
Kaliber, mm	152,4
Rohrlänge, Kaliber	L/34
Gewicht in Feuerstellung, kg	5650
Höchste Rohrerhöhung, Grad	+45
Tiefste Rohrerhöhung, Grad	–5
Feuergeschwindigkeit, S/min	5–6
Höchstschussweite, m	17.400
Geschossgewicht, kg	43,56

Räder an den Holmenden lässt sich die Waffe zügig schwenken. Eine eingespielte Bedienung (zehn Mann) benötigt 2,5 bis 3 Minuten, um das Geschütz von der Marschstellung in die Gefechtsstellung zu bringen und umgekehrt. Für das Schleppen der D-20 steht eine Vielzahl von Zugfahrzeugen zur Verfügung, von schnellen Raupenschleppern AT-L und AT-S bis zu Lkw des Typs Tatra-813 (8 x 8) und Ural 375 (6 x 6). Das torsionsgefederte Fahrwerk erlaubt das Ziehen des 5,6 t schweren Geschützes mit relativ hohen Geschwindigkeiten. Die Kanonenhaubitze D-20 verschießt die gleiche getrennte 152-mm-Munition wie ihre Vorgängerin D-1. Das Spektrum umfasst Spreng-, Sprengbrand-, Beton-, Hohlladungs- und Leuchtgranaten. Auch der Verschuss lasergelenkter „Krasnopol“-Geschosse sowie so genannter Spezialmunition sei möglich. Die Höchstschussweite mit dem 43,56 kg schweren Sprenggeschoss beträgt 17.409 m. Das Hohlladungsgeschoss durchschlägt 250 mm dicke Panzerstahlplatten auf bis zu 3000 m. Die Feuergeschwindigkeit liegt bei 5–6 Schuss in der Minute. Der waffenseitige Teil der Haubitze D-20 wurde für die Panzerhaubitze 2S3 „Akazija“ (siehe dort) übernommen.

152-mm-Haubitze D-20, Rückansicht.

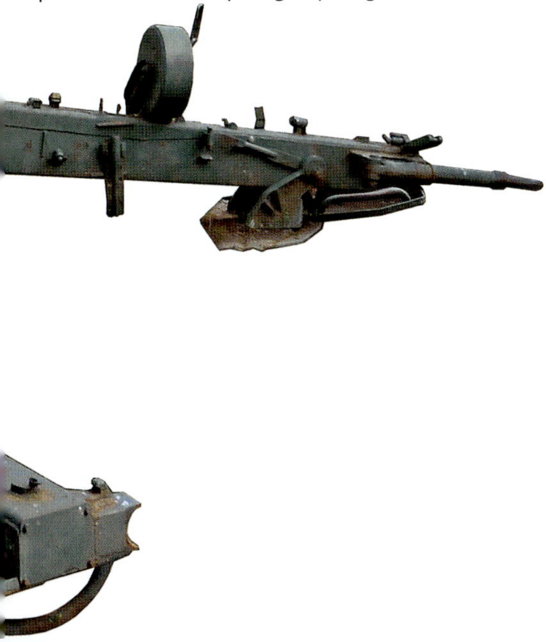

Eine 152-mm-Haubitze beim Feuern auf feindliche Stellungen.

152-mm-Haubitze 2A65 „Msta-B“

Mit zu den schlagkräftigsten gezogenen Geschützen der ukrainischen Artilleriebrigaden zählt die 152-mm-Haubitze „Msta-B“, die neben einem breiten Spektrum üblicher Gefechtsmunition auch Atomgranaten verschießen kann, und sich als Vielzweckgeschütz zur Bekämpfung von Weichzielen, gegnerischen Geschütz- und Raketenstellungen, Feldbefestigungen und Bunkern sowie gepanzerten Fahrzeugen eignet. Die nach einem westrussischen Fluss benannte „Msta-B“ wurde in der zweiten Hälfte der 1970er-Jahre vom Konstruktionsbüro des Wolgograder Werks Nr. 221 „Barrikady“ entwickelt. Ziel war es, Schussweite, Feuergeschwindigkeit, Richtbereich, Geschosswirkung im Ziel, Beweglichkeit und andere Eigenschaften im Vergleich zu den damals bei der Sowjetarmee in Dienst stehenden Haubitzen zu verbessern. Nach erfolgreicher Erprobung wurde die Haubitze „Msta-B“ 1986 von der Sowjetarmee unter der Kennung 2A65 offiziell übernommen, wobei die Serienproduktion erst 1987 einsetzte (die Einführung der Panzerhaubitze 2S19 „Msta-S“ folgte 1989). Die gefertigte Gesamtstückzahl „Msta-B“ wird auf 1200 Einheiten geschätzt. 2022 verfügte die ukrainische Artillerie über etwa 130 Stück. Die gezogene Haubitze 2A65 „Msta-B“ verfügt als klassisches Feldgeschütz über ein langes Monoblock-Rohr mit Kaliberlänge L/53, also rund 7,1 m, weshalb man sie mit Fug und Recht auch das Kanonenhaubitze bezeichnen könnte. Zu den charakteristischen Merkmalen zählen die gegossene Dreikammer-Mündungsbremse, der halbautomatische Keilverschluss, die über dem Rohr angebrachten beiden hydropneumatische Rückstoßbremsen mit Vorholern, die Oberlafette mit Schutzschild, Wiege sowie Richt- und Visiereinrichtungen, sowie die Unterlafette mit zweiholmiger Spreizlafette und Zweiradfahrwerk. Nach Vorbild der Kanonenhaubitze D-20 erhielt die „Msta-B“ eine hydraulische Bettungsplatte für die Feuerstellung. Dank der beiden Metallräder oder -rollen an den Holmenden lässt sich das Geschütz einfach schwenken (ohne Veränderung der Lafettenposition beträgt der Seitenrichtwinkel 52°). Der Höhenrichtbereich liegt bei –3,5° bis +70°. Um die Feuergeschwindigkeit zu erhöhen und einer vorzeitigen Ermüdung der Geschützbesatzung vorzubeugen, stattete man das Geschütz mit zwei hydraulischen Ansetzern für Granaten und Kartuschen aus. Beim Übergang in

152-mm-Haubitze „Msta-B“, Ansicht von hinten links.

Technische Angaben „Msta-B“	
Kaliber, mm	152,4
Rohrlänge, Kaliber	L/53
Gewicht in Feuerstellung, kg	7000
Höchste Rohrerhöhung, Grad	+70
Tiefste Rohrerhöhung, Grad	–3,5
Feuergeschwindigkeit, S/min	8
Höchstschussweite, m	24.700–28.500
Geschossgewicht, kg	43,56

152-mm-Haubitzen „Msta-B“ wurden und werden intensiv bei den Kämpfen in der Ukraine eingesetzt.

152-mm-Haubitze 2A65 „Msta-B2-6-3“.

Marschstellung hebt die Bedienung die hydraulische Bettungsplatte an, befestigt sie an Rohr und Wiege, führt die beiden Spreizholme zusammen und verbindet sie mit der Anhängekupplung des Zugfahrzeugs; in der Regel ein allradgetriebener Lkw Ural-4320 (6 x 6). Dank der gefederten Radlafette lässt sich das Geschütz auf befestigten Straßen mit bis zu 80 km/h und im Gelände mit bis zu 20 km/h ziehen. Die „Msta-B“ verwendet das gesamte Munitionsspektrum der 152-mm-Haubitzen D-20 und D-1. Die Höchstschussweite des 43,56 kg schweren Sprenggeschosses beträgt 24.700 m, die des neu

152-mm-Haubitze „Msta-B" in Feuerstellung.

Geschützbedienung beim Laden einer 152-mm-Haubitze „Msta-B".

152-mm-Haubitze2A65 „Msta-B" in Kampfstellung. (Foto: Pressedienst Motowilichinski-Werk)

entwickelten Raketengeschosses OF-61 28.500 m. Zudem gibt es die Streumunition 3023 mit 42 Panzerabwehr-Hohlladungen, reichweitengesteigerte Radarstörgeschosse 3NSO, Spezialmunition 3WDS8 sowie 3WOW64-Granaten mit lasergelenkten Projektilen 30F-39 „Krasnopol". Die Feuergeschwindigkeit liegt bei 8 Schuss in der Minute. Zur automatischen Feuerleitung von mit „Msta-B" ausgerüstetem Artillerieabteilungen wurden die Komplexe „Falset" und „Kapustnik" entwickelt.

122-mm-Panzerhaubitze 2S1 „Gwosdika“

Anfang 2022 verfügten die ukrainischen Streitkräfte über 292 Panzerhaubitzen sowjetischer Bauart 2S1 „Gwosdika“ (Nelke), zu finden in Panzerartillerieabteilungen der Artilleriegruppen einiger motorisierter Infanterie- und mechanisierter Brigaden. Die Entwicklung der „Gwosdika“ reicht bis in die späten 1960er-Jahre zurück, wo das Konstruktionsbüro des Charkower Traktorenwerks als Hauptentwickler in Erscheinung trat. Erste Prototypen unternahmen im August 1969 Langstrecken-Fahrversuche; 1971 fiel der Entschluss der Sowjetarmee zur Übernahme und 1972 begann die Serienfertigung, die erst nach über 10.000 Stück endete. Mit der 122-mm-Panzerhaubitze 2S1 wurden die Artillerieabteilungen zahlreicher Schützenregimenter der sowjetischen motorisierten Schützen- und Panzerdivisionen ausgerüstet. Die Konstruktion entspricht dem traditionellen Aufbau einer moderneren Panzerhaubitze mit Fahrer- sowie Motor- und Getriebeabteil vorn. Der Kampfraum mit Drehturm und Geschütz befindet sich im mittleren und hinteren Teil der Wanne. Die Besatzung/Bedienung besteht aus vier Mann: Der Fahrer vorn im Bug auf der linken Seite des Fahrzeugs, Kommandant/Geschützführer, Richtkanonier und Ladekanonier im Turm. Wanne und Turm der Panzerhaubitze sind aus gewalzten Panzerplatten geschweißt. Die Panzerung bietet Schutz gegen Handfeuerwaffen und Granatsplitter. Die Hauptbewaffnung bildet die

Technische Angaben 2S1 „Gwosdika“	
Besatzung/Bedienung	4
Gefechtsgewicht, t	15,7
Gesamtabmessungen, mm: **Länge mit Geschütz** **Breite** **Höhe**	 7260 2850 2730
Bewaffnung, mm: **Haubitze** **Maschinengewehr**	 122
Kampfbeladung, Schuss	40
Geschossgewicht, kg	14,8–21,76
Höchstschussweite, km	15,2
Feuergeschwindigkeit, S/min	4–5
Motorleistung, PS	240
Höchstgeschwindigkeit, km/h	60
Fahrbereich, km	500

Hervorragende Aufnahme einer feuernden russischen 122-mm-Panzerhaubitze 2S1 „Gwosdika“. Das Modell wird sowohl von russischen als auch von ukrainischen Truppen eingesetzt.

122-mm-Haubitze D-32 (2A31), eine Modifikation der gezogenen 122-mm-Haubitze D-30 (siehe dort) mit Monoblockrohr, halbautomatischem Keilverschluss, Auswerfer und Zweikammer-Mündungsbremse. Die Rückstoßbremsen arbeiten hydropneumatisch; die Zylinder von Rückstoßbremse und Vorholer sind am Verschlussblock befestigt und laufen zusammen mit dem Rohr zurück. Der Ausgleichsmechanismus arbeitet pneumatisch. Dank Drehturm beträgt der Schwenkbereich 360°; der Höhenrichtbereich bewegt sich zwischen –3° und +70°. Um der Ermüdung des Ladekanoniers vorzubeugen, kam ein kraftunterstützer elektromechanischer Lader zum Einbau. Er sorgt dafür, dass das Geschoss und die Kartusche nach dem Ablegen auf die Ladeschale getrennt zugeführt werden. Die Feuergeschwindigkeit liegt unter Verwendung der im Turm und hinteren Wannenteil untergebrachten Bereitschaftsmunition bei 4–5 Schuss in der Minute, beim Laden aus Munitionskisten von außerhalb des Fahrzeugs zwischen 1,5–2 Schuss je Minute. Die „Gwosdika" verschießt das Munitionsspektrum der gezogenen Haubitze D-30 (siehe dort). Die Höchstschussweite beträgt 15.200 m. Die Kampfbeladung beträgt 30 Schuss, davon 35 mit Spreng- und 5 mit Hohlladungsgefechtskopf. Leere Kartuschen wirft der Ladekanonier durch eine Luke in der rechten Turmwand aus. Als Zieloptik im indirekten und direkten Richten dient ein Periskopvisier und die schwenkbare Kommandantenkuppel verfügt wie die Fahrerluke über Winkelspiegel (der Fahrer kann einen der drei Winkelspiegel gegen ein Nachtsichtgerät tauschen). Zur Standardausrüstung gehören des Weiteren Bord- und Sprechfunk sowie eine Feuerlöschanlage. Beim Kettenfahrgestell SAT2S1 handelt es sich um ein angepasstes Laufwerk des gepanzerten Kettenschleppers MT-LB. Für den Antrieb sorgt eine Achtzylinder-V-Dieselmotor JaMS-238W mit 240 PS. Die Kraftübertragung erfolgt mechanisch über ein Sechsganggetriebe. Das Laufwerk mit Stahlkette weist auf jeder Seite sieben torsionsgefederte gummierte Laurollen aus einer hochfesten Aluminiumlegierung auf. Die Aufhängung der ersten und letzten Laufrolle auf jeder Seite verfügt über hydraulische Teleskopstoßdämpfer. Auf befestigten Straßen erreicht die Panzerhaubitze eine Höchstgeschwindigkeit von 60 km/h. Ihre Geländeeigenschaften entsprechen in etwa dem MT-LB. Sie überwindet Steigungen bis zu 35°, überklettert bis zu 61 cm hohe senkrechte Hindernisse und überschreitet bis zu 2,41 m breite Gräben. Wasserhindernisse durchschwimmt die „Gwosdika", wobei die Kampfbeladung vorher auf 30 Schuss vermindert werden soll. Der Antrieb im Wasser erfolgt über die Ketten, wobei das Fahrzeug bis zu 4,5 km/h erreicht.

122-mm-Panzerhaubitze „Gwosdika" Vorderansicht.

122-mm-Panzerhaubitze „Gwosdika“.

122-mm-Panzerhaubitze „Gwosdika“, Rückansicht.

152-mm-Panzerhaubitze 2S3 „Akazija“

Die ukrainische Artillerie setzt 152-mm-Panzerhaubitzen 2S3 „Akazija“ (Akazie) seit Beginn des Konflikts im Donbass 2014 in großem Umfang ein. Mit ihrer Hilfe wurde ein russisch unterstütztes Vorgehen der Separatisten Ende August 2014 gestoppt, so dass sich die ukrainischen Kräfte während des Winterfeldzugs 2015 mit einem blauen Auge aus Debalsewo zurückziehen konnten. 1992 verfügte die ukrainische Artillerie über 501 Panzerhaubitzen 2S3 „Akazija“. Bereits 2012 sank ihre Zahl jedoch auf 180. Ab Frühjahr 2014 waren sie bei den mechanisierten Brigaden sowie Panzerbrigaden im Einsatz und nahmen an allen größeren Gefechten der Jahre 2014 bis 2019 teil. Auch bei den Kampfhandlungen 2022/2023 mischten sie mit. Die Entwicklung der 152-mm-Panzerhaubitze 2S3 „Akazija“ begann 1967 zeitgleich mit der Entwicklung der 122-mm-Panzerhaubitze 2S1 „Gwosdika“ (siehe dort). Die ersten

152-mm-Panzerhaubitze „Akazija“.

beiden Prototypen waren Ende 1968 fertig. Es folgte eine längere Erprobungsphase mit Ausmerzung von Kinderkrankheiten und einigen Nachteilen, an erster Stelle musste man die unannehmbar starke Pulvergasentwicklung im Kampfraum in den Griff bekommen. 1971 erfolgte die offizielle Einführung bei den sowjetischen Streitkräften, doch die erste größere Serie lief erst 1973 vom Band. Außer der Sowjetunion führten die Warschauer-Vertrag-Staaten das Muster ein. Zum Aufbau: Motor und Getriebe sind im Bug untergebracht, wo auf der linken Seite auch der Fahrer sitzt. Der mittlere und hintere Wannenteil bildet den Kampfraum mit Drehturm, der Arbeitsraum der dreiköpfigen Bedienung aus Kommandant/Geschützführer, Richt- und Ladekanonier. Wanne und

152-mm-Panzerhaubitze „Akazija“ auf dem Marsch, Rohr gezurrt.

Die 152-mm-Panzerhaubitze „Akazija" ist noch bei den Armeen Russlands und der Ukraine im Einsatz.

Turm sind aus gewalzten Panzerplatten geschweißt. Die maximal 20–30 mm dicke Panzerung bietet nur Schutz vor Handfeuerwaffen und Granatsplittern. Der Drehturm beherbergt die 152-mm-Haubitze D-22 (2A33) mit Rohrlänge L/27 (mit Mündungsbremse L/28, 4250 mm); eine Abwandlung der gezogenen 152-mm-Kanonenhaubitze D-20 (siehe dort), von der sie sich im Wesentlichen durch den Rauchabsauger unterscheidet, der die lästigen Pulvergase aus dem Rohr entfernt. In Bezug auf die Ballistik und die Munition entspricht die D-22 vollständig der D-20. Zum halbautomatischen Keilverschluss kommen die Zweikammer-Mündungsbremse sowie die beiden hydropneumatischen Rückstoßbremsen und Vorholer, die, mit dem Rohr verbunden, mit diesem nach dem Schuss zurücklaufen. Die übliche Rücklaufstrecke beträgt 510–710 mm, die maximale 740 mm. Beim Rücklauf bewahrt ein an der Wiege angebrachter Schutz die Bedienung vor Verletzungen. Die Arbeit des Ladekanoniers erleichtert (bei nach 1975 hergestellten Haubitzen 2S3M) ein halbautomatisches Trommelmagazin für die getrennte Munition. Damit beträgt die Feuergeschwindigkeit 2,6 bis 3,5 Schuss pro Minute (sonst maximal 3). Beim Laden von außerhalb des Turms sollen (evtl. mit einem weiteren Ladeschützen) Feuergeschwindigkeiten von 4 Schuss pro Minute erreicht werden können. Der Turm lässt sich zum Richten manuell oder elektrisch um 360° schwenken; das Höhenrichten im Bereich –4° bis +60° erfolgt ausschließlich händisch. Die Haubitze D-22 verschießt das gesamte Munitionsspektrum der gezogenen Kanonenhaubitze D-20 (siehe dort). Die übliche Kampfbeladung von 40 Schuss (2S3M = 46 Schuss) umfasst 36 Spreng- und 4 Hohlladungsgranaten. Die Höchstschussweite der Sprenggranate liegt bei 17.410 m; die maximale Einsatzschussweite des Hohlladungsgeschosses bei 3000 m. Bei Auftreffwinkel 90° durchschlägt es 250 mm dicke Panzerstahlplatten. Die Zusatzbewaffnung bildet ein 7,62-mm-Maschinengewehr PKT auf der Kommandantenkuppel, das sich gegen Erd- wie Luftziele einsetzen lässt. Zur weiteren Ausstattung der Panzerhaubitze gehören eine Bordsprech- und eine Funkanlage R-123M sowie eine Feuerlöschanlage. Das torsionsgefederte Kettenfahrgestell mit 6 gummigefederten Doppellaufrollen, 4 Stützrollen, Antriebsrad vorn und Leitrad hinten sowie Teleskopstoßdämpfern übernahm die Panzerhaubitze „Akazija" vom Flugabwehr-Raketensystem „Krug". Für den Antrieb sorgen ein 12-Zylinder-Dieselmotor W-59 mit einer Leistung von 520 PS sowie ein mechanisches Schaltgetriebe. Die rund 27,5 schwere Panzerhaubitze zeichnet sich durch relativ hohe Geschwindigkeit aus. Auf befestigten Straßen erreicht sie bis zu 60 km/h. Im Gelände bewältigt sie Steigungen bis zu 30°, erklettert senkrechte Hindernisse bis zu 0,7 m Höhe und überschreitet Gräben bis zu 3 m Breite. Ohne Vorbereitung durchwatet sie bis zu 1 m Gewässer. Dank des geringen spezifischen Bodendrucks von 0,6 kg/cm^2 stellt schlammiger und wenig tragfähiger Untergrund kein Problem für

Technische Angaben 2S3 „Akazija"	
Besatzung/Bedienung	4
Gefechtsgewicht, t	27,5
Abmessungen, mm:	
Länge Rohr 12 Uhr	7765
Länge Fahrgestell	6970
Breite	3250
Höhe	2615
Bewaffnung, mm:	
Haubitze	152,4
Maschinengewehr	7,62
Kampfbeladung, Schuss:	
Haubitze	40/46
Maschinengewehr	1000
Geschossgewicht, kg	43,56
Höchstschussweite, km	17,3
Feuergeschwindigkeit, S/min	3
Motorleistung, PS	520
Höchstgeschwindigkeit, km/h	60
Fahrbereich, km	500

Eine Batterie 152-mm-Panzerhaubitzen „Akazija" des ukrainischen Heeres auf dem Marsch.

sie dar. Bei Nachtfahrten verwendet der Fahrer ein Infrarot-Nachtsichtgerät. 1987 wurde die „Akazija" als Ausführung 2S3M1 mit einer rechnergestützten Führungsanlage, dem Visier SP-538 und dem Laserlenkgeschoss „Krasnopol" kampfwertgesteigert. Mittlerweile gilt die „Akazija" jedoch als veraltet und ihre Höchstschussweite als unzureichend. Die meisten ukrainischen 2S3-Panzerhaubitze haben große Probleme mit ausgeschossenen Rohren sowie mit der Instandsetzung ihrer Fahrgestelle. Einigen Berichten zufolge sollten die „Akazien" durch tschechische Radhaubitzen „Dana M-20" ersetzt werden.

Ukrainische 152-mm-Panzerhaubitzen „Akazija" bei einer Übung.

155-mm-Radhaubitze 2S22 „Bogdana“

Die Radhaubitze 2S22 „Bogdana“ (Frauenname) stellt das erste in der Ukraine entwickelte Geschütz im NATO-Kalibers 155 mm dar. Für die Entwicklung zeichnete das Zentrale Forschungsinstituts für Bewaffnung und militärische Ausrüstung der ukrainischen Streitkräfte verantwortlich. Die Ukrainer wählten als Fahrwerk ein Radfahrgestell, da Radfahrzeuge trotz verschiedener Nachteile eine Reihe von Vorzügen gegenüber Kettenfahrzeugen aufweisen. Zunächst einmal sind sie preisgünstiger in der Herstellung, auf festen Straßen und Wegen beweglicher und schneller, was bei der heutigen Kriegführung entscheidend sein kann, gemäß der gar nicht so neuen Maxime „Feuerkraft und Bewegung“ bzw. „Geschwindigkeit“. Den Löwenanteil in Sachen Konstruktion und Herstellung übernahm das Maschinenbauwerk Kramatorsk. Die Erprobung des ersten Prototyps begann am 9. August 2018 und zwei Wochen später präsentierte sich die „Bogdana“ anlässlich der Parade zum ukrainischen Unabhängigkeitstag (24. August) in Kiew der Öffentlichkeit. Im November 2020 ließ das Verteidigungsministerium vermelden, die anfänglich aufgetretenen Schwierigkeiten seien beseitigt und eine verbesserte Ausführung des Prototyps ginge in die Erprobung. „Verbessert“ bezog sich in diesem Fall

Radhaubitze 2S22 „Bogdana“ mit fast höchster Rohrerhöhung.

vor allem auf eine neue Mündungsbremse sowie auf eine Reihe allgemeiner konstruktiver Änderungen. Vom 12. Dezember 2021 bis zum 25. Januar 2022 durfte die „Bogdana“ auf dem Versuchsgelände Alibai ihr schießtechnisches Können unter Beweis stellen. Dabei feuerte sie insgesamt 450 Schuss auf bis zu 40 km Entfernung ab. Bei den Versuchen wurden 155-mm-Geschosse türkischer und tschechischer Herkunft verwendet; außerdem reichweitengesteigerte Granaten mit verbesserter Aerodynamik ERFB-BB *(Extended Range Full Bore – Base Bleed*, Reichweitengesteigertes Vollkalibergeschoss mit Bodensogreduzierendem Glimmsatz) oder Raketengeschosse des Typs „Excalibur Army“. Damit arbeitete sich „Bogdana“ auf Schussweiten bis 42 km bzw. 50 km (Raketenprojektil) vor. Die Haubitze verfügt über ein Rohr L/52 (8060 mm) und eine automatische Feuerleitanlage auf der Basis von Siemens SIPLUS- und SIMATIC HM-Steuerungen. Hinzu kommen eine Navigationsanlage zur Standortbestimmung und zur schnelleren Zielbekämpfung sowie ein automatischer Lader für 6 Granaten. Laden, Zielen und Schießen kann sowohl von innerhalb als auch von außerhalb der Kabine erfolgen – am Heck des Fahrzeugs gibt eine zweite Feuerleitanlage. Für die hohe Beweglichkeit der Radhaubitze sorgt das 6 x 6-Fahrgestell des Militär-Lkw KrAS-63221 aus dem Automobilwerk Krementschuk. Der 380 bis

Radhaubitzen 2S22 „Bogdana“ auf dem Marsch.

420 PS leistende Dieselmotor ermöglicht dem 28 t schweren Fahrzeug Geschwindigkeiten von bis zu 80 km/h auf festen Straßen und bis zu 30 km/h im Gelände. Nach Vorbild russischer Militär-Lkw verfügt es über eine Reifendruck-Regelanlage, die hohe Geländegängigkeit auf Böden mit geringer Tragfähigkeit gewährleistet, eine Seilwinde, Reifen mit Notlaufeigenschaften usw.. Die gepanzerte, viertürige Doppelkabine mit zwei Sitzreihen nimmt die fünfköpfige Bedienung einschließlich Fahrer auf. Sie verfügt über eine ABC-Belüftungsanlage, eine Klimaanlage, ein Warmluftgebläse für die ohnehin elektrisch beheizbare Windschutzscheibe (auch die Seitenfenster sind beheizbar). Neben der Bedienung bietet sie Platz für zusätzliche Ausrüstung: Beobachtungs- und Nachtsichtgeräte, ABC-Spürgeräte, Funkgerät, persönliche Schutzausrüstung und bis zu 20 Schuss Bereitschaftsmunition (je nach Anzahl der Sitze). Gemäß Lastenheft soll die Kabinen-Panzerung die Besatzung vor panzerbrechenden 7,62-mm-Geschossen des Typs B-32 noch auf 30 m bei Auftreffwinkel 30° schützen, außerdem vor Sprengfallen mit 6 kg Sprengstoff. Beim russischen Einmarsch 2022 wurde der Prototyp zunächst einmal ins Hinterland verbracht und dann einer Artilleriebatterie übergeben. Diese setzte die Haubitze (zusammen mit Radhaubitzen CAESAR, siehe dort) erfolgreich gegen russische Truppen auf der einige Seemeilen dem Donaudelta vorgelagerten Schlangeninsel (Ostrow Smeiny) ein und trug zu deren Rückzug bei. Ukrainischen Quellen zufolge soll die Serienfertigung der Radhaubitze 2S22 „Bogdana" im Januar 2023 angelaufen sein.

Technische Angaben 2S22 „Bogdana"	
Besatzung/Bedienung	5
Gefechtsgewicht, t	28
Bewaffnung:	
Kaliber, mm	155
Lauflänge, Kaliber	L/52
Kampfbeladung, Schuss	20
Geschossgewicht, kg	43,7
Höchstschussweite, km:	
Sprenggeschoss ERFB-BB	40–42
Raketengeschoss	50
Feuergeschwindigkeit, S/min	4–6
Motorleistung, PS	380–420
Höchstgeschwindigkeit, km/h	80
Fahrbereich, km	800

Radhaubitze 2S22 „Bogdana" bei der Parade in Kiew.

Radhaubitze 2S22 „Bogdana" in Kampfstellung.

Die Bedienung bereitet die Radhaubitze 2S22 „Bogdana" zum Feuern vor.

122-mm-Mehrfachraketenwerfer 9K55 „Grad“ (BM-21)

Beide Seiten des Ukrainekriegs setzen Mehrfachraketenwerfer ein. Am weitesten verbreitet ist der BM-21 „Grad“ (Hagel), der Raketengeschosse Kaliber 122 mm verschießt. Nach dem Zusammenbruch des Sowjetreichs erhielten die ukrainischen Streitkräfte mindestens 378 Einheiten dieses Typs in verschiedenen Ausführungen. Nach der Unabhängigkeit 1990 verkauften die Ukrainer mindestens 70 Stück ins Ausland, so dass die Gesamtzahl im Frühjahr 2014 etwa 300 Stück betrug. Zu Beginn des russischen Einmarsches 2022 konnten die ukrainischen Streitkräfte auf etwa 185 „Grad“ zurückgreifen. Die Artilleriegruppen einiger Panzer- und mechanisierter Brigaden verfügen über je eine Abteilung BM-21. Eine Werferabteilung gliedert sich in drei Batterien zu je sechs Werfern. Die Entwicklung des Mehrfachraketenwerfers BM-21 begann in der zweiten Hälfte der 1950er-Jahre; die sowjetischen Streitkräfte führten ihn 1963 ein. Der BM-21 folgte dem klassi-

Mehrfachraketenwerfer BM-21 „Grad“.

schen Schema der sowjetischen „Katjuscha" oder „Stalinorgel" des 2. Weltkriegs mit der Platzierung einer schwenk- und höhenrichtbaren Raketenabschussvorrichtung auf einem Lkw-Fahrgestell. Im Unterschied zu den Vorgängermodellen erhielt der „Grad" aber keine Startschienen mehr, sondern nach Vorbild deutscher Raketenwerfer des 2. Weltkriegs („Nebelwerfer") Startrohre, und zwar 40 an der Zahl, in Reihen zu je 10 übereinander angeordnet. Für den BM-21 wurde überdies ein ungelenktes, drallstabilisiertes 122-mm-Raketengeschoss geschaffen, dessen Konstruktion sich nachhaltig auf die weitere Entwicklung der Nachkriegs-Raketenartillerie auswirkte. Ganz so neu war die Idee mit der Drallstabilisierung aber nicht, denn schon die deutschen Nebelwerfergeschosse des 2. Weltkriegs arbeiteten im Unterschied zu den pfeilstabilisierten sowjetischen mit Drallstabilisierung, was die Treffgenauigkeit deutlich verbesserte. Für den Drall sorgt eine spiralförmige Nut mit U-Profil im Rohr, in die Führungswarzen am Heck der Rakete greifen und diese beim Abschuss in Drehung versetzen. Erst nach Verlassen des Rohrs entfaltet sich das Leitwerk der Rakete und sorgt für die weitere Pfeilstabilsierung mit leichtem Drall im Flug (die Flossen sind in einem Winkel von 1° zur Längsachse des Geschosses angeordnet). Das Faltleitwerk wird bis dahin mittels eines Ringes fixiert,

Bedienung eines BM-21 „Grad" beim Laden des Mehrfachraketenwerfers.

Technische Angaben BM-21	
Kaliber, mm	122
Startrohre	40
Bedienung	6
Gefechtsgewicht, t	13,7
Abmessungen, mm:	
Länge	7350
Breite	2400
Höhe in Marschlage	3090
Raketengewicht, kg	66,4
Höchstschussweite, km	20,75
Mindestschussweite, km	1,6
Dauer einer Vollsalve, s	20
Nachladezeit, min	7
Motorleistung, PS	180
Höchstgeschwindigkeit, km/h	75
Fahrbereich, km	750

Fahrzeuge einer Batterie ukrainischer Mehrfachraketenwerfer BM-21 „Grad".

so dass es überhaupt ins 3 m lange Führungsrohr passt. Eine weitere Neuerung betraf die Herstellung der Raketenkörper. Im Unterschied zu den vorigen sowjetischen fertigte man diese nicht mehr aus einem Stahlrohling, sondern durch Walzen und Ziehen aus Stahlblech. Die Treibladung zündet elektrisch mit Strom vom Stromerzeuger der Feuerleitanlage. Das Rohrpaket ist zusammen mit der Richtanlage an einer starren geschweißten Halterung der schwenkbaren Lafette befestigt. Der Höhenrichtbereich beträgt 0° bis +55°, der Seitenrichtbereich 172° (102° zur linken und 70° zur rechten Seite). Der am weitesten verbreitete Raketentyp verwendet das Sprenggeschoss BM-21OF (9M22U). Die Länge der

BM-21 „Grad" beim Feuern.

Rakete samt Zündsatz MRW-U beträgt 2,87 m, das Gewicht 66,4 kg. Der Gefechtskopf wiegt 19,18 kg, wovon 6,4 kg auf die Sprengladung entfallen. Die 20,45-kg-Treibladung beschleunigt das Geschoss auf 690 m/s; die Höchstschussweite liegt bei rund 21 km. Der BM-21 kann sowohl einzelne Raketen als auch Salven abfeuern; der Abschuss einer „Gib alles!"-Vollsalve von 40 Raketen dauert 20 Sekunden. Nicht unwesentlich der Hinweis, dass der Raketenwerfer sowohl bei –40°C als auch noch bei +50°C seinen Dienst verrichten kann. Das Nachladen erfolgt manuell mit Hilfe eines Transport- und Ladefahrzeugs, meist ein dreiachsiger Lkw SIL-131 mit zwei Gestellen 9F37 (zu je 20 Raketen). Der Werfer selbst fährt auf dem Fahrgestell eines geländegängigen 6 x 6-Lkw Ural-375D mit 8-Zylinder-Vergasermotor SIL-375, der eine Höchstleistung von 180 PS bei 3200 U/min entwickelt. Zur Ausstattung gehören eine Feuerlöschanlage und ein Funkgerät R-108M. Eine Anzahl von BM-21 machte man auf Ural-1320 und SIL-131 beweglich. Dank der zentralen Reifendruckregelanlage kommt der Ural-375D mit Werfer auf dem Buckel auch in schwierigem Gelände gut zurecht. Auf befestigten Straßen erreicht er eine Höchstgeschwindigkeit von 75 km/h. Ohne Vorbereitung durchwatet er bis zu 1,5 m tiefe Gewässer, wobei es im Führerhaus feucht werden kann. Am Schluss nicht zu vergessen das Batterie-Führungsfahrzeug 1V110 „Beresa" auf Fahrgestell GAS-66.

Mehrfachraketenwerfer BM-21K bei einer Parade.

122-mm-Mehrfachraketenwerfer BM-21K

Die von den Sowjets übernommenen BM-21 „Grad" wiesen zum Teil einen erheblichen Materialverschleiß auf. Erschwerend kam hinzu, dass viele Fahrzeuge nachlässiger Weise unter äußerst ungünstigen Bedingungen gelagert wurden, was zu ihrem Ausfall führte. Spätestens Anfang der 2000er-Jahre bestand für die ukrainische Werferwaffe Handlungsbedarf, denn mit dem maroden Gerät würde sie ihrer Aufgabe über kurz oder lang nicht mehr nachkommen können. Aus diesem Grund liefen mehrere Projekte zur Modernisierung der vorhandenen BM-21 an. So begannen das Charkiwer Morosow-Konstruktionsbüro und das Charkiwer Werk für Spezialfahrzeuge 2001 mit der Entwicklung des BM-21K. Der Einfachheit halber wollte man die vorhandenen Werfer prinzipiell behalten, sie aber auf ukrainische Fahrgestelle KrAS-260 setzen und außerdem die Munition verbessern. Die Leute aus Charkiw setzten dabei folgende Neuerungen um: KrAS-260-Fahrgestell mit erhöhter Motorleistung und größerem Fahrbereich; vergrößerte Kabine (zur Beförderung der gesamten Bedienung); Möglichkeit der Feuerleitung aus der Kabine; automatische Zielerfassung und -datenverarbeitung; erhöhte Schussweite (bis zu 40 km), erhöhte Treffgenauigkeit (bis zu 90 m); Ausstattung mit Vermessungs- und Navigationsgeräten. Das für den BM-21K neu entwickelte Raketenprojektil mit 6000 kg/s Schub verdoppelte nahezu die Höchstschussweite auf bis zu 40 km (was im Übrigen auch die Russen bei neueren 122-mm-Werfern wie dem BM-21-1 „Tornado-G" schon einige Jahre vorher umsetzten). Das Projektil verfügt über eine neue Düsenkonstruktion aus gewichtssparenden Materialien, über verbesserte Stabilisierungsflossen mit größerer Spreizung. Hinzu kamen ein abnehmbarer und ein nicht abnehmbarer neuer Splittergefechtskopf (IF). Die Masse des Gefechtskopfes beträgt 21,3 kg (Sprengladung 12,8 kg). Diese lässt sich auf 30 kg erhöhen, was die Höchstschussweite allerdings auf 20 km verkürzt. Aus verschiedenen Gründen verzögerten sich die Arbeiten am BM-21K einschließlich Erprobung bis 2008. Der Werfer erfüllte zwar die im Lastenheft geforderten taktischen und technischen Eigenschaften, musste aber weiter auf seine Einführung warten. Der Hauptgrund lag beim veralteten Fahrgestell. Den Lkw KrAS-260 musterten die ukrainischen Streitkräfte bereits Mitte der 1990er-Jahre aus, seine Verwendung für das Projekt machte schon im Anfangsstadium keinen Sinn mehr. Dann aber verfiel man auf den 6 x 6-Lkw KrAS-6322 und machte aus dem BM-21K zunächst den Mehrfachraketenwerfer „Bastion -1" und dann den „Werba" (BM-21U), die wir in den nächsten Abschnitten vorstellen.

Technische Angaben BM-21 K	
Kaliber, mm	122
Startrohre	40
Bedienung	5
Gefechtsgewicht, kg	14.500
Schussweite, km	20,75–40,00
Dauer einer Vollsalve, s	20
Nachladezeit, min	7
Motorleistung, PS	240 oder 300
Höchstgeschwindigkeit, km/h	75
Fahrbereich, km	500

So nachlässig wurden die BM-21 in der Ukraine nach dem Zusammenbruch der UdSSR gelagert.

BM-21K mit abgedeckten Rohrmündungen.

122-mm-Mehrfachraketenwerfer „Bastion-1“

Der erfolglose Abschluss des Projekts BM-21K war keine Lösung, weshalb sich die Modernisierungsbemühungen am sowjetischen Mehrfachraketenwerfer BM-21 fortsetzten. Bereits 2007 begannen die ukrainischen Unternehmen Kharkov KBM und Kharkov Special Vehicles Plant mit der Entwicklung eines neuen Mehrfachraketenwerfers namens „Bastion-1“, der die Vorteile der bestehenden Bewaffnung und des neuen Fahrgestells verbinden sollte. Als Fahrgestell diente der Lkw KrAS-6322, den die ukrainischen Streitkräfte kurz zuvor eingeführt hatten – ein allradgetriebener Dreiachser mit über 330 PS sowie ausreichend hoher Nutzlast und Geländegängigkeit. Man schlug vor, die Standardausrüstung des „Grad“ nahezu unverändert zu übernehmen – nicht ganz. Die Abschussvorrichtung blieb sich zwar gleich, doch „Bastion-1“ erhielt eine automatische Feuerleitanlage, welche die Vernetzung mit modernen Führungssystemen auf dem Gefechtsfeld sicherstellte. Das Herzstück bildet eine GPS-Ortungsanlage des ukrainischen Unternehmens Orizon Nawigazia, das sich auf GPS/GLONASS-Navigation spezialisierte. Dank der präzisen Navigation des Fahrzeugs in Bezug auf das Ziel (sowohl auf dem Marsch als auch in Feuerstellung) konnte die Treffgenauigkeit erheblich gesteigert werden. Mit neuerer Munition, wie etwa der jüngst erprobten Rakete „Taifun-1“ (die Namensgleichheit mit der deutschen Fla-Rakete des 2. Weltkriegs ist rein zufällig), dürfte die effektive Schussweite bis zu 40 km betragen haben. Auch die Abschussvorrichtung wurde ebenfalls teilweise automatisiert, aber der Aufbau des Fahrzeugs blieb im Wesentlichen unverändert. Der erste „Bastion-1“-Prototyp lag 2009 vor; er entstand im Reparaturwerk Schepetiwka, durchlief die Erprobung und wurde zur Übernahme empfohlen. Eine Serienfertigung brachten die Ukrainer aber nicht zustande. Trotz der Einfachheit der Konstruktion wurden über mehrere

Technische Angaben „Bastion-1“	
Kaliber, mm	122
Startrohre	40
Bedienung	5
Gefechtsgewicht, kg	18.400
Abmessungen, mm	
Länge	8500
Breite	2720
Höhe	3090
Schussweite, km	20,75–40,00
Dauer einer Vollsalve, s	20
Nachladezeit, min	7
Motorleistung, PS	330–400
Höchstgeschwindigkeit, km/h	85
Fahrbereich, km	500

Fabrikneuer 122-mm-Mehrfachraketenwerfer „Bastion-1“ mit apartem Tarnanstrich.

Mehrfachraketenwerfer „Bastion-2“, Rückansicht.

Jahre nur magere 8–12 Fahrzeuge gefertigt und die Produktion des „Bastion-1“ 2015 schließlich ganz eingestellt. Ähnliche Lösungen wie beim „Bastion-1“ wurden für das Nachfolgemuster „Bastion-2“ gefordert, das sich mehr am tschechischen Werfer RM-70 orientierte und das längere 6 x 6-Fahrgestell des KrAS-6322 verwendet. Es bietet Platz für weitere 40 sofort einsatzbereite Raketen und verkürzt daher den Nachladevorgang. „Bastion-2“ wurde jedoch nicht mit dem ursprünglich geplanten automatischen Nachladesystem ausgestattet, das den Abschuss einer zweiten Salve innerhalb von nur zwei Minuten hätte ermöglichen sollen. Alles in allem brachten die Ukraine nur sechs „Bastion-2“ zustande, die alle bei der Parade am 24. August 2021 dabei sein durften.

Mehrfachraketenwerfer „Bastion-2“ mit verlängertem Radstand und zusätzlichen Geschossen.

122-mm-Mehrfachraketenwerfer „Werba" (BM-21U)

Die jüngste Werfer-„Entwicklung" des ukrainischen Unternehmens KBM stellt der modernisierte BM-21U „Werba" (Weide) dar. Vorgabe war der Austausch des Fahrgestells und die Verbesserung der Feuerleit- und Funkausrüstung. Das bewährte Abschussgestell wollte man auf ein KrAS-6322-Fahrgestell mit zweireihiger, viertüriger Kabine setzen, das die gesamte fünfköpfige Bedienung plus Ausrüstung aufnehmen konnte. Der „Werba" erhielt eine neue digitale Feuerleitanlage sowie Satellitennavigations- und andere Geräte zur Verbesserung der Treffgenauigkeit. Außerdem bekam er eine neue störungsfreie und -sichere (so Gott will) Funkanlage. Außerdem besteht die Möglichkeit, den KrAS-6322 mit einer gepanzerten Kabine zu versehen. Den Werfer BM-21U ergänzt ein Transport/-Ladefahrzeug mit Kennung „VK 001-2000-A2112011Y", das zwei Rohrpakete mit insgesamt 80 Raketen mitführt und über mechanisierte Ladevorrichtungen verfügt, die das Nachladen beschleunigen. Das Duo Werfer plus Nachladefahrzeug wurde der Öffentlichkeit erstmals im November 2017 vorgeführt. Danach hörte man immer wieder, die ukrainischen Streitkräfte hätten den BM-21U eingeführt. Allerdings erhielt die Truppe kein einziges Fahrzeug, den modernisierten Werfer verkaufte man lieber in andere Länder. So beschafften beispielsweise die senegalesischen Streitkräfte mehrere Einheiten. Dann verlautbarte das Verteidigungsministerium im

Technische Angaben „Werba" (BM-21U)	
Kaliber, mm	122
Startrohre	40
Bedienung	5
Gewicht, kg:	
ungeladen	18.530
Gefechtsgewicht	20.400
Abmessungen, mm:	
Länge	9070
Breite	2700
Höhe	3130
Schussweite, km	20,75–40,00
Dauer einer Vollsalve, s	20
Motorleistung, PS	330–400
Höchstgeschwindigkeit, km/h	85–100
Fahrbereich, km	1300

Mehrfachraketenwerfer BM-21U „Werba" auf Fahrgestell KrAS-6322.

Transport-Ladefahrzeug für Mehrfachraketenwerfer BM-21U „Werba".

Mehrfachraketenwerfer BM-21U, Ansicht vorne links.

November 2019, der „Werba" habe die Erprobung erfolgreich durchlaufen und sei für die Truppenverwendung freigegeben. Mit der Serienfertigung sei das Reparaturwerk in Schepetiwka beauftragt und die ersten Fahrzeuge kämen in den kommenden Monaten zur Truppe. Fakt blieb aber, dass die Serienfertigung keineswegs angelaufen war und der offizielle Produktionsauftrag erst Ende August 2021 erfolgte. Ein offizielles Dokument bezeichnete den „Werba" seltsamer Weise als BM-21U „Grad". Der Sumpf des ukrainischen Verteidigungsministeriums bleibt eben unergründlich.

Mehrfachraketenwerfer BM-21U „Werba" bei einer Parade in Kiew.

122-mm-Mehrfachraketenwerfer „Berest“ (BM-21UM)

Auf der Rüstungsmesse in Kiew im Herbst 2018 stellte das Reparaturwerk Schepetiwka den im Haus entwickelten Mehrfachraketenwerfer BM-21UM „Berest“ (Birke) vor – ein weiterer modernisierter Abkömmling des BM-21 „Grad“, der ältere Modelle ersetzten soll und dessen Bestandteile ausschließlich in der Ukraine hergestellt werden. Damit sollten die Abhängigkeit von ausländischen Zulieferern beseitigt und die Kosten gesenkt werden. Der BM-21UM mit doppelreihigem Führerhaus ist auf dem zweiachsigen Fahrgestell KrAS-5401NE aufgebaut und verfügt über einen 300-PS-Motor. Das Fahrzeug mit einem zulässigen Gesamtgewicht von über 17 t erreicht auf befestigten Straßen eine Höchstgeschwindigkeit von bis zu 95 km/h und ist damit der schnellste ukrainische Raketenwerfer. Der eigentliche Clou des BM-21U aber ist die Erweiterung des Raketenpakets um eine zusätzliche 10er-Reihe auf insgesamt 50 Abschussrohre. Der Raketenwerfer wird elektrisch gerichtet, wobei man die manuellen Mechanismen und Visiereinrichtungen beibehielt. Er verfügt über eine rechnergestützte Feuerleitanlage, verbunden mit Satelliten-Kommunikations- und Navigationsgeräten. Sämtliche Vorgänge der Schussvorbereitung und des Abfeuerns lassen sich fernsteuern. Dank neuer Technik verkürzt sich die Zeit vom Instellunggehen zum Feuern und danach zum Stellungswechsel. Die Bedienung hält sich während der Schussabgabe im Führerhaus auf und steuert von dort sämtliche Vorgänge. Der Kommandant/Geschützführer verfügt über ein Bedienfeld, das Navigations- und sämtliche Kommunikationsgeräte einbindet. Eine nach hinten gerichtete Kamera dient zur visuellen Kontrolle des Abschusses.

Technische Angaben „Berest“ (BM-21UM)	
Kaliber, mm	122
Startrohre	50
Bedienung	5
Gewicht ungeladen, t	17,2
Schussweite, km	20,75–40,00
Dauer einer Vollsalve, s	25
Motorleistung, PS	300
Höchstgeschwindigkeit, km/h	95
Fahrbereich, km	600

Der 122-mm-Mehrfachraketenwerfer BM-21UM „Berest“ verfügt über 50 Abschussrohre.

122-mm-Mehrfachraketenwerfer BM-21UM „Berest“, Heckansicht.

122-mm-Mehrfachraketenwerfer BM-21UM „Berest“ auf einer Waffenausstellung.

220-mm-Mehrfachraketenwerfer 9K57 „Uragan“ (BM-27)

Anfang 2022 verfügten die ukrainischen Werferverbände über rund 70 schwere Mehrfachraketenwerfer „Uragan“ (Orkan). Dieses leistungsstarke 220-mm-System kann als Unterstützungswaffe eine Vielzahl von Aufgaben erfüllen, vom Vernichten von Weichzielen und gepanzerten Fahrzeugen bis zur Zerstörung befestigter Stellungen und Bunkeranlagen auf 10 bis 35 km Entfernung. Des Weiteren kann es mit Spezialgeschossen ganze Geländeabschnitte verminen. Der „Uragan“ wurde in den frühen 1970er-Jahren vom sowjetischen Unternehmen Splaw entwickelt, 1975 von der Sowjetarmee übernommen und von 1975 bis 1991 in Serie gebaut. Die „Uragan“-Sippe besteht aus dem Trägerfahrzeug samt Raketen, dem Transport- und Nachladefahrzeug, einer mobilen Feuerleitanlage sowie Übungs- und Wartungsgerätschaften. Der Werfer mit Index 9P140 besteht aus dem Achrad-Fahrgestell mit Führerhaus und Motor sowie hinten aus dem schwenkbaren Abschussgestell für 16 ungelenkte 220-mm-Raketen samt dazugehöriger elektrischer und hydraulischer Ausrüstung. Der Seitenricht- oder Schwenkbereich beträgt

60° und der Höhenrichtbereich 5° bis maximal +55°. Zwei hydraulische Stützen am Heck stabilisieren das Fahrgestell beim Feuern. Die Drall-/Pfeilstabilisierung der 220-mm-Raketen entspricht grundsätzlich dem beim BM-21 „Grad" von russischer Seite erstmals angewandten Schema (siehe dort); wie dieser verfügen die ansonsten glatten Innenrohre über eine spiralförmige Führungsnut, die den Raketen über ihre Führungswarzen den Anfangsdrall verleihen. Das Leitwerk entfaltet sich nach Verlassen des Rohres und seine leicht schräg angebrachten Flossen sorgen für die weitere Drall-/Pfeilstabilisierung im Flug. Das Munitionsspektrum besteht im Wesentlichen aus 220-mm-Feststoffraketen mit folgenden Gefechtsköpfen:

- 9M27F mit 99-kg-Splittergefechtskopf (Raketengewicht 280,4 kg, Länge 4843 mm);
- 9M27K mit 89,5-kg-Gefechtskopf für Streumunition in Gestalt von 30 Splitterköpfen zu je 1,85 kg (Raketengewicht 271 kg, Länge 5178 mm);
- 9M27K2 mit Streugefechtskopf für 24 Panzerminen;
- 9M27K3 mit Streugefechtskopf für 312 Schützenminen.

Darüber hinaus kann der „Uragan" Brandmunition, chemische sowie Aerosol-Gefechtsköpfe verschießen. Er gibt Einzel- wie Salvenfeuer ab; eine Vollsalve mit 16 Raketen dauert 20 Sekunden und deckt eine Fläche von 430.000 qm ab. Die Höchstschussweite beträgt 34 km, die Mindestschussweite 8,5 km. Das Nachladen übernimmt der Munitionstransporter mit Kran – ebenfalls auf Fahrgestell SIL-135LMP – was etwa 15 Minuten in Anspruch nimmt. Eine Besonderheit des vierachsigen Radfahrgestells des SIL-

220-mm-Mehrfachraketenwerfer „Uragan".

Mehrfachraketenwerfer „Uragan“, Rückansicht.

135LMP ist die Unterbringung des Triebwerks hinter dem viersitzigen Führerhaus. Es besteht aus zwei 8-Zylinder-Vergasermotoren SIL-375 zu je 180 PS bei 3200 U/min. Die Kraftübertragung erfolgt über Getriebe und Verteilergetriebe auf jedes Rad. Die Räder der ersten und vierten Achse sind lenkbar und haben eine unabhängige Torsionsfederung mit Stoßdämpfern. Die mittleren Achsen sind nicht elastisch gefedert und starr mit dem Rahmen verbunden. Eine zentrale Reifendruck-Regelanlage erlaubt die Anpassung an Untergrund und Gelände. Ohnehin besticht das rund 20 t schwere Fahrzeug durch gute Geländegängigkeit und erreicht auf Straßen 70 km/h Höchstgeschwindigkeit; ohne Vorbereitung durchwatet es bis zu 1,2 m tiefe Gewässer. Allerdings können viele ukrainische BM-27 ihre hervorragende Leistungsfähigkeit aufgrund hohen Verschleißes und Ersatzteilmangel nicht mehr unter Beweis stellen. Abhilfe schaffen könnten der „Bastion-3“ auf Fahrgestell KrAS-6322RA bzw der „Burewij“ auf Fahrgestell Tatra T815-7T3RS1, die nachfolgend vorgestellt werden.

Mehrfachraketenwerfer „Uragan“ im Gelände.

Technische Angaben „Uragan“ (BM-27)	
Kaliber, mm	220
Startrohre	16
Bedienung	4
Gefechtsgewicht, t	20,2
Abmessungen, mm:	
Länge	11.500
Breite	3100
Höhe in Marschlage	2700
Raketengewicht, kg	280,4
Schussweite, km	8,5–34
Dauer einer Vollsalve, s	20
Nachladezeit, min	15
Motorleistung, PS	2 x 180
Höchstgeschwindigkeit, km/h	75
Fahrbereich, km	750

Mehrfachraketenwerfer „Uragan“ der ukrainischen Streitkräfte.

Mehrfachraketenwerfer „Uragan“ in Feuerstellung.

Mehrfachraketenwerfer „Uragan“ unmittelbar nach dem Abschuss.

Der Mehrfachraketenwerfer „Bastion-3“ stellt ein modernisiertes „Uragan“-System dar.

220-mm-Mehrfachraketenwerfer „Burewij“

Den ersten Versuch, die technisch veralteten und verschlissenen ex-sowjetischen „Uragan“-Werfer zu modernisieren, unternahmen die Ukrainer 2010. Das Projekt „Bastion-3“ sah die Montage des Geschosswerferteils auf einen Dreiachs-Lkw KrAS-6322 sowie den Einbau einer neuen Feuerleitanlage vor. Rasch lag ein Prototyp-Fahrgestell vor, aber weitere Arbeiten wurden durch den Konkurs des Krementschuger Automobilwerks, Hersteller der KrAS-Lkw, ausgebremst. Im November 2020 berichteten ukrainische Medien, auf einem Truppenübungsplatz würde ein vom Reparaturwerk Schepetiwka entwickelter neuer Mehrfachraketenwerfer mit dem klangvollen Namen „Burewij“ (Hurrikan) erprobt, der den alten „Uragan“ ersetzen sollte. Nach vorliegenden Informationen handelte es sich um ein deutlich umgestaltetes „Uragan“-System unter Beibehalt der allgemeinen Auslegung und etlicher Bauteile. Gleichzeitig ersetzte man veraltete Komponenten durch moderne. Dazu zählt das Fahrgestell des tschechischen 8 x 8-Tatra-Lkw T815-7T3RC1, der sich bei 24,5 t zulässigem Gesamtgewicht durch gute Geländegängigkeit, lange Federwege und einen leistungsstarken 402-PS-Turbodiesel auszeichnet. Speziell für die Ukraine modifizierte der tschechische Dienstleister „Excalibur“ den Lkw für den Raketenwerfer „Burewij“ u. a. mit

Technische Angaben „Burewij“	
Kaliber, mm	220
Startrohre	16
Bedienung	4
Raketengewicht, kg	280,4
Schussweite, km	8,5–34
Dauer einer Vollsalve, s	20
Nachladezeit, min	15
Motorleistung, PS	400
Höchstgeschwindigkeit, km/h	100

einer Kabinenpanzerung und einem Aggregat, das die Lebensdauer des Hauptmotors verlängert. Der Raketenteil mit 16 Rohren blieb gegenüber dem „Uragan“ unverändert. Ob es eine Fernbedienungseinrichtung gibt, vermag der Verfasser nicht zu sagen. Der „Burewij“ verschießt wohl das bisherige Raketenspektrum mit verschiedenen Sprengköpfen auf Entfernungen von 5 bis 35 km. Neue Geschosse mit verbesserten Eigenschaften sind zu erwarten. So beschäftigt sich die Firma Juschnoje mit dem Projekt „Taifun-2“, wobei es um die Entwicklung neuer 220-km-Raketen mit bis zu 65 km Schussweite geht. Dies wird die Kampfkraft der „Burewij“ und der noch in Verwendung stehenden „Uragan“ deutlich erhöhen. Dazu trägt auch eine moderne digitale Feuerleitanlage bei, die die Generierung von Schießdaten

Mehrfachraketenwerfer „Burewij“ auf tschechischem Tatra-Fahrgestell, Ansicht von vorne links.

Mehrfachraketenwerfer „Burewij“, Ansicht von vorne rechts.

und den Einsatz der Raketen vereinfacht. Neue Kommunikationsmittel dienen der Übermittlung von Zieldaten. Was letztlich daraus wird, wird die Zukunft erweisen, denn bislang wurde nach Kenntnis des Verfassers nur ein „Burewij“ mit Abschussvorrichtung gebaut. Bei Schießversuchens wurde der Prototyp von einem serienmäßigen Transport- und Ladefahrzeug 9T452 des alten „Uragan“ unterstützt. Ferner steht in den Sternen, wie das Problem der Hilfsfahrzeuge für serielle Systeme mit neuen Raketen gelöst werden soll. Mit dem Beginn der Feindseligkeiten 2022 ergab sich für den „Burewij“ die Gelegenheit zur Gefechtserprobung unter Einsatzbedingungen. So weit bekannt, nahm er russische Truppen unter Feuer, wurde aber selber durch einen Gegenschlag (vermutlich mit Raketen) zerstört.

Mehrfachraketenwerfer „Burewij“ beim Feuern.

300-mm-Mehrfachraketenwerfer 9K58 „Smertsch“ (BM-30)

Den schweren 300-mm-Mehrfachraketenwerfer „Smertsch“ (Wirbelwind) entwickelte das in Tula ansässige Unternehmen Splaw Anfang der 1980er-Jahre; die sowjetischen Streitkräfte führten ihn 1987 ein. Mit seinem zwölfrohrigen Abschussgestell und dem gewichtigen Kaliber 300 mm kann er Ziele aller Art auf Entfernungen von 20 bis 70 km wirkungsvoll bekämpfen. Nach dem Zusammenbruch der maroden UdSSR wurde das Gerät der in der Ukraine stationierten schweren Werferbatterien den neu gegründeten ukrainischen Streitkräfte übergeben, im ganzen 81 „Smertsch“ mit zugehöriger Ausrüstung.
Die „Smertsch“-Familie 9K58 umfasst das Werferfahrzeug 9A52-2, 300-mm-Raketen, eine automatisierte Feuerleitanlage, ein Transport- und Nachladefahrzeug 9T234-2, Übungsgerät sowie weitere Ausrüstung. Der Werfer an sich besteht aus dem vierachsigen Fahrgestell des Lkw MAS-543M, dem schwenkbaren Raketenwerfer samt Antrieb, Hilfsgeräten und Richtanlage im Heck, sowie dem Führerhaus mit Mannschaftskabine im Bug, dazu Motor und Getriebeabteil. Die Kabine beherbergt auch die Funk- und Feuerleitanlage. Verschuss und Stabilisierung der Raketen folgen dem unter BM-21 „Grad“ sowie „Uragan“ bereits dargestelltem Prinzip; auf Besonderheiten kommen wir gleich. Der Schwenkbereich beträgt 60° (je 30° nach rechts und links der Mittelachse), der Höhenrichtbereich 0° bis +55. Hydraulische Stützen zwischen den Rädern der dritten und vierten Achse stabilisieren das Fahrzeug beim Feuern. Die gleichermaßen vom Unternehmen Splaw entwickelten Raketen zeigten eine für die 1980er-Jahre recht hohe Treffgenauigkeit. Beim Abfeuern einer Vollsalve beträgt die Streuung nicht mehr als 0,21 % der Schussentfernung. Dies liegt zum guten Teil an der Lenk-/Messeinheit der Raketen zur Korrektur der Flugbahn. Die ermittelten Korrekturen werden an vier kleine Raketentriebwer-

Mehrfachraketenwerfer „Smertsch“.

ke hinter dem Leitwerk übertragen, deren Düsen die Kursberichtigungen ausführen. Dennoch entspricht die Treffgenauigkeit des „Schmertsch“ nicht mehr heutigen Anforderungen, wie sie etwa der US-amerikanische Raketenwerfer M142 HIMARS erfüllt (siehe dort). Bei der Beschießung der Antoniwski-Brücke konnten ukrainische Artilleristen eine HIMARS-Rakete punktgenau in ein Loch in der Brücke lenken, das von einem früheren Geschoss dieses Systems gerissen worden war! Die Verwendung der US-amerikanischen automatisierten Feuerleitanlage

Mehrfachraketenwerfer „Smertsch“, Rückansicht. Foto: fotki. yandex.ru.

„Vivarium“ konnte aber auch bei „Smertsch“ die Präzision steigern. Die 300-mm-„Smertsch“-Raketen mit Festtreibstoff-Mischbrennstoff-Triebwerk wiegen bei 7,6 m Länge je 800 kg, wovon 280 kg auf den Gefechtskopf entfallen. Vor kurzem haben die Splaw-Ingenieure einen thermobarischen Gefechtskopf hoher Wirksamkeit entwickelt, der sich u. a.

Technische Angaben 9758 „Smertsch“	
Kaliber, mm	300
Startrohre	12
Bedienung	4
Gefechtsgewicht, t	43,70
Abmessungen, mm:	
Länge	12.400
Breite	3100
Höhe in Marschlage	3100
Geschossgewicht, kg	800
Schussweite, km	20–70
Dauer einer Vollsalve, s	38
Nachladezeit, min	36
Motorleistung, PS	525
Höchstgeschwindigkeit, km/h	60
Fahrbereich, km	850

Ein Mehrfachraketenwerfer „Smertsch“ demonstriert seine höchste Rohrerhöhung.

Ukrainische „Smertsch"-Batterie bei einer Vorführung.

besonders zur Bekämpfung von Bunkeranlagen und Befestigungen eignet. Der „Smertsch" schießt Einzel- und Salvenfeuer; eine Vollsalve mit 12 Raketen dauert 38 Sekunden. Den Abschuss steuert die Bedienung entweder aus dem Fahrzeug oder über eine Konsole mit Fernsteuerung. Die Wirkung einer Vollsalve aus drei „Smertsch"-Werfern soll im Übrigen der mehrerer taktischer Kurzstreckenraketen 9K79 „Totschka-U" entsprechen. Eine Salve deckt ein Gebiet von 672.000 qm ab. Die Verwendung der „Vivarium"- Feuerleitanlage im Führungsfahrzeug ermöglicht den Informationsaustausch mit vorgesetzten, unterstellten und interagierten Stellen, löst die Aufgaben der Planung von konzentriertem Feuer, bereitet Zieldaten vor, sammelt und analysiert Informationen über den Status gegnerischer Artillerie. Das „Vivarium"-System gilt als ebenso wirksam wie die ähnliche amerikanische „Tacfire"-Anlage. Das Nachladen übernimmt beim 9K58 „Smertsch" das mit einem Kran und zwölf Raketen ausgestattete Transport- und Ladefahrzeug 9T234 auf Fahrgestell MAS-543A. Die mechanisierte Beladung nimmt 36 Minuten in Anspruch. Träger- und Transportfahrzeug sind praktisch baugleich und mit einem V12-Dieselmotor D12A-525A zu 525 PS ausgestattet. Auf befestigten Straßen erreichen sie eine Höchstgeschwindigkeit von 60 km/h, bewältigen Steigungen bis zu 30° und durchwaten 1 m tiefe Gewässer ohne Vorbereitung. Der Fahrbereich beträgt 850 km.

300-mm-Mehrfachraketenwerfer „Olcha"

Den leistungsfähigsten Mehrfachraketenwerfer der ukrainischen Streitkräfte bildete lange Zeit der ex-sowjetische „Smertsch". Doch der Betrieb der in die Jahre gekommenen Waffe stellte mehr und mehr eine Herausforderung dar – viele Fahrgestelle waren verschlissen und auch die maximale Verwendungsdauer der Raketen lief ab. Hinzu kamen Beschwerden über die mangelnde Reichweite und Treffgenauigkeit, die bis ans Ohr des damaligen Präsidenten Poroschenko drangen. Dieser erteilte dann auf einer Sitzung des Nationalen Sicherheits- und Verteidigungsrates am 27. Januar 2016 den Auftrag zur Entwicklung eines einheimischen Systems auf Grundlage des „Smertsch", das den alten Russen ablösen sollte. Der Konstruktionsauftrag ging mehrheitlich an das Entwurfsbüro Lug; die Herstellung sollte die Firma Artem übernehmen. Das System erhielt die Projektbezeichnung „Alder". Erste Schießversuche wurden bereits am 22. März 2016 durchgeführt, und am 26. August des Jahres lief die nächste Erprobungsphase an mit 14 erfolgreichen Raketenstarts. Im November 2017 begann die Einrichtung der Produktionsanlage für Raketen des mittlerweile „Olcha" (Erle) getauften Geräts am Standort Artem. Dazu gehörte die Installation einer CNC-gesteuerten Walzanlage RFFM 330-138-300 des türkischen Unternehmens Repkon. Diese Anlage eignet sich speziell zur Herstellung hochpräziser Teile mit zylindrischer Hohlform und zur Fertigung rotationssymmetrischer Hohlkörper unterschiedlicher Wandstärke. Am 22. Dezember 2017 fanden auf einem Versuchsgelände im Raum Odessa weitere „Olcha"-Raketenstarts statt. Es ging in erster Linie um die Qualität der Raketenkörper aus hochfesten Legierungen. Der Vorsitzende des Nationalen Sicherheits- und Verteidigungsrates, Oleksandr Turtschynow, tat kund, dass auch das hochpräzise Lenksystem, die Verfeinerung der ballistischen Eigenschaften, die Effizienz des festen Raketentreibstoffs und die Zuverlässigkeit der Zielbekämpfung durch den Gefechtskopf getestet wurden. Am 18. April 2017 veröffentlichte das Konstruktionsbüro Luch ein Video vom Einschlag einer „Olcha"-Rakete ins Ziel. Am 24. August 2018 paradierte das Fahrzeug zum Unabhängigkeitstag der Ukraine in Kiew. Ende 2018 wurde das zweite, verbesserte Modell zusammen-

Technische Angaben „Olcha"	
Kaliber, mm	300
Startrohre	12
Bedienung	3
Gefechtsgewicht, t	44
Raketengewicht, kg	800
Höchstschussweite, km	130–170
Dauer einer Vollsalve, s	48
Motorleistung, PS	525
Höchstgeschwindigkeit, km/h	60
Fahrbereich, km	850

300-mm-Mehrfachraketenwerfer „Olcha" herausgeputzt zur Parade in Kiew 2018.

gebaut. Am 4. April 2019 fanden Starts der neuen „Olcha-M"-Rakete mit optimalerer Treibstoffverwertung sowie verbesserten Steuerungs- und Navigationsgeräten statt. Die Schussweite wurde auf 130 km gesteigert. Berichten zufolge wurden drei Ausführungen der „Olcha"-Rakete entwickelt:

- „Olcha" mit 250-kg-Splittergefechtskopf und 70 km Schussweite.
- „Olcha-M" mit erhöhter Schussweite von 130 km, einigen Quellen sprechen sogar von bis zu 170 km. Hinzu kommen modernisierte Navigations- und Steuersysteme sowie ein effizienterer Raketentreibstoff.
- „Olcha-R" mit Gefechtskopf für Streumunition. Dabei könnte es sich um die angekündigte Modifi kation mit bis zu 200 km Schussweite handeln.

Bei der „Olcha"-Rakete handelt es sich um einen 300-mm-Lenkflugkörper auf Grundlage der modifizierten 9A52-Rakete des „Smertsch". Derzeit (2023) arbeiten die Ukrainer fleißig an der Entwicklung einer eigenen Startplattform auf Grundlage des KrAS-Lkw. Das Raketenprojektil wird in der Anfangsphase gasdynamisch und danach aerodynamisch gesteuert. Im vorderen Teil befindet sich ein Gürtel

Mehrfachraketenwerfer „Olcha", Ansicht von hinten rechts.

Laden einer „Olcha"-Rakete.

Ein Transport-Ladefahrzeug hat 300-mm-„Olcha"-Raketen zum Nachladen herangebracht.

Abschuss einer rund 800 kg schweren „Olcha"-Lenkrakete.

aus 90 kleinen Impulstriebwerken, die die Rakete stabilisieren und in die gewünschte Richtung lenken. Diese Aktoren arbeiten mehrere Sekunden lang, wobei die Zündgenauigkeit eines einzelnen Motors bei etwa einer Millisekunde liegt. In der letzten Flugphase werden die aerodynamischen Ruder ausgefahren, die für die Endlenkung zum Ziel sorgen. Den Flug steuert ein Mikroprozessor, der Signale von verschiedenen Sensoren verarbeitet und ein Steuersignal erzeugt. Die Lenkung erfolgt durch Trägheitsnavigation mit der Möglichkeit, die Flugbahn während des Flugs mithilfe von GPS- und Glonass-Signalen anzupassen. Bei ausschließlicher Verwendung des Trägheitslenksystems beträgt die durchschnittliche Ablenkung des Flugkörpers 50 m, bei Verwendung der GPS-Korrektur etwa 7 m. Bei den Versuchen wurden zahlreiche Raketentreffer mit Null-Abweichung verzeichnet. Der Flugkörper selbst wiegt etwa 800 kg, die Lenkeinheit 50 kg und das Antriebssystem rund 500 kg. Der Einheits-Gefechtskopf lässt sich wahlweise mit Splitter-, Streu- oder thermobarischen Ladungen von bis zu 250 kg bestücken. Je nach Einsatz lässt er sich gegen Einzel- oder Flächenziele verwenden. Für die Bekämpfung beweglicher Bodenziele wird der Flugkörper voraussichtlich einen Infrarot- oder Radar-Lenkkopf benötigen. Eine Laserlenkung wurde ebenfalls in Erwägung gezogen, jedoch aufgrund von Schwierigkeiten bei der Zielbestimmung auf große Entfernungen als nicht praktikabel erachtet. Wie beim „Smertsch" besteht auch der Artillerieteil des „Olcha" aus einem Bündel von 12 Abschussrohren. Die Raketen werden innerhalb von 48 Sekunden nacheinander abgefeuert, wobei jede Rakete der Salve ihr Ziel unabhängig anfliegt. Das Fahrgestell des neuen Werfers wird voraussichtlich der Lkw KrAS-7634 stellen, wobei die ersten Versuche auf einem modifizierten MAS-543-Chassis liefen.

Taktische Kurzstreckenrakete 9K79-1 „Totschka-U“

Die ukrainischen Raketentruppen verfügen über ex-sowjetische taktische Kurzstreckenraketen „Totschka-U“ (Punkt, aber auch Name eines Nebenflusses des Dnjepr), mit denen sich wichtige Punktziele auf bis zu 120 km Entfernung bekämpfen lassen. Das Konstruktionsbüro für Maschinenbau in Kolomna (KBM) begann im März 1968 mit der Entwicklung des „Totschka“-Komplexes. Die wichtigsten Unterscheidungsmerkmale zu den damals bei der Sowjetarmee im Einsatz befindlichen Kurzstreckenraketen waren die auf 70 km erhöhte Reichweite und die auf 50–200 m reduzierte Streuung. 1989 übernahm die Sowjetarmee die verbesserte Ausführung „Totschka-U“ mit größerer Reichweite und Treffgenauigkeit. Der Komplex 9K79 „Totschka-U“ umfasst den ballistischen Flugkörper 9M79, die Selbstfahrlafette 9P129-1M, das Transport- und Ladefahrzeug 9T218-1M sowie die Transportfahrzeuge 9T238, das automatisierte Kommando- und Führungsfahrzeug 9W819-1, das Wartungsfahrzeug 9W844 und das Wartungsfahrzeug 9F370-1. Die ballistische Rakete 9M79 hat eine Länge von 6146 mm, der größte Durchmesser beträgt 650 mm und das Startgewicht 2010 kg. Der Gefechtskopf, der sich während des Fluges nicht trennt, wiegt 480 kg. Für „Totschka-U“ stehen verschiedene Arten von Gefechtsköpfen zur Verfügung, darunter die Rakete 9M79-1F mit Spreng-/Splittergefechtskopf, die Rakete 9N123K mit Streumunition (50 Splitter-Tochtergefechtsköpfe) oder die 9M79B2 mit Atomsprengkopf (nicht Ukraine). Der Flugkörper mit autonomer Trägheitslenkung werden über einen digitalen Bordrechner entlang der gesamten Flugbahn gesteuert. Die Lenkung erfolgt über Strahlruder am Heck. In der Endphase geht der Flugkörper in einen nahezu vertikalen Sturzflug über und detoniert mit Abstandszünder über dem Ziel, was die Wirkung zumindest von Splittermunition erhöht. Die durchschnittliche Streuung von „Totschka-U“ liegt bei lediglich 15 m. Ihr Feststofftriebwerk beschleunigt die Rakete auf eine Fluggeschwindigkeit von 300–500 m/s. Die Höchstschussweite beträgt 120 km, die Mindestschussweite 20 km. Die Versorgung der bordseitigen Stromverbraucher übernimmt ein Generator, dessen Turbine das Heißgas des Triebwerks antreibt. Die Raketen werden in Containern des Typs 9Ja234 transportiert, die Gefechtsköpfe in Behältern 9Ja236.

Der selbstfahrende Werfer ist auf dem dreiachsigen Amphibien-Fahrgestell BAS-5921 des Brjansker Automobilwerks aufgebaut. In Marschlage befindet sich der Flugkörper auf seiner Starschiene im geschlossenen Transportraum des Fahrzeugs. Beim Übergang in die Gefechtsstellung öffnet die Bedienung die Klappen der großen Transportluke und bringt den Flugkörper hydraulisch in Startposition. Grundsätzlich ist der Werfer mit einer Anlage ausgerüstet, die sämtliche Aufgaben des Richtens und der Flugbahnberechnung selbstständig aus-

Abschussrampen des Raketensystems „Totschka-U“ bei einer Parade in Kiew.

Startvorrichtung für das Raketensystem „Totschka-U“.

Raketenwerfer des Raketensystems „Totschka-U", Seitenansicht.

führt. Die Herstellung der Feuerbereitschaft nimmt nach Beziehung der Stellung etwa 16–20 Minuten in Anspruch. Die Nachladezeit für den nächste Flugkörper beträgt etwa 40 Minuten, aber bis dahin hat „Totschka-U" längst die Stellung verlassen – rund anderthalb Minuten nach dem Start der ersten Rakete. Das Nachladen des Werfers ist Aufgabe des Transport/-Ladefahrzeugs 9T218-1, ebenfalls auf Grundlage des dreiachsigen Amphibien-Fahrgestells BAS-5921. Der Transportraum des Fahrzeugs nimmt zwei vollständig zum Start vorbereitete Raketen mit angedockten Gefechtsköpfen in geschlossenen Metallbehältern auf. Es verfügt über die notwendige Kranausrüstung für die Beladung des Raketenwerfers. Jedes Transportfahrzeug kann zwei Raketen oder vier Sprengköpfe tragen. Die Verwendung geländegängiger Radfahrgestelle gewährleistet eine hohe Mobilität des gesamten Komplexes. Das Werfer- und das Transport/-Ladefahrzeug können sich nicht nur einigermaßen souverän im Gelände bewegen, sondern mit Hilfe ihres Wasserstrahlantriebs auch schwimmen. Zum Zeitpunkt des Zusammenbruchs der UdSSR waren in der Ukraine sechs sowjetische Raketenbrigaden mit taktischen Raketensystemen 9K79 (9K79-1) „Totschka-U" stationiert. Insgesamt gab es 90 Raketenwerfer 9P129-, 9P129M- und 9P129-1M, 114 Raketen 9M79- und 9M79M und 336 Raketen 9M79-1, die zwischen 1978 und 1991 hergestellt wurden, sowie 530 Splitter- und Streugefechtsköpfe 9N123F und 9N123K. Die unabhängige Ukraine konnte „Totschka-U" beibehalten, da der Komplex keinen Beschränkungen des Vertrags über Mittel- und Kurzstreckenraketen (INF) unterlag. Die Überalterung des Systems führte jedoch dazu, dass ab Frühjahr 2014 die verbliebenen einsatztauglichen Fahrzeuge und Raketen in der 19. Raketenbrigade in Chmelnyzki zusammengefasst wurden, die direkt dem Oberkommando des Heeres unterstand. 2009 verfügte die 19. Brigade über je vier 9P129-1M-Werfer Baujahr 1989–1990 in der I. und II. Raketenabteilung, und über vier 9P129M-Werfer Baujahr 1986–1987 in der III. Abteilung. Insgesamt standen 2009 94 Raketen 9M79M- und 9M79-1 für den Einsatz bereit (9M79M-Raketen Baujahr 1987–88 und 9M79-1 Baujahr 1990–91). Weitere Raketen lagerten in Arsenalen. Insgesamt handelte es sich um etwa 300 Raketen aus verschiedenen Produktionsjahren. Die 19. Raketenbrigade verfügt mittlerweile über fünf Abteilungen – vier Einsatz- und eine Ausbildungsabteilung. Dies entspricht der Zahl von 20 Werfern, wobei die Anzahl der Raketen unbekannt ist.

Technische Angaben „Totschka-U"	
Durchmesser Raketenkörper, mm	650
Länge der Rakete, mm	6164
Raketen-Startgewicht, kg	2010
Gewicht des Gefechtskopfes, kg	480
Sprengkopf-Typen	Sprengbrand, Streumunition, Nuklear
Schussweite, km	20–120

Beladen des Raketenwerfers 9K79-1. Foto: mil.ru

Gleichzeitiger Abschuss von vier taktischen Kurzstreckenraketen „Totschka-U“.

GEPANZERTE FAHRZEUGE

Zum Zeitpunkt des Zusammenbruchs der UdSSR waren 18 sowjetische motorisierte Schützen- und Panzerdivisionen in der Ukraine stationiert. Anfang der 1990er-Jahre wurden alle Divisionen aufgelöst bzw. abgezogen, aus ihrer „Konkursmasse" bedienten sich die frisch geschlüpften ukrainischen Panzertruppen. Sie traten ein reiches Erbe an: etwa 4000 Kampfpanzer der Typen T-64, T-72 und T-80. Darunter allein 227 T-64R, 539 T-64A, 539 T-64/51, 507 T-64/5 und 528 T-64/5B. Gleichzeitig durfte die Ukraine gemäß den internationalen Vereinbarungen über die Begrenzung konventioneller Waffen in Europa nicht mehr als 2000 Kampfpanzer besitzen. Daher traf die militärische und politische Führung des Landes 1992 eine Entscheidung: Aufgrund der Verfügbarkeit von Produktionsanlagen in Charkow und der begrenzten Möglichkeiten zur Überholung sollten nur die T-64 in Dienst bleiben. Die übrigen Typen wurden in Lagerstätten verbracht und nach und nach in die ganze Welt verkauft. Nichtsdestoweniger betrachtete das ukrainische Oberkommando die Panzer- und mechanisierten Schützenverbände grundsätzlich als Hauptkampftruppe des Heeres. Ihr Gerät setzt sich aus Kampfpanzern, Kettenschützenpanzern, Radschützenpanzern (gepanzerte Mannschaftstransportwagen) und verschiedenen Unterstützungsfahrzeugen zusammen. Auch nach ukrainischen Vorstellungen werden Panzerverbände

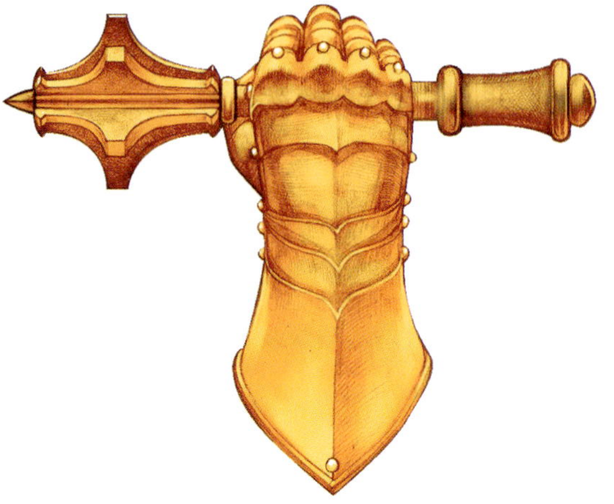

Emblem der ukrainischen Panzertruppen.

in erster Linie zusammen mit mechanisierten Truppen (motorisierte Schützen/Panzergrenadiere) in taktisch-operativen Schwerpunkten eingesetzt und erfüllen folgende Hauptaufgaben:

- In der Verteidigung: direkte Unterstützung der mechanisierten Truppen bei der Abwehr von Angriffen einschließlich Gegenangriffen und Gegenstößen.
- In der Offensive: Durchführung gebündelter Schläge an Schwerpunkten der Front und in der Tiefe des Raumes zur Vernichtung des Gegners.

Geballter Auftritt ukrainischer T-64BW während einer Vorführung.

Kettenschützenpanzer BMP-2 einer ukrainischen mechanisierten Brigade.

Die Panzertruppen gliedern sich in Panzerbrigaden und in Panzerbataillone der mechanisierten Brigaden. Die ukrainischen Panzerbrigaden gliedern sich wie folgt:

- Brigadestab mit Führungszug
- I. Panzerbataillon
- II. Panzerbataillon
- III. Panzerbataillon
- Panzergrenadierbataillon (mot.-Schützen)
- Brigadeartilleriegruppe mit
- Führungs- und Aufklärungsbatterie
- Panzerartillerieabteilung
- Raketenwerferabteilung
- Flugabwehrraketen-Abteilung
- Instandsetzungs- und Bergebataillon
- Pionierkompanie
- Aufklärungskompanie
- Fernmeldekompanie
- Nachschubkompanie
- Sanitätskompanie
- ABC-Abwehrkompanie
- Scharfschützenzug

Beim russischen Angriff 2022 verfügten die ukrainischen Streitkräfte über vier Linien- und zwei Reserve-Panzerbrigaden sowie folgende Verbände und Einheiten:

Auch Radschützenpanzer BTR-80 zählen zu den Kampffahrzeugen der mechanisierten Brigaden.

- 1 Panzerlehrregiment
- 11 Panzerbataillone der mechanisierten Brigaden
- 2 Panzerbataillone in Marineinfanteriebrigaden
- 6 Panzerkompanien der Luftlandebrigaden
  Des Weiteren verfügt die Nationalgarde über eigene Panzereinheiten.

Die Panzerbataillone der Panzerbrigaden gliedern sich in 3 Panzerkompanien zu je 10 Kampfpanzern. Einschließlich des Fahrzeugs des Bataillonskommandeurs verfügt das Bataillon über 31 Kampfpanzer. Die Panzerbataillone der mechanisierten Brigaden verfügen über je 4 Panzerkompanien. Einschließlich des Kommandeurspanzers also über 41 Kampfpanzer. Der Fuhrpark besteht hauptsächlich aus Panzerfahrzeugen sowjetischer und ukrainischer Produktion:

Kampfpanzer: T-64B, T-64BW, T-64BM „Bulat“, T-72, T-80, T-84 „Oplot“, T-84BM „Oplot“;
Kettenschützenpanzer: BMP-1, BMP-1U, BMP-2;
Radschützenpanzer: BTR-60, BTR-70, BTR-80, BTR-3, BTR-4;
Panzerspähwagen: BRDM-1, BRDM-2.

Erwähnenswert noch das Sammelsurium an so genannten geschützten Fahrzeugen in ukrainischen Beständen. Als Gefechtsfahrzeuge verblassen sie zwar gegenüber den eigentlichen Panzerfahrzeugen, haben als Transport- und Unterstützungsfahrzeuge jedoch eine gewisse Bedeutung und spiegeln den allgemeinen internationalen Trend wider, herkömmliche Pkw und Lkw mit Panzerschutz zu versehen und ggf. zu bewaffnen. Nach Kriegsbeginn 2022 erhielt die Ukraine auch Panzerfahrzeuge aus NATO-Ländern; hauptsächlich modernisierte Panzer sowjetischer Bauart, später auch modernere westliche Typen wie „Abrams“, „Challenger“, „Leclerc“ oder „Leopard 2“. Sie wurden und werden als Ersatz für Kampfverluste eingesetzt, sollen der ukrainischen Panzertruppe aber auch mehr Schlagkraft für Gegenoffensiven verleihen. Dazu mehr in Teil 2.

Kampfpanzer T-64

Der Kampfpanzer T-64 wurde in den frühen 1960er-Jahren vom Konstruktionsbüro des Fahrzeugwerks Charkow (ChSTM) entwickelt. Das Modell war für seine Zeit sehr fortschrittlich und verfügte bei einem Gefechtsgewicht von 36 t und einer Höchstgeschwindigkeit von 65 km/h dank moderner Mehrschicht- oder Verbundpanzerung über hervorragenden Panzerschutz. Als erster in der Sowjetunion hergestellter Kampfpanzer erhielt er außerdem eine Ladeautomatik, die ein viertes Besatzungsmitglied – den Ladeschützen – erübrigte und gleichzeitig die Nachladegeschwindigkeit erhöhte. Alle nachfolgenden sowjetischen und russischen Kampfpanzer, sei es der T-72 oder der T-80, stellen im Grunde nur Weiterentwicklungen des T-64-Konzepts dar. Am 30. Dezember 1966 führte die Sowjetarmee den T-64 ein, wobei die Konstruktion entsprechend den Trends der damaligen Zeit ständige Verbesserungen erfuhr. So erhielt die Ausführung T-64A statt der bisherigen 115-mm-Kanone eine neue 125-mm-Glattrohrkanone. Der T-64 basiert auf der traditionellen Auslegung mit Motor- und Getrieberaum im Heck, dem Fahrerabteil entlang der Längsachse im Bug, und dem Kampfraum mit Drehturm in der Mitte, abgeschottet vom Motor- und Getriebeabteil durch eine Trennwand. Die geschweißte Wanne trumpft mit einer ungewöhnlich niedrigen Silhouette mit starken geschossabweisenden Schrägungen. Als erster Kampfpanzer weltweit erhielt der T-64 neben einer Glattrohrkanone und einem Ladeautomaten die erwähnte Mehrschichtpanzerung Stahl-Aluminium-Stahl, später zur Verbundpanzerung mit Glasfaser- und Keramikelementen gegen Hohlladungen verstärkt. Bei der Ausführung T-64BW

Hauptkampfpanzer T-64A.

Kampfpanzer T-64 in einem ukrainischen Depot.

kamen noch Reaktivpanzerungsteile an Wanne und Turm hinzu. Zusammen mit der niedrigen Silhouette und den großen Schrägungen steigerte dies die Überlebensfähigkeit des Panzers auf dem Gefechtsfeld nicht unerheblich. Die ukrainischen Streitkräfte führten 1992 folgende T-64-Ausführungen im Bestand:

227 T-64R (während der Werksüberholung auf Standard T-64A gebrachte T-64); 539 T-64B1; 507 T-64B; 528 T-64BW.

Die ukrainischen T-64B1, T-64B und T-64BW unterscheiden sich vom Modell T-64A vor allem durch ihre neue 125-mm-Glattrohrkanone, die neben der üblichen Munition auch Panzerabwehr-Lenkraketen 9M112-1 „Kobra" verschießen kann. Außerdem erhielt sie eine wärmeisolierende Ummantelung und einen Rauchabsauger zur Beseitigung von Pulvergasen nach dem Schuss. Das Laden der Munition erfolgt automatisch über ein mechanisiertes Munitionskarussell. Die Panzerabwehr-Lenkrakete „Kobra" wurde als so genannte Rohrrakete speziell für den Verschuss aus Bordkanonen entwickelt. Sie verfügt über eine halbautomatische Lenkung mit gerichtetem Funkstrahl, bei der der Richtschütze das Ziel durchs Zielfernrohr anvisiert, während die Verfolgung des Flugkörpers und die Generierung der Lenkbefehle automatisch durch eine Lenkstation erfolgen, die im Kampfraum hinter dem Sitz des Richtschützen installiert ist. Die Rohrrakete lässt sich sowohl aus dem Schießhalt als auch aus der Bewegung abfeuern, wobei die Wahrscheinlichkeit, ein feindliches Panzerziel zu treffen, bei etwa 80 % liegt. Die maximale Einsatzschussweite der Rakete beträgt 4000 m. Das ab 1976 gebaute Modell T-64B1 verzichtete im Unterschied zum T-64B auf das Lenkraketensystem 9M112. Beide B-Modifikationen verfügen über mittlerweile veraltete Beobachtungsgeräte und Feuerleitanlagen. Der Panzerkommandant verwendet ein periskopisches binokulares Tag- und Nachtsichtgerät TKN-SW. Das monokulare Periskopvisier P3U-5 mit Panoramakopf und einem Sichtfeld von 500 kommt beim Schießen mit dem 12,7-mm-Flugabwehrmaschinengewehr zum Einsatz. Der Richtschütze verfügt über ein monokulares Zielfernrohr einschließlich periskopischem Entfernungsmesser mit stabilisiertem Sichtfeld, sowie über ein IR-Nachtsichtgerät TPN149-23. Die Feuerleitanlage 1A33 umfasst die Zielvorrichtung 1G42, den Flugbahnrechner 1B517 mit Eingangssensoren, den Waffenstabilisator 2E26M und weitere Komponenten. Generell gewährleistet die Feuerleitanlage zu jeder Tageszeit ein hohes Maß an Ersttrefferwahrscheinlichkeit, sowohl aus dem Schießhalt als auch aus der Bewegung. Die Zusatzbewaffnung besteht aus einem koaxialen 7,62-mm-Panzermaschinengewehr PKT und einem 12,7-mm-Flugabwehr-Maschinengewehr NSWT. Der Vernebelung dienen zwei Sätze 902B „Tutscha" zu je vier Wurfbechern auf jeder Turmseite. Die Serienausführungen T-64B und T-64B1 waren mit dem 5-Zylinder-Mehrstoffdiesel 5TDF zu 700 PS motorisiert. 1983 erschien die bis 1985 in Serie gebaute Ausführung T-64BM mit 6-Zylinder-Dieselmotor 6TD zu 1000 PS (T-64-B1M). Mit diesem Motor wurden auch andere T-64-Muster im Rahmen von Überholungsmaßnahmen nachgerüstet. 1976 gelangte die Befehlspanzer-Ausführung T-64BK für Kommandeure bzw. Kompaniechefs der mit T-64B und T-64B1 ausgestatteten Truppenteilen zur Einführung. Wie alle Befehlspanzer verfügt sie über zusätzliche Funkausrüstung, Navigationsgerät, ein Batterieladegerät (AB-1P/30) und Beobachtungsgeräte. 1985 ging der T-64BW in Serie, dessen Panzerschutz an Turm und Wanne der Einbau einer Mehrschicht-Verbundpanzerung und von Reaktiv-panzerungselementen nachhaltig verbesserten. Die Reaktivpanzerung „Kontakt" besteht aus 179 Ziegeln mit einer explosiven Substanz,

Kolonne von T-64-Panzern auf einem Truppenübungsplatz.

Hauptkampfpanzer T-64BW.

die beim Auftreffen von Hohlladungsgeschossen detoniert und den Hohlladungsstrahl verformt, was die Durchschlagsleistung des HL-Geschosses ziemlich schwächt. Zusätzlich zur „Kontakt"-Reaktivpanzerung gegen Hohlladungen erschien 1985 „Kontakt-5" gegen panzerbrechende Unterkalibergeschosse (Pfeilgeschosse), von denen einige damals bereits 600 mm Panzerstahl durchschlugen. Bei Überholungsmaßnahmen rüstete man T-64B und T-64B1 (T-64BM und T-64B1M) mit Reaktivpanzerung nach. Sämtliche T-64B-Varianten sind mit einer ABC-Schutzanlage, einer automatischen Feuerlöschanlage und einer Tiefwatausrüstung ausgestattet. Zu Beginn der Konfrontation im Donbass 2014 – bevor die Separatisten über ausreichend Panzerabwehrwaffen verfügten – kam der Einsatz ukrainischer Kampfpanzer dem von „Wunderwaffen"

Technische Angaben T-64B	
Besatzung	3
Gefechtsgewicht, t	39,0
Abmessungen, mm: **Länge des Fahrgestells** **Länge mit Kanone 12 Uhr** **Breite** **Höhe**	 6540 9225 3415 2170
Bewaffnung, mm: **Kanone** **Maschinengewehr** **Lenkwaffe**	 125 1 x 7,62;1 x 12,7 9K112-1
Kampfbeladung, Schuss **Kanone** **MG**	 36 1250 x 7,62; 300 x 12,7
Lenkraketen	4
Motorleistung, PS	700
Höchstgeschwindigkeit, km/h	60,5
Fahrbereich, km	600

Eine Kolonne ukrainischer Panzer auf dem Marsch. An der Spitze ein Befehlspanzer T-64 BK.

gleich. Schon das Auftauchen weniger Panzer in einem Gefechtsabschnitt garantierte den vorrückenden ukrainischen Truppen zuverlässige Deckung und wirkungsvolle Feuerunterstützung. Zu dieser Zeit tauchte auch zum ersten Mal die verhängnisvolle Taktik auf, Panzer zur Verstärkung von Straßensperren einzusetzen. Anstatt die Panzerkräfte zu konzentrieren, wurden sie breit über die Front verstreut und erfüllten Aufgaben wie z. B. die Eskortierung von Nachschubkolonnen, die nicht Sache von Kampfpanzern sein dürfen. Als die ukrainische Angriffsoperation im Juli 2014 ihrem Höhenpunkt entgegenschritt, erwies sich der verzettelte Einsatz von Kampfpanzern alles andere als zielführend. Und so gingen während der Kämpfe die meisten Panzer der ukrainischen mechanisierten Brigaden verloren bzw. fielen aus. Und zwar oft abseits des Kampfgeschehens – der Treibstoff ging zur Neige, eine Kette riss oder das Fahrzeug wurde von der Besatzung aufgrund nahender Feindkräfte einfach aufgegeben. Diese Panzer fielen den russischen Unabhängigkeitskämpfern zur Beute, die sie abtransportierten, reparierten und nun gegen ihre Vorbesitzer einsetzten. In Anbetracht der Tatsache, dass sich die ukrainischen Verluste im Donbass sich auf 200 Kampfpanzer beliefen (zerstört, erbeutet, nicht mehr reparabel), warfen die Ukrainer bei Beginn des Krieges 2022 zur Sicherstellung der Kampfkraft ihrer Panzerverbände sämtliche verbliebenen T-64 in die Waagschale – rund 635 T-64BA und über 100 T-64BM „Bulat".

Kampfpanzer T-64BM „Bulat“

Ende der 1990er-Jahre modernisierte die Konstruktionsabteilung des Maschinenbauwerks Charkiw (ChMDB) die ukrainischen T-64A und T-64B auf das Niveau des T-80UD. Die Kampfwertsteigerung zum T-64BM „Bulat“ (Damaszenerklinge, -schwert) betraf die drei Hauptbereiche Beweglichkeit; Schutz und Überlebensfähigkeit, Feuerkraft. Der Steigerung von Beweglichkeit und Motorleistung diente das Aggregat 5TDFM mit 850 PS; ein verstärkter 5TMF-Motor. Die Anbringung zusätzlicher Schutzvorrichtungen an Turm und Wanne erhöhte das Schutzniveau.
Im Einzelnen handelt es sich um einen passiven sowie den so genannten „integrierten dynamischen Schutz“ (IDP) einer auch als „Kotakt-5“ bekannten Reaktivpanzerung. Sie besteht aus Bug- und Seitenmodulen an der Wanne, modularen Abschnitten entlang der Front und den Seiten des Turms, sowie aus Modulen auf dem Turmdach. Front- und Seitenteile des Turms sowie das Turmdach wurden überdies mit Kevlarpanzerung geschützt, welche die Verwundbarkeit gegenüber Hohlladungswaffen um ein Vielfaches reduzierte. Die hohe Feuerkraft des T-64BM gewährleistet die neue 125-mm-Glattrohrkanone KBAS (frühere Bezeichnung 2A46M-1), die (wie gehabt) Sprenggeschosse, panzerbrechende Unterkaliber- und Hohlladungsgranaten sowie Rohrraketen verschießt. Die Kampfbeladung besteht aus 36 Granaten und Treibladungen, davon 28 im Ladeautomaten auf dem Turmboden. Beim Ausfall des Automaten kann der Richtschütze auch händisch

Technische Angaben T-64BM „Bulat“	
Besatzung	3
Gefechtsgewicht, t	45
Abmessungen, mm:	
Länge Fahrgestell	6540
Länge Kanone 12 Uhr	9295
Breite	3560
Höhe	2184
Bewaffnung, mm:	
Kanone	125
Maschinengewehr	1 x 7,62; 1 x 12,7
Lenkwaffe	„Kombat“
Kampfbeladung, Schuss:	
Kanone	46
Maschinengewehr	1250 x 7,62; 450 x 12,7
Rohrraketen	4
Motorleistung, PS	850
Höchstgeschwindigkeit, km/h	60,5
Fahrbereich, km	385

Kampfpanzer T-64BM „Bulat“.

T-64BM „Bulat" im Gelände.

T-64M „Bulat“, Ansicht von hinten rechts.

laden, freilich zu Lasten der Feuergeschwindigkeit. Das koaxiale 7,62-mm-Maschinengewehr PKR bringt es auf eine Kadenz von 700–800 S/min bei gegurteten 1250 Schuss Kampfbeladung. Das fernbedienbare schwere 12,7-mm-Maschinengewehr NSWT auf dem Turmdach hat eine effektive Reichweite von 1500 m auf Luft- und 2000 m auf Bodenziele. Seine Kampfbeladung beträgt 450 Schuss. Die Kampfwertsteigerung zum T-64BM „Bulat" fand 2003 schließlich ihren Abschluss; die offizielle Einführung bei den ukrainischen Streitkräften erfolgte im Juli 2005. In der Folgezeit wurden die ehrgeizigen Pläne, mehrere hundert T-64 auf „Bulat"-Standard zu bringen, erheblich zurückgeschraubt und auf einen

T-65´4BM „Bulat“, rechte Seitenansicht.

Regierungsauftrag über 85 Fahrzeuge beschränkt. Die meisten gingen 2008 an die Panzerverbände, die Auslieferung der übrigen verzögerte sich aufgrund wirtschaftlicher Probleme bis 2014. Im März 2014 zählte die ukrainische Panzertruppe etwas mehr als 100 T-64BM im Bestand. Daneben fertigten die Charkiwer eine Kleinserie von 10 Stück leichterer und billigerer T-64BM1M für die Demokratische Republik Kongo, die aber nie über afrikanischen Boden rollten und im September 2014 angesichts ihrer Kampfpanzerverluste von den ukrainischen Streitkräften vereinnahmt wurden. Zu Beginn der so genannten Anti-Terror-Operation in der Ostukraine verfügte die 1. selbstständige Panzerbrigade über 78 „Bulat", was nicht ausreichte, um den Verband mit diesem Muster auf Sollstärke zu bringen. Deshalb fanden sich im III. Panzerbataillon neben T-64BM auch T-64B. Die 1. Panzerbrigade war im Übrigen der einzige ukrainische Verband mit T-64BM „Bulat". Organisatorisch bestand sie im März 2014 neben den drei Panzerbataillonen aus einem Bataillon mot.-Schützen mit BMP-1, einer Aufklärungskompanie, einer Brigadeartilleriegruppe (Panzerhaubitzen 2S3 „Akazija"), einer Flugabwehrraketenabteilung (2 Batterien 2S6 „Tunguska") und einer Werferabteilung (BM-21 „Grad"). Im März 2014 wurde die Brigade in der Region Tschernihiw in Alarmbereitschaft versetzt, man rechnete mit einem russischen Angriff. Im Juli 2014 verlegte die Brigade ins Gebiet der Volksrepublik Luhansk. Anfänglich wurden die Panzer der Brigade sinnwidrig als Sicherungen an Straßensperren und als Begleitschutz für Transportkolonnen eingesetzt. Die einzelnen Panzereinheiten waren dabei über eine breite Front verstreut, was ihre Schlagkraft

Kampfpanzer T-64BM „Bulat“ bei einer Parade.

erheblich schwächte. Der erste Kampfeinsatz, an dem die Brigade beteiligt war, war der Versuch, den Flughafen von Luhansk am 13. Juli 2014 zu besetzen. Eine Kampfgruppe der 80. Luftlandebrigade, die von drei(!) T-64BM „Bulat“ begleitet wurde, bewegte sich auf den Platz zu und versuchte, die Stellungen der Luhansker Miliz bei Lutugino zu durchbrechen. Wegen Vernachlässigung der Aufklärung erwies sich die vor dem Angriff durchgeführte Artillerievorbereitung als unwirksam. Die Brigade erlitt in diesem Gefecht ihre ersten Verluste. Bei den Kämpfen im Donbass verlor sie insgesamt 23 Kampfpanzer (darunter drei als Beute an die Luhansker), sechs Schützenpanzer BMP-1 (einer erbeutet) und zwei Panzerhaubitzen 2S3 „Akazija“. Nach offiziellen Angaben fielen 53 ukrainische Soldaten. Trotz des relativ geringen Prozentsatzes an Fahrzeugverlusten wurde die Kampfkraft der Brigade aufgrund erheblichen Geräteverschleißes stark beeinträchtigt. Im Januar 2017 beschloss das Oberkommando, die T-64BM „Bulat“ in die Reserve abzuziehen, was darauf hindeutet, dass man nicht mehr in der Lage war, auch nur ein Panzerbataillon dauerhaft mit diesem Fahrzeugtyp auszustatten.

Kampfpanzer T-72

Die Ukraine erbte von der Sowjetunion etwa 1300 Kampfpanzer T-72 verschiedener Ausführungen. In den 1990er- und frühen 2000er-Jahren entwickelte sich der Verkauf dieser Panzer zu Schleuderpreisen ins Ausland zu einem der wichtigsten ukrainischen Waffenexporte. Insgesamt verkaufte Kiew etwa 900 Fahrzeuge. Einen wesentlich geringeren Teil behielten die ukrainischen Streitkräfte, die 2017 über folgende T-72-Bestände verfügten:

- 10. Panzerbrigade - 1 Bataillon mit 3 Kompanien (31 T-72AW und -B1);
- 128. Gebirgsbrigade - 1 Bataillon mit 3 Kompanien (31 T-72AW und -B1);
- 53. mechanisierte Brigade - 1 Bataillon mit 3 Kompanien (31 T-72AW und -B1);
- 56. motorisierte Schützenbrigade – 1 Panzerkompanie (10 T-72AW und -B1);
- 57. motorisierte Schützenbrigade – 1 Panzerkompanie (10 T-72B1);
- 58. motorisierte Schützenbrigade – 1 Panzerkompanie (10 T-72AW);
- 59. motorisierte Schützenbrigade – 1 Panzerkompanie (10 T-72AW).

Macht insgesamt 132 T-72. Unter Berücksichtigung der Fahrzeuge in verschiedenen Ausbildungseinrichtungen belief sich der ukrainische T-72-Bestand auf etwa 140 Stück. Einige davon befanden sich möglicherweise in Depots oder Werkstätten. Der T-72 kann auf eine über 50-jährige Geschichte zurückblicken.

Kampfpanzer T-72A, Vorderansicht.

Als „Objekt 172" wurde er in der zweiten Hälfte der 1960er-Jahre vom Konstruktionsbüro des Werkes Uralwagonsawod (UWS) in Nischni Tagil entwickelt. Eine Vorserie lief 1972 vom Band. Nach Erprobung und Verbesserungen führte ihn die Sowjetarmee im August 1973 unter der Bezeichnung T-72 „Ural" ein. Die dreiköpfige Besatzung besteht wie beim T-64 aus Kommandant, Richtschütze und Fahrer. Der T-72 wurde als „Mobilisierungsversion" (vereinfachte Version) des T-64 entwickelt, auf dessen Produktion die Industrie der UdSSR im Falle des Eintritts einer so genannten „Sonderperiode", d. h. im Kriegsfall, umstellen sollte. Die technischen und technologischen Lösungen, die im T-72 umgesetzt wurden, erlauben es, ihn als originäres Kampffahrzeug zu betrachten.

Kampfpanzer T-72A.

Technische Angaben T-72A	
Besatzung	3
Gefechtsgewicht, t	41,0–41,5
Abmessungen, mm:	
Länge Kanone 12 Uhr	9530
Breite	3590
Höhe	2190
Bewaffnung, mm:	
Kanone	125
Maschinengewehr	1 x 7,62; 1 x 12,7
Kampfbeladung, Schuss:	
Kanone	44
Maschinengewehr	2000 x 7,62; 300 x 12,7
Motorleistung, PS	780
Höchstgeschwindigkeit, km/h	60
Fahrbereich, km	460

Der T-72 entspricht im Aufbau dem T-64 und der geschweißte Rumpf besteht aus Panzerblechen unterschiedlicher Dicke und Konstruktion. Der obere Bugteil ist in einem Winkel von 63° zur Senkrechten geschrägt. Er besteht aus mehreren Lagen Panzerstahl, zwischen denen sich Textolith-Glasfaser- und Keramikschichten befinden. Diese Mehrschicht-Panzerung bot einen relativ hohen Schutz gegen die 105-mm-Hohlladungs- und panzerbrechende Unterkalibergeschosse der 1970er-Jahre. Einigen Quellen zufolge entspricht sie einer 500–600 mm dicken Stahlpanzerplatte. Die Stahlplatten der Seitenpanzerung schützen vor Geschossen von Schützenpanzer- und Hubschrauberkanonen sowie vor Granatsplittern. Viele Varianten des T-72 erhielten verstärkte Panzerschilde. Der Gussturm hat relativ kleine Abmessungen, eine ca. 280 mm dicke Stirnseite und ist eine mehrschichtige Verbundkonstruktion, die sehr widerstandsfähig gegen Geschosse ist. Die Hauptbewaffnung bildet die 125-mm-Glattrohrkanone D-81TM (2A26M2) mit einer Rohrlänge von 6350 mm. Ihr Höhenrichtbereich reicht von +5°30´ bis +14°. Die Munitionspalette setzt sich aus panzerbrechenden Unterkalibergeschossen, panzerbrechenden Hohlladungsgeschossen und Sprenggeschossen zusammen. Bei den Treibladungskartuschen der zweigeteilten Munition handelt es sich um so genannte Teilabbrand-Ladungen, von denen nach dem Schuss nur der metallene Hülsenboden übrig bleibt, den der Ladeautomat beim Nachladen durch eine Luke hinten im Turm auswirft. Die Kanone wird über eine elektromechanische Ladevorrichtung geladen. Dieser Ladeautomat sparte den Ladeschützen ein und erhöhte gleichzeitig die Feuergeschwindigkeit auf bis zu 8 Schuss in der Minute. Freilich lässt sich die Kanone auch noch händisch laden, wobei die Feuergeschwindigkeit auf 1–2 Schuss in der Minute sinkt. Im Unterschied zum T-64A verwendet der T-72 einen Ladeautomaten, der im unteren Teil des Kampfraums montiert ist, so dass der Zugang der Turmbesatzung zum Fahrerabteil (und umgekehrt) nicht versperrt wird. Von den 39 Schuss Kampfbeladung sind 22 horizontal im Munitionskarussell untergebracht. Die Zusatzbewaffnung besteht aus einem koaxialen 7,62-mm-Maschinengewehr PKT und einem 12,7-mm-Maschinengewehr NSWT „Utes" (NSWT-12.7) auf dem Turm. Das sMG verfügt über ein Kollimatorvisier K10-T und eignet sich zur Bekämpfung von Bodenzielen bis auf 2000 m und

Kampfpanzer T-72B1 mit reaktiver Panzerung.

Kampfpanzer T-72B, Rückansicht.

von Flugzielen bis auf 1500 m. Im Gegensatz zur Optik ROM-5 des T-64-sMG besitzt es einen größeren Ausblick und eignet sich daher besser gegen Flugziele. Das „Utes"-MG erwies sich als so erfolgreich, dass die letzten Modifikationen des T-64 und des T-80 ebenfalls diese Waffe bekamen. Anstelle des 5TDF-Motors des T-64 erhielt der T-72 einen Vielstoffdiesel W-46 – ein Dieselmotor W-45 mit Turbolader und einer Leistung von 780 PS. Ebenfalls im Unterschied zum T-64 verfügt das Fahrwerk des T-72 über sechs einzeln torsionsgefederte Doppellaufrollen aus einer hochfesten Aluminiumlegierung mit Gummireifen und drei Stützrollen auf jeder Seite; Antriebsrad hinten, Leitrad vorn. Die stählerne Scharnierkette mit Gummi-Metall-Gelenken ähnelt den Ketten der modernisierten T-55 und T-62. Auf festen Straßen erreicht der T-72 eine Höchstgeschwindigkeit von 60 km/h. Hinzu kommt eine hohe Geländegängigkeit; der T-72 überwindet Steigungen bis 30°, erklettert bis zu 0,85 m hohe senkrechte Hindernisse und überschreitet bis zu 2,8 m breite Gräben. Ohne Vorbereitung durchwatet er 1,2 m tiefe und mit entsprechender Tauchausrüstung bis

Kolonne von T-72-Panzern der Streitkräfte der Ukraine

zu 5 m tiefe Gewässer. Im Zuge der Serienfertigung kam es zu zahlreichen Änderungen und Modellvarianten. Bei den ukrainischen T-72AW handelt es sich um ab 1985 kampfwertgesteigerte T-72A, die eine zusätzliche Reaktivpanzerung aus 227 Kacheln „Kontakt-1" erhielten. Die Ausführung T-72B1 beruht auf dem T-72B, verfügt aber über keine Rohrraketen-Bewaffnung.

An diesem T-72B(M) lassen sich sehr schön die Kacheln der reaktiven Panzerung „Kontakt-1" erkennen.

Kampfpanzer T-80

Ende 1991 befanden sich im europäischen Teil der UdSSR 4839 Kampfpanzer T-80 verschiedener Ausführungen, von denen die Ukraine 248 übernahm (60 T-80UD, der Rest T-80, T-80B und T-80BW). Aufgrund der Entscheidung des ukrainischen Oberkommandos für den T-64 als Standard-Kampfpanzer wurden die T-80 eingelagert. Im Zuge der massiven Aufrüstung der ukrainischen Streitkräfte ab 2015 und der Aufstellung neuer Truppenteile trat schnell ein Mangel an Kampfpanzern ein. Daher holte man die T-80B und T-80BW aus den Lagern und verwandte sie zur Ausrüstung der Panzerkompanien einzelner Luftlandebrigaden. 2017 zählten vier Brigaden (79., 95., 80. und 25.) zusammen rund 60 T-80 im Bestand; Tendenz steigend. Aber woher stammt er denn? Der T-80 wurde Ende der 1960er-Jahre vom Panzerkonstruktionsbüro 2 des Leningrader Kirow-Werks entwickelt, wobei es zunächst um die Schaffung eines T-64 mit Gasturbinentriebwerk ging, zunächst als Objekt 219sp1 bezeichnet. Die Arbeiten führten schließlich zum T-80 als erstem serienmäßig mit einer Gasturbine bestückten Kampfpanzer, den die sowjetische Panzertruppe am 6. Juli 1976 offiziell übernahm.

Damit verfügte sie über die drei Kampfpanzertypen T-64, T-72 und T-80 mit gleichen Waffen und recht ähnlichen Eigenschaften, wobei sich die wesentlichen Baugruppen nicht untereinander austauschen ließen. Dies führte zu zusätzlichen Kosten bei Entwicklung, Produktion, Betrieb sowie Instandhaltung/

Technische Angaben T-80B	
Besatzung	3
Gefechtsgewicht, t	43,7
Abmessungen, mm:	
Länge Fahrgestell Länge Kanone 12 Uhr Breite Höhe	6982 9651 3582 2219
Bewaffnung, mm: Kanone Maschinengewehr Lenkwaffe	 125 1 x 7,62; 1 x 12,7 9K112-1
Kampfbeladung, Schuss: Kanone Maschinengewehr	 38 1250 x 7,62, 500 x 12,7
Motorleistung, PS	1100
Höchstgeschwindigkeit, km/h	70
Fahrbereich, km	335

Kampfpanzer T-80, Frontansicht.

Instandsetzung. Die erste T-80-Serie lief 1976–1978 im Kirow-Werk vom Band. Formell als „fortschrittliche Weiterentwicklung" des T-64A gehandelt, übernahm der T-80 von diesem die 125-mm-Kanone, den Ladeautomaten, Panzerschutzelemente und einige weitere Bauteile. Das Hauptmerkmal des T-80 aber ist die Verwendung des Gasturbinentriebwerks GTD-1000T mit einer maximalen Leistung von 1000 PS. Das Triebwerk ist nach einem Drei-Wellen-Schema mit zwei unabhängigen Turboladern und einer freien Turbine konzipiert. Die Hauptschwierigkeit, die die Konstrukteure des Triebwerks zu überwinden hatten, war der Schutz des Motors vor Staub. Tatsache ist, dass den GTE während des Betriebs 5–6 Kubikmeter Luft pro Sekunde durchströmen. Vor dem Hintergrund, dass sich Panzerverbände auf dem Marsch manchmal in einer riesigen Staubwolke bewegen, kann man sich vorstellen, was Luftfilter leisten müssen. Der T-80 verwendet Zyklon-Luftfilter mit Zentrifugen, die den GTE-1000T in der Lage versetzen, lange Strecken unter starker Staubeinwirkung zurückzulegen. Seine Vorteile sind die Kompaktheit, die hohe Leistung, die Fähigkeit, bei Temperaturen von bis zu –40°C ohne Vorwärmung schnell zu starten, und der Verzicht auf Wasserkühlung. Die Sache hat aber auch ihre Nachteile: hoher Kraftstoffverbrauch, hoher Arbeitsaufwand für Reparaturen und Kosten, die fast 19 Mal höher sind als bei einem Dieselmotor gleicher Leistung. Der T-80 verfügt über eine geschweißte Wanne und einen gegossenen Turm. Wanne, Turm und die gesamte Konstruktion stattete man mit einer Reihe von Schutzeinrichtungen gegen die üblichen Panzerabwehrwaffen aus. Die vorderen Wannen- und Turmbereiche weisen Hohlräume für Verbundpanzerung auf: zwei Schichten Panzerstahl mit einer Mittelschicht aus einer Glasfaser-verstärkten, äußerst harten Aluminiumlegierung. Zusätzlichen Schutz bieten beim T-80BW Reaktivpanzerungs-Elemente vom Typ „Kontakt-1". An den Wannenseiten befinden sich Hohlschilde aus Gummigewebe und Stahlplatten außen. Der Panzerschutz des T-80U gegen Hohlladungsgeschosse entspricht schätzungsweise 900 mm homogener Panzerung, gegen Unterkalibergeschosse beträgt er 1100 mm. Man geht davon aus, dass der T-80U innerhalb eines Annäherungswinkels von etwa +35° gegen praktisch alle Typen von Panzerabwehrwaffen und in erheblichem Maße gegen panzerbrechende Unterkalibergeschosse geschützt ist. Insbesondere der Turm soll sich durch eine hohe

Kampfpanzer T-80.

Widerstandsfähigkeit gegen Hohlladungsgeschosse auszeichnen und allgemein einen besseren Schutz bieten als der des T-64. Die Hauptbewaffnung des T-80U bildet die 125-mm-Glattrohrkanone 2A46M-1. Zur Anlage gehören eine Waffenstabilisierungsanlage 2E28M2, ein Blickfeld-stabilisierendes periskopisches Zielfernrohr, ein Rauchabsauger, ein Rohrschutzmantel und eine Schnellverbindung zwischen Rohr und Verschluss, die einen schnellen Austausch im Feld ermöglicht. Der Ladeautomat entspricht mit wenigen Abstrichen dem des T-64. Die Kampfbeladung von 40 Schuss (geteilte Munition mit Teilabbrand-Ladungen) besteht aus den üblichen Sprengbrand-/Splitter-, Hohlladungs- und panzerbrechenden Unterkalibergeschossen. Die Kampfentfernung mit dem 1715 m/s (Mündungsgeschwindigkeit) schnellen Unterkalibergeschoss auf Panzerziele beträgt 2100 m ohne wesentliche Veränderung des Haltepunkts. Die Feuergeschwindigkeit liegt bei 6–8 Schuss pro Minute und reduziert sich bei manuellem Laden auf 1–2 S/min. Die Zusatzbewaffnung besteht wie beim T-72 aus einem koaxialen 7,62-mm-Maschinengewehr PKT und einem schweren 12,7-mm-Maschinengewehr NSWT

„Utes" (NSWT-12.7) auf dem Turm zur Flugabwehr (bis 1500 m) und zur Bekämpfung von Erdzielen (bis 2000 m). Bei den ukrainischen T-80B handelt es sich um T-80 mit modernisierter 125-mm-Glattrohrkanone 2A46M-1, die Rohrlenkraketen 9K112-1 „Kobra" mit panzerbrechendem Geschoss 9M119 verschießen können. Die ebenfalls in ukrainischen Diensten stehenden T-80BW treibt eine 1100 PS leistende Gasturbine GTD-1000 TF an. Zusätzlich zur thermischen Nebelausrüstung sind acht Wurfbecher 902B „Tutscha" auf dem Turm montiert. Im Zuge von Überholungs- und Instandsetzungsmaßnahmen wurden ältere T-80B auf Stand T-80BW gebracht. Sämtliche T-80B und -BW verfügen über ABC-Schutz-, Funk- und Feuerlöschanlagen und erhielten Räumschilde/Minenräumgeräte KMT-6. Während der bürgerkriegsartigen Kampfhandlungen im Donbass hielten die Ukrainer ihre T-80 zurück; ihre Stunde schlug im Februar 2022. Militärexperten streiten noch immer über die Wirksamkeit ihres Einsatzes. Diese hängt – wie bei allen Kampfpanzern – maßgeblich von der Einsatztaktik ab. Bei geballten „Blitzkrieg-artigen" Vorstößen könnten sie ihre Schnelligkeit und Feuerkraft in die Waagschale werfen, wie damals die kroatischen Panzer im Jugoslawienkrieg 1995. Werden sie allerdings in Häuserkämpfen verzettelt wie seinerzeit die russischen T-80 im Tschetschenienkrieg, werden sie hohe Verluste erleiden – höhere vermutlich als die T-64 oder T-72. Diese Erfahrungen machten jedenfalls russische Panzereinheiten bei den Kämpfen um und in Grosny, wo T-80 unter allen Kampfpanzertypen die schwersten Verluste verzeichneten. Von erhöhter Position unter Feuer genommen, konnten Hohlladungen die Dachpanzerung mühelos durchschlagen. Hinzu kam ein eklatanter, konstruktionsbedingter Nachteil des T-80 ans Licht: Die in vertikaler Position untergebrachten Geschosse im Ladeautomat – mit der Spitze nach innen liegend, dahinter in einem Winkel von 90° die Treibladungen – waren (anders als beim T-64 und T-72) praktisch nicht durch die Seitenschürzen abgedeckt. Infolge ließen tiefe Panzerfausttreffer in die Wanne die Munition mitsamt Turm hochgehen. Als zweiten schweren Nachteil des T-80 nannten russische Panzersoldaten den unzureichenden Höhenrichtbereich des Geschützes nach oben und unten, der es unmöglich machte, Ziele in oberen Stockwerken oder in Kellern unter Beschuss zu nehmen.

Kampfpanzer BM „Oplot"

Im Mai 2009 führte die ukrainische Panzertruppe den Kampfpanzer BM „Oplot" (Hort, Bollwerk) ein. Entwickelt vom Charkiwer Konstruktionsbüro für Maschinenbau auf Grundlage des T-80U, wurde dessen unwirtschaftliches Gasturbinentriebwerk GTD-1000T durch den Dieselmotor 6TD-1 ersetzt. Mit 1000 PS entwickelte er dieselbe Leistung wie das GTE-1000T-Triebwerk des T-80 bei deutlich geringeren Bau- und Betriebskosten. Zum Vergleich: Der Motor W-84MS der frühen T-90 leistete 840 PS und der T-80U erhielt einen GTE-1250 mit 1250 PS. Der in den 1990er-Jahren erschienene 6TD-2 leistete 1200 PS. Der T-80U mit Dieselmotor erhielt die Bezeichnung T-80UD. Vor dem Zusammenbruch der Sowjetunion wurden 670 Stück hergestellt, von denen 500 bei der motorisierten „Taman"-Gardeschützendivision und der 4. „Kantemirowskaja"-Gardepanzerdivision in Dienst gestellt wurden. Die Arbeiten der Ukrainer zur weiteren Modernisierung des T-80 führten zum T-84, den sie 1995 auf der Waffenmesse IDEX-1995 in Abu Dhabi vorstellten. Er unterschied sich vom T-80UD durch einen verstärkten Motor, eine verbesserte Verbund-/Reaktivpanzerung und ein abstandaktives Lenkwaffen-Abwehrsystem. Daraus entstand der im Februar 2011 auf der Waffenmesse IDEX-2011 präsentierte BM „Oplot" mit gleichem Aufbau, aber folgenden Verbesserungen gegenüber T-80UD und T-84: Neu gestalteter Turm, große und tiefe Seitenschützen zur Abschirmung der Seitenwände und des

Technische Angaben BM „Oplot"	
Besatzung	3
Gefechtsgewicht, t	51,9
Abmessungen, mm:	
Länge Fahrgestell	7075
Länge Kanone 12 Uhr	9720
Breite	3400
Höhe	2285
Bewaffnung, mm:	
Kanone	125
Maschinengewehr	1x7,62; 1x12,7
Rohrlenkrakete	„Kombat"
Kampfbeladung, Schuss:	
Kanone	46
Maschinengewehr	1250 x 7,62; 300 x 12,7
Motorleistung, PS	1200
Höchstgeschwindigkeit, km/h	70
Fahrbereich, km	400–500

Kampfpanzer BM „Oplot".

Laufwerks vor Panzerfäusten, sowie ein abstandaktives Abwehrsystem der neuen Generation „Duplet" („Knosch-2") mit besserem Schutz gegen panzerbrechende Geschosse und Tandemgefechtsköpfe. Hinzu kamen ein so genannter „Warta"-Komplex für optoelektronische Gegenmaßnahmen (KOEP; russisch: „Straschа"). Die Beweglichkeit steigerten eine neue Lenkanlage mit Gangautomatik, die ein sanfteres Wenden ermöglicht; der Motor 6TD-2E mit einer Leistung von 1200 PS bei reduzierter Abgasentwicklung und Toxizität; ein 10-kW-Diesel als Hilfsstromerzeuger, ein Bordrechner für den Fahrer, eine moderne Navigationsanlage und neue Funkausstattung. Die Feuerleitanlage ermöglicht den Einsatz rund um die Uhr und bei jedem Wetter, notfalls mit Übersteuerung durch den Kommandanten. Die Hauptbewaffnung des BM „Oplot" bildet die hydraulisch richtbare, doppelt stabilisierte 125-mm-Glattrohrkanone KBA3 mit Länge L/48, Rauchabsauger und Wärmeschutzmantel sowie Ladeautomat. Das Geschützrohr lässt sich feldmäßig schnell austauschen, ohne dass der Turm abgenommen werden muss. Der Turm schwenkt elektrisch in weniger als 5 Sekunden um 180 Grad (Drehgeschwindigkeit bis zu 40 Grad/Sekunde). Für den Notfall sind redundante mechanische Antriebe für das Geschütz- und Turmrichten vorhanden. Der Höhenrichtbereich liegt bei –3 Grad bis +60 Grad. Die Kampfbeladung umfasst 46 Schuss, davon 28 im automatischen Lader. Der „Oplot" verschießt Spreng-, Hohlladungs- und Wuchtgeschosse sowie Rohrraketen mit semiaktiver Laserlenkung bei einer Feuergeschwindigkeit von

Kampfpanzer BM „Oplot", Vorderansicht.

Kampfpanzer BM „Oplot" bei einer Parade in Kiew.

Kampfpanzer BM „Oplot“ auf dem Übungsplatz.

bis zu 8 Schuss/min. Der automatische Auswurf der Resthülse durch eine Turmöffnung nach außen erfolgt unter Wahrung des leichten Überdrucks im Kampfraum. Das Bestücken des leeren Ladeautomaten nimmt 15–20 Minuten in Anspruch. Außerdem gibt es redundante Antriebe für den Automaten und der Richtschütze kann notfalls auch händisch nachladen. Die wie alle anderen Geschosse im Lader positionierte lasergelenkte Rohrrakete „Kombat“ besitzt eine Reichweite von bis zu 5 km und durchschlägt Stahlpanzerungen von mindestens 750 mm nach Durchdringen reaktiver Vorpanzerung. Sie lässt sich noch bei bis zu 30 km/h Fahrt mit einiger Treffsicherheit auf bis zu 70 km/h schnelle Feindziele abfeuern. Der Flugkörper bleibt fast während des gesamten Fluges über der Sichtlinie und die Übertragung auf das Ziel erfolgt automatisch nur 0,3 Sekunden vor dem Einschlag. Diese Lösung ist im Vergleich zu einer dauerhaften Laserbeleuchtung während des gesamten Anflugs der Rakete vorteilhaft, da der Feind kaum eine Chance hat, die Lenkung zu stören. Die Sekundärbewaffnung setzt sich aus einem koaxialen 7,62-mm-Maschinengewehr mit 1250 Schuss und einem 12,7-mm-Maschinengewehr mit 2 x 150 Schuss zusammen. Der 6-Zylinder-Vielstoffdiesel 6TD-2E mit 16,3 l Hubraum leistet bis zu 1200 PS. Die Höchstgeschwindigkeit beträgt 70 km/h vorwärts und 35 km/h rückwärts. Das automatische Planetengetriebe weist 7 Vorwärts- und 4 Rückwärtsgänge auf. Das Laufwerk des „Oplot“ besteht je Seite aus sechs gummibereiften Zwillingslaufrollen von 670 mm Durchmesser sowie fünf Stützrollen mit Durchmesser 225 mm; Antriebsrad hinten, Leitrad vorn. Die Aufhängung der torsionsgefederten Laufrollen erfolgt einzeln, hinzu kommen sechs hydraulische Teleskopstoßdämpfer an der ersten, zweiten und sechsten Laufrolle. Die Aufhängungen wurden im Vergleich zu anderen Kampfpanzern mehr nach außen verlagert, um an den Laufwerkseiten mehr Platz für Wartungsarbeiten zu schaffen. Für den „Oplot“ stehen zwei Gleisketten zur Verfügung: eine 580 mm breite Asphaltkette, die eine hohe Geschwindigkeit auf befestigten Straßen gewährleistet, und eine 600 mm breite Geländekette, deren größere Auflagefläche den Bodendruck mindert. Gummischürzen an der Unterseite des Wannenbugs sollen die verräterische Staubentwicklung während des Marsches verringern. 2009 unterzeichnete das ukrainische Oberkommando einen Vertrag mit dem Charkiwer Transportmaschinenbauwerk über die Lieferung von 10 BM „Oplot“, doch aufgrund fehlender Finanzmittel begann die Auslieferung erst 2013. Bis 2022 waren schließlich alle zehn Fahrzeuge ausgeliefert, von denen die Truppe jedoch nur sechs erhielt; vier wurden „zu Studienzwecken“ an das US-Verteidigungsministerium verkauft. Berichten zufolge erlebte der BM „Oplot“ seine Feuertaufe bei den Kämpfen im Donbass ab 2014. So befand sich ein „Oplot“ bei der 3. Panzerbrigade und mehrere andere bei der 14. mechanisierten Brigade. Über ihren Einsatz gab es bislang nur inoffizielle Informationen. So griff eine Kampfgruppe von drei Kampfpanzern (darunter zwei „Oplot“) Einheiten der russischen 136. motorisierten Schützenbrigade auf dem Verlegungsmarsch an einen anderen Frontabschnitt an, wobei sie zwei russische Panzer und einen Lastkraftwagen zerstörten. Wie es heißt, gingen in den Gefechten des Jahres 2022 die meisten BM „Oplot“ verloren.

BM „Oplot“ bei der Bekämpfung eines Ziels.

Kettenschützenpanzer BMP-2

BMP-2 mit PzAbw-Lenkraketen 9M111.

Die jungen ukrainischen Streitkräfte erbten nach dem Zusammenbruch Sowjetrusslands eine umfangreiche Flotte an Kettenschützenpanzer BMP-1 und BMP-2. Die veralteten BMP-1 wurden gleich eingemottet, aber mit den BMP-2 wurden die mechanisierten Bataillone von sechs mechanisierten Brigaden, einer Gebirgsbrigade sowie die Schützenpanzer-Kompanien einiger selbstständiger Aufklärungsabteilungen ausgestattet. 1995 zählten die Ukrainer einen Bestand von über 1360 BMP-2 einschließlich Befehlspanzer-Ausführungen BMP-2K. 307 Fahrzeuge gingen in den Export. Insofern lässt sich die Gesamtzahl Anfang 2014 grob auf 1053 BMP veranschlagen. Bei der Annexion der Krim erbeuteten die Russen jedoch 53 BMP-2 der ukrainischen 36. Küstenschutzbrigade, was ihre Gesamtzahl auf knapp 1000 verringerte. Aber wo kam der BMP-2 denn her? Die Arbeiten an einem neuen Schützenpanzer als Ergänzung bzw. Ablösung des BMP-1 der Sowjetarmee begannen im Rahmen des so genannten „Boks"-Wettbewerbs (Boks = Box). Damals kam die sowjetische Armeeführung zum Schluss, dass ein Schützenpanzer nötig sei, dessen Hauptbewaffnung weniger zur Bekämpfung von Kampfpanzern (wie beim BMP-1), sondern hauptsächlich von Schützenpanzern und Hubschraubern der NATO-Armeen taugen müsse. Beim Wettbewerb machte der Entwurf von Kurganmaschsawod das Rennen. Er beruhte auf dem BMP-1 und stellte im Prinzip eine Verbesserung der Bewaffnung dieses Fahrzeugs dar. Der erste Prototyp wurde 1974 gebaut, die Kleinserienproduktion begann 1977, und die sowjetischen mot-Schützen durften sich ab 1980 über die Einführung freuen. Nochmals zur Bewaffnung, die ja den Ausschlag gab: Die auf dem BMP-1 montierte 73-mm-Glattrohrkanone 2A28 verfügte über eine Einsatzschussweite von 1300 m und eine effektive Schussweite im direkten Richten von schlappen 765 m, die Spreng-/Splitterwirkung ihrer Geschosse war ungenügend, sie konnte keine Luftziele bekämpfen, und ihr maximaler Höhenrichtbereich von ledig-

Ukrainische Infanteristen auf BMP-2 in der Kampfzone.

Schützenpanzer BMP-2.

lich 33° reichte nicht aus, um Gegner in gebirgigen Gegenden oder im Häuserkampf auf oberen Stockwerken zu beschießen. Außerdem fehlte eine Waffenstabilisierungsanlage zum Schießen aus der Bewegung. Die Panzerung des BMP-1 widerstand nur leichten Handwaffengeschossen und der Bodenschutz gegen Panzerminen war nahezu gleich Null. Mit der Nase auf diese Probleme gestoßen, und zwar in höchst konzentrierter Form, wurden die sowjetischen BMP-1 in Afghanistan, wo sie durch die meist von Berghängen herab feuernden Widerstandskämpfer herbe Verluste erlitten. Das Problem der geringen Wirksamkeit der BMP-1-Geschützbewaffnung konnte der Einsatz der 30-mm-Maschinenkanone 2A42 des BMP-2 weitgehend lösen. Diese 30-mm-Waffe mit Höhenrichtbereich –5° bis +74° wurde in einem rundum schwenkbaren, elektrisch angetriebenen Turm untergebracht. Die 2A42 kann Einzelschüsse oder Salven mit niedriger (200–300 Schuss pro Minute) oder hoher Kadenz (mindestens 550 S/min) abfeuern und verfügt über eine doppelte Zuführung: ein Gurt für panzerbrechende Granaten, der andere für Sprenggeschosse. Dadurch kann die Kanone leicht gepanzerte Ziele auf Entfernungen bis zu 1500 m, Panzerabwehrlenkflugkörper mittlerer Reichweite, ungepanzerte Fahrzeuge und ungeschützten Feind auf Entfernungen bis zu 4000 m bekämpfen; dazu mit Unterschallgeschwindigkeit

Technische Angaben BM P	
Besatzung	3 + 7
Gefechtsgewicht, t	13,8–14,0
Abmessungen, mm: **Länge** **Breite** **Höhe**	 6735 3150 2059
Bewaffnung, mm: **Maschinenkanone** **Maschinengewehr** **PzAbw-Lenkwaffe**	 30 7,62 9M113M „Konkurs“
Kampfbeladung, Schuss: **Maschinenkanone** **Maschinengewehr** **PzAbw-Lenkrakete**	500 2000 4
Motorleistung, PS	300
Höchstgeschwindigkeit, km/h: **auf befestigten Straßen** **schwimmend**	 65 7
Fahrbereich, km	600

fliegende Ziele in geringer Höhe bis auf 2000 m (im seitlichen Vorbeiflug bis auf 2500 m). Maschinenkanone und 7,62-mm-Maschinengewehr PKT können sowohl vom Richtschützen als auch vom Kommandanten im Turm bedient werden. Sie verwenden die kombinierten Tag- und Nachtzielgeräte 1PZ-3 und BPK-1-42. Mittels Doppelebenen-Stabilisator 2E36-1 oder 2E36-5 lässt sich das Geschütz auch aus der Bewegung mit hinreichender Treffgenauigkeit abfeuern. Zur Bekämpfung gepanzerter Ziele auf Entfernungen von 75 bis 4000 m wurde der Waffenturm des Weiteren mit Startvorrichtungen für die Panzerabwehr-Lenkrakete 9M113M „Konkurs" versehen. Einige Versionen des BMP-2 verfügen auf der linken Turmseite über einen zusätzlichen 30-mm-Maschinengranatwerfer AG-17 zur Bekämpfung von Weichzielen. Der BMP-2 wurde des Weiteren mit fortschrittlichen Nebelmittelwurfanlagen ausgestattet. Zusätzlich zur üblichen Nebelausrüstung des BMP-1 verpasste man dem BMP-2 sechs Nebelwurfbecher 902W „Tutscha" auf den Turm, die bei einer Reichweite von 200–300 m einen Nebelvorhang von 50 x 28 m erzeugen. In Verbindung mit dem Einbau eines größeren Turms verringerte sich die Zahl der mot.-Schützen im BMP-2 (im Vergleich zum BMP-1) auf sieben. Sechs davon befinden sich im Truppenraum und einer ist separat hinter dem Fahrersitz untergebracht (beim BMP-1 wurde dieser Platz vom Fahrzeugkommandanten eingenommen, der beim BMP-2 in den Turm umzog). Zum Feuern mit Handwaffen befinden sich an den Wannenseiten Schießluken und Winkelspiegel zur Überwachung des Gefechtsfeldes. Im Triebwerksraum des BMP-2 arbeitet ein verbesserter 6-Zylinder-Dieselmotor UTD-20S1 mit Turbolader. Getriebe und Laufwerk sind praktisch die gleichen wie beim BMP-1. Insofern gibt es in Bezug auf Fahreigenschaften und Geländegängigkeit keine Unterschiede. Und hier konnte schon der BMP-1 beeindrucken. Auf befestigten Straßen erreicht der BMP-2 eine Höchstgeschwindigkeit von 65 km/h. Aufgrund seines geringen Bodendrucks (0,6 kg/cm^2) kann er auch sumpfiges und schneebedecktes Gelände befahren, jedenfalls deutlich souveräner als schwere westliche Schützenpanzer. Er überwindet Steigungen bis zu 35°, bis zu 0,7 m hohe senkrechte Hindernisse und bis zu 2,5 m breite Gräben. Leider erbte der BMP-2 vom BMP-1 auch die äußerst unzureichende Panzerung, was vor allem mit der Schwimmfähigkeit zu tun hat. Um genügend Auftrieb im Wasser zu gewährleisten, mussten die Konstrukteure die Dicke der Panzerung so weit reduzieren, dass sie die Besatzung nicht mehr hinreichend vor Handwaffengeschossen und Granat- wie Minensplittern schützte. Mit Beginn des Donbass-Konflikts 2014 trugen auf ukrainischer Seite die BMP-2-Besatzungen die Hauptlast der Kämpfe und waren an praktisch allen mehr oder weniger bedeutenden Zusammenstößen im Frühjahr und

Kolonne von BMP-2-Schützenpanzern auf dem Marsch.

Sommer 2014 und danach beteiligt. Hohe Verluste blieben nicht aus – Schätzungen zufolge gingen etwa 350 ukrainische BMP-2 verloren. Trotzdem hatten sich die BMP-2 in den Donbass-Kämpfen unter richtiger Führung recht wacker geschlagen und ihren Gefechtswert mehrfach unter Beweis gestellt. Gleichzeitig wurde die Notwendigkeit erkannt, den Motor durch einen wirtschaftlicheren zu ersetzen. Auch die Funk-, Navigations- und Feuerleitanlagen entsprechen nicht mehr dem neuesten Stand; die Feuerleitanlage z. B. erlaubte den effektiven Einsatz der Maschinenkanone bei Nacht auf höchstens 800 m. Außerdem beeinträchtigte die mangelnde Stabilisierung beim Schießen aus der Bewegung die Treffgenauigkeit. Fast unmittelbar nach der Unterzeichnung der Minsker Verträge begannen ernsthafte Arbeiten zur Dekonservierung der in Depots eingelagerten BMP-1 (die wichtigsten Lagerstandorte waren bzw. sind das 73. Zentrum für die Lagerung, Entsorgung und Vorbereitung des Verkaufs von Rüstungsgütern in Jarmolinzy und das 1282. Zentrum). Parallel fand die Umverteilung der verbliebenen Ausrüstung statt, was auf außenstehende Beobachter ziemlich chaotisch wirkte. So wurden beispielsweise die BMP-2 der aufgelösten 51. Brigade auf die 28., 30. und 72. Brigade verteilt. Ausbildungseinrichtungen mussten praktisch alle verfügbaren Fahrzeuge hergeben: Mehrere BMP-2 der Akademie der Landstreitkräfte gingen an die 72. Brigade, und 30 Fahrzeuge des 169. Ausbildungszentrums „Desna" nach einer Überholung im Panzerwerk Schitomir an die 25. Luftlandebrigade. Nach der massenhaften Reaktivierung der BMP-1 konzentrierten sich BMP-2 unter anderem bei der 10. Gebirgs- und der 128. Gardegebirgsbrigade, fünf mechanisierten Brigaden (24., 28., 72., 93. und 30.), einigen Aufklärungsbataillonen, einem Luftlandebataillon und der 36. Marineinfanteriebrigade. Insgesamt soll es sich um etwa 650 Fahrzeuge gehandelt haben.

Radschützenpanzer BTR-70

Das große Erben ging weiter: nach Kampfpanzern und Kettenschützenpanzern erhielten die jungen ukrainischen Streitkräfte nach dem Zusammenbruch der UdSSR etwa 1500 Radschützenpanzer BTR-70 und darauf basierende Fahrzeuge. Der größte Teil wurde auf dem Stützpunkt Artemiwsk gelagert; ein anderer Teil (357 Fahrzeuge) veräußert. Infolgedessen verfügten Armee, Grenzdienst und interne Truppen im Frühjahr 2014 nur noch über rund 450 BTR-70 in ihren Einsatzverbänden. Die meisten fanden sich bei der 92. mechanisierten Brigade. Grundsätzlich sah die Gliederung für den Stab einer mechanisierten Brigade sechs Radschützenpanzer BTR-70 (seltener BTR-80) vor, dazu je zwei in der Aufklärungs- und in der Pionierkompanie. Einige Aufklärungsabteilungen, Sicherungsbataillone und Ausbildungseinheiten bekamen ebenfalls BTR-70. Nach der Annexion der Krim fielen etwa 50 Fahrzeuge der ukrainischen 36. Küstenverteidigungsbrigade in russische Hände. Fast alle gaben die Russen an die Ukraine zurück, da sie für die russischen Streitkräfte,

Technische Angaben BTR-70	
Besatzung	3 + 7
Gefechtsgewicht, t	11,5–12,0
Abmessungen, mm:	
Länge	7537
Breite	2790
Höhe	2235
Bewaffnung, mm:	
Maschinengewehr	1 x 7,62; 1 x 14,5
Kampfbeladung, Schuss:	200 x 7,62; 500 x 14,5
Motorleistung, PS	2x120
Höchstgeschwindigkeit, km/h:	
auf befestigten Straßen	80
schwimmend	9-10
Fahrbereich, km	400–600

die mittlerweile über modernere Radschützenpanzer verfügten, uninteressant geworden waren. Die Retouren wurden im Reparaturwerk Nikolajew (Mykolajiw) instand gesetzt, kamen später wieder zum Einsatz gegen ihre großzügigen Schenker bzw.

Radschützenpanzer BTR-70.

Radschützenpanzer BTR-70, Seitenansicht vorne links.

deren Günstlinge – und wurden vielfach ein zweites Mal erbeutet. Da sich die Regionen Donezk und Luhansk seitens der Ukraine fast ausschließlich auf Einheiten interner Truppen (paramilitärische Polizeiverbände) stützten, ist es nicht verwunderlich, dass BTR-70 zu den ersten Beutefahrzeugen pro-russischer Formationen gehörten. Mindestens drei wurden von Einheiten Chodakowskis (dem späteren „Wostok-Bataillon") in Donezk und zwei weitere in Luhansk erbeutet und – wenn auch ohne großen Erfolg – wieder gegen ihre Vorbesitzer eingesetzt. Nach Beginn der Lieferung moderner BTR-80 verschwanden sie dann aus der vorderen Linie. Insgesamt sollen sich die ukrainischen Verluste an BTR-70 von 2014 bis 2017 auf 34 Fahrzeuge belaufen haben. Die meisten stammten von der 92. mechanisierten Brigade und wurden am 27. August 2014 im Gebiet Woykowa im Bezirk Starobeschewsky bei einem Entsatzversuch durch russisches Artilleriefeuer zerstört. Jedenfalls erhielten die ukrainischen Truppen ab Sommers 2014 einen massiven Nachschub an BTR-70, vor allem aus den Lagern der Panzerfabriken und vom Stützpunkt Artemiwsk, den sie bei Angriffen mit verteidigen halfen. Die leichten Radpanzer gingen jetzt vor allem an die luftbeweglichen Brigaden und die im Aufbau

Radschützenpanzer BTR-70, Rückansicht.

befindlichen Bataillone der Territorialverteidigung. An der Front waren die „neuen" Fahrzeuge nicht sehr willkommen und wurden äußerst negativ beurteilt. Ein Soldat des 90. Bataillons der 81. Luftlandebrigade: „Als es Zeit war, an die Front zu verlegen, erhielten wir den Marschbefehl. Von 30 Fahrzeugen schafften nur fünf die 25 km bis zum Verladebahnhof, und das auch nur mit Pannen." Laut *The Military Balance* gab es 2016 auf ukrainischer Seite 237 BTR-70. Andere Quellen schätzten die ukrainische BTR-70-Flotte auf 600–640 Einheiten. Aber zurück zu den Wurzeln: Am 21. April 1972 führten die sowjetischen Streitkräfte den BTR-70 bei den Schützenregimentern der motorisierten Schützendivisionen ein. Dort löste er die BTR-60P/60PA/60PB ab bzw. ergänzte sie. Der BTR-70 basiert auf dem Prototyp des Radschützenpanzers GAS-50, der vom Konstruktionsbüro des Gorki-Automobilwerks entwickelt worden war. Wie bei BTR-60P/PA/PB handelt es sich beim BTR-70 um einen vierachsigen Radschützenpanzer, der für die Beförderung einer Schützengruppe aufs Gefechtsfeld und dessen Feuerunterstützung konzipiert wurde. Die Auslegung mit Fahrer- und Kommandantenabteil vorn, Kampf- und Truppenabteil dahinter und Motor-Getriebe-Einheit im Heck entspricht den Vorgängern. Fahrzeugkommandant und Fahrer beobachten außerhalb des Gefechtsfeldes durch zwei Windschutzscheiben, die mit Scheibenwischern und Heizungen ausgestattet sind. Im Gefecht verschließen Panzerklappen die Fenster. Der Kommandant beobachtet jetzt durch drei Winkelspiegel TNP-B und das Periskop TPKU-2Ba und der Fahrer durch vier TNP-B. Im Wannendach befinden sich zwei Luken für den Ein- und Ausstieg der beiden. Die geschlossene und versiegelte Wanne besteht aus gewalzten Panzerstahlblechen, die an der Front eine Stärke von 8–10 mm aufweisen. Das Waffentürmchen ist ebenfalls eine Schweißkonstruktion mit 6 mm dicken Blechen an der Vorderseite. Im Vergleich zum BTR-60PB wurde die Höhe der Wanne und des gesamten Schützenpanzers um 185 mm verringert. Eine wichtige Neuerung der Wanne stellten die beiden Einstiegsluken zwischen dem zweiten und dritten Radpaar dar, damit die mot.-Schützen nicht mehr allein übers Dach auf- und absitzen und sich dadurch feindlichem Beschuss in besonderer Weise aussetzen mussten. Natürlich wurden die Dachluken beibehalten. Im Truppenabteil finden sechs mot.-Schützen in voller Ausrüstung Platz. Sie sitzen mit dem Rücken zueinander, um mit ihren Sturmgewehren aus sechs seitlichen Schießluken wirken zu können. Auf jeder Seite befindet sich zudem ein Winkelspiegel TNP-B zur Beobachtung des Gefechtsfeldes aus dem Truppenabteil. Ein weiterer mot.-Schütze sitzt neben Fahrer und Kommandant und der Richtschütze für die Turmbe-

waffnung dahinter. Die vom BTR-60PB übernommene Turmbewaffnung besteht aus einem überschweren 14,5-mm-Maschinengewehr KPWT und einem 7,62-mm-Maschinengewehr PKT. Ein Prototyp des BTR-70 mit Maschinengranatwerfer AG-17 im Turm ging nicht in Serie. Der BTR-70 erhielt eine stärkere Motorisierung als sein Vorgänger, nämlich zwei GAS-66-V8-Vergasermotoren zu je 120 PS. Der rechte Motor wirkt auf die erste und dritte Achse, der linke auf die zweite und vierte. Sie lassen sich einzeln entkoppeln, so dass das Fahrzeug bei Ausfall eines Motors noch beweglich bleibt. Die beiden vorderen Achsen sind lenkbar, der Wendekreis beträgt 12,6 m. Der BTR-70 besitzt eine Drehstabfederung, die Räder haben geteilte Felgen und die Reifen sind schlauchlose Ultra-Niederdruckreifen 13.00 x 18'. Über eine Reifendruckregelanlage lässt sich der Reifendruck an unterschiedliche Bodenverhältnisse anpassen. Auf befestigten Straßen erreicht der Radpanzer eine Höchstgeschwindigkeit von 80 km/h. Er überwindet Steigungen bis zu 30°, bis zu 0,6 m hohe senkrechte Hindernisse und 2 m breite Gräben. Ein zweistufiger Wasserstrahlantrieb verhilft ihm zu einer Geschwindigkeit von 9–10 km/h beim Schwimmen. Der Fahrbereich beträgt 12 Stunden oder 400 km in leichtem Gelände und bis zu 600 km auf Straßen.
Um die BTR-70-Flotte zu modernisieren, finanzierte das ukrainische Verteidigungsministerium das Projekt „Priwod-1", für dessen Umsetzung das Konstruktionsbüro für Maschinenbau in Charkiw verantwortlich zeichnete. Anstelle der beiden Benzinmotoren 3M3-4905 aus sowjetischer Fertigung sollte ein Mehrstoff-Dieselmotor UTD-20 aus heimischer Produktion treten (von dem ein beträchtlicher Vorrat in Depots lagerte). Das Fahrzeug erhielt die Bezeichnung BTR-70M. Im Zuge der Fahrerprobung konnte man feststellen, dass der neue Antrieb weit weniger Kraftstoff verbrauchte, weshalb sich der Fahrbereich des BTR-70M im Vergleich zum BTR-70 um 25 % erhöhte. Der auffälligste äußere Unterschied sind die Seitenluken im Stil des BTR-80.
Zu Beginn des Krieges 2022 wurden etwa 20 BTR-70M zur Truppen- und Einsatzerprobung an die 25. Luftlandebrigade geliefert, aber die Ergebnisse fielen offenbar alles andere als ermutigend aus. Danach stellte man die weitere Produktion des BTR-70M ein. Die in den frühen 2000er-Jahren entwickelte Ausführung BTR-70Di des Reparaturwerkes Nikolajew (Mykolajiw) war wesentlich erfolgreicher und wurde 2009 von den Streitkräften übernommen. 2011 wurden 13 BTR-70Di ausgeliefert sowie zusätzlich zwei Führungs- und Stabsfahrzeuge BTR-70Di-02 „Switjas". Der Hauptunterschied bestand im Einbau von zwei IVECO-Motoren mit Kupplung, Sechsgang-Schaltgetriebe und Zapfwellengetriebe für die Winde, minengeschützten Sitzen und dem aktiven Verteidigungssystem „Zaslon".
2014–2017 unternahm das Nikolajewer Werk große Anstrengungen, um seine Version der Modernisierung den Anforderungen des Militärs anzupassen. Der volle Umfang der Änderungen ist der Öffentlichkeit nicht zugänglich, aber zumindest war geplant, das Fahrzeug mit einer Außenstartanlage, Wärmebildkameras für den Fahrer und den Maschinengewehrschützen, einem Satellitennavigationsgerät und einer Parktronikanlage auszustatten. Es ist unklar, ob dies alles umgesetzt wurde, aber es war diese Ausführung, die schließlich in Dienst gestellt wurde. Bis heute ist der Bestand an modernisierten BTR-70 nur Eingeweihten bekannt.

Der Schützentrupp eines sowjetischen BTR-70 ist übungshalber eben abgesessen.

Radschützenpanzer BTR-80

Der sowjetische BTR-80 ist der modernste Radschützenpanzer der ukrainischen Streitkräfte, die 1991 über etwa 500 Fahrzeuge verfügten – die meisten gepanzerte Mannschaftstransporter, aber auch einige Strahlen- und Chemieaufklärungsfahrzeuge (ABC-Spürfahrzeuge) oder mit sonstiger Ausstattung. Der BTR-80 wurde Anfang der 1980er-Jahre vom Konstruktionsbüro des Automobilwerks Gorki entwickelt und trug die Werksbezeichnung GAS-5903. In seine Konstruktion flossen Einsatzerfahrungen aus Afghanistan ein. 1988 erfolgte die Einführung bei den sowjetischen Streitkräften und im selben Jahr ging das Fahrzeug als BTR-80 bei der Maschinenfabrik Arsamas in Serie. Der Grundriss des BTR-80 entspricht dem des BTR-60P und des BTR-70 mit Fahrerabteil im Bug, Kampf-/Truppenabteil in der Mitte und Motor-Getriebe-Einheit im Heck. Die geschweißte Wanne besteht aus gewalzten Panzerplatten, die in großen Winkeln zur Vertikalen angeordnet sind. Sie schützt die Besatzung vor 7,62-mm-Geschossen, an der Stirnseite vor 12,7-mm-Geschossen. Neben dem Fahrer sitzt der Fahrzeugkommandant, dahinter die Sitze für einen mot.-Schützen und den Turm-Richtschützen. Die Turmbewaffnung aus einem 14,5-mm-MG KPWT und einem koaxialen 7,62-mm-MG PKT entspricht dem BTR-70. Die Maschinengewehre sind in einem konischen Drehturm untergebracht und haben einen Höhenrichtbereich von –4° bis +60°. Ein Suchscheinwerfer OU-SGA2M erleichtert das Nachtschießen. Eine Wurfanlage für Nebelwurfkörper 3D6 sitzt ebenfalls am Turm. Im Truppenabteil sitzen sechs Schützen in Gefechtsausrüstung mit dem Rücken zueinander, um mit ihren Sturmgewehren durch die sieben Schießluken in den Wannenseiten wirken zu können. Zwei Luken können Maschinengewehre aufnehmen. Zusätzlich zu den beiden Ausstiegsluken im Wannendach erhielt der BTR-80 auf jeder Seite zwischen der zweiten und dritten Radachse eine zweiflügelige Tür zum beschleunigten Auf- und Absitzen. Ein Flügel

schwenkt beim Öffnen nach der Seite, der andere Flügel nach unten und bildet eine Trittplatte. Die Größe der Türen ist allerdings unzureichend: Schützen in voller Gefechtsausrüstung haben einige Schwierigkeiten, ohne hängen zu bleiben das Fahrzeug zu verlassen oder zu besetzen. Einen wichtiger Faktor zur Verbesserung der Überlebensfähigkeit auf dem Gefechtsfeld stellte der Einbau eines einzelnen wassergekühlten V8-Dieselmotors KaMAS-7403 anstelle der beiden brandgefährdeten Vergasermotoren dar. Bei 2600 Umdrehungen pro Minute entwickelt er eine Höchstleistung von 260 PS. Beim Getriebe und anderer Technik konnte der BTR-80 viele Teile des BTR-70 mit geringfügigen Änderungen verwenden, was die Produktion vereinfachte. Das drehstabgefederte Achtrad-Fahrwerk ist über die beiden Vorderachsen lenkbar. Die Räder sind mit schlauchlosen Ultra-Niederdruckreifen ausgestattet und verfügen über eine zentrale Reifendruckregelanlage. Alles in allem verleiht das Fahrwerk dem BTR-80 eine Geländegängigkeit, die der von Kettenfahrzeugen kaum nachsteht. Dank des leistungsstarken Dieselmotors erreicht er auf Straßen eine Höchstgeschwindigkeit von 80–90 km/h. Im Gelände

Technische Angaben BTR-80	
Besatzung	3 + 7
Gefechtsgewicht, t	13,6
Abmessungen, mm:	
Länge	7700
Breite	2900
Höhe	2410
Bewaffnung, mm:	
Maschinengewehr	1 x 7,62; 1 x 14,5
Kampfbeladung, Schuss:	2000 x 7,62; 500 x 14,5
Motorleistung, PS	260
Höchstgeschwindigkeit, km/h:	
auf befestigten Straßen	80–90
schwimmend	10
Fahrbereich, km	600

Radschützenpanzer BTR-80.

Radschützenpanzer BTR-80, Ansicht von vorne links.

Radschützenpanzer BTR-80, Ansicht von vorne rechts.

überwindet er Steigungen bis 30°, bis zu 0,5 m hohe senkrechte Hindernisse und 2 m breite Gräben. Der Wasserstrahlantrieb lässt ihn mit bis zu 10 km/h Gewässer durchschwimmen. Nach Angaben von *The Military Balance* 2013 verfügte die ukrainische Infanterie im Jahr 2013 über 395 BTR-80 plus weitere 50 Fahrzeuge bei der Marineinfanterie. Zuvor waren etliche BTR-80 ins Ausland verkauft worden. Mit Beginn der Feindseligkeiten im Donbass 2014 tauchten BTR-80 vielfach auf Fotos und Videos auf – auch kein Wunder, waren sie doch die wichtigsten „Arbeitspferde" der luftbeweglichen Brigaden. Sie fanden sich vor allem in drei Bataillonen der 79., 80. und 95. Brigade, beim Grenzschutz sowie in der Nationalgarde. Von Sommer 2014 bis 2017 erlitten sie schwere Verluste, die sich Quellen zufolge auf insgesamt 85 Fahrzeuge (30 von den Aufständischen erbeutet) beliefen. Damit war ein Fünftel der Flotte verloren. Zum größten gebündelten Einsatz von BTR-80 kam es Anfang September 2014 bei einem Gegenangriff der 79. und 95. luftbeweglichen Brigade, nachdem die Ukrainer mit dem Eintritt von mindestens acht Bataillonen russischer Separatisten in die Kämpfe

Russische Fallschirmjäger im KFOR-Einsatz. Man beachte die zweiflügelige Seitenluke.

Der BTR-80 ist der wichtigste Radschützenpanzer der ukrainischen Streitkräfte.

im Süden die Kontrolle verloren hatten und es in dem riesigen Gebiet von Mariupol bis Cherson fast keine kampfbereiten Verteidigungsverbände mehr gab. Unter diesen Umständen unternahm der Generalstab den noch nie da-gewesenen Schritt, die Reste von drei luftbeweglichen Brigaden zu einem großräumigen Angriff zusammenzufassen, der a) die Entschlossenheit der Ukrainer zeigen sollte, bis zum Ende durchzuhalten, und b) um die Territorialbataillone der südlichen Regionen, insbesondere Saporischschja, sowie die Reste der Artillerie- und Panzereinheiten zu entlasten. Der Plan sah vor, aus dem Raum Nowotroiskoje-Jelenowka-Wolnowacha in Richtung Granitnoje-Telmanowo-Nowonasowsk vorzustoßen. Jede Brigade bewegte sich in einem eigenen Stoßkeil mit dem Auftrag, die feindlichen Verbindungslinien zu durchbrechen, die Stützpunkte der Separatisten zu zerschlagen und die ukrainischen Truppen zu entsetzen, die östlich Mariupol und entlang des Flusses Kalmius lagen. Wassili Tkatschuk, stellvertretender Kommandeur der Angriffskompanie des 1. Luftsturmbataillons der 95. Luftlandebrigade, erinnerte sich: „Unser Bataillon erhielt einen Panzer zur Verstärkung, der jedoch später getroffen wurde. Wir versuchten, nachts vorzugehen, ohne Licht. Auch tagsüber griffen wir an, blieben aber oft unter Beschuss liegen. Es schien, als gäbe es in jedem Dorf irgendeinen Bastard, der unsere Koordinaten an die Separatisten weitergab. Auf Straßen kamen wir höchstens mit 60 km/h und im Gelände mit 30-40 km/h vorwärts". Im Verlauf des Angriffs stellten die BTR-80 einmal mehr ihre Zuverlässigkeit unter Beweis – bei einigen Fahrzeugen waren die Reifen derart abgenutzt, dass sie Hunderte von Kilometern nur auf den Felgen liefen. Wie sich die Besatzungen erinnerten, stoben nachts regelrechte Funkenregen von den Rädern. Zu Beginn der russischen Angriffs 2022 verfügten die Ukrainer über etwa 300 BTR-80. Davon befanden sich etwa 110 bei den Heerestruppen, 100 bei Sonderverbänden und der Rest bei der Marineinfanterie und der Nationalgarde.

Radschützenpanzer BTR-3

Anfang 2022 verfügten die Nationalgarde und die Streitkräfte der Ukraine über etwa hundert Radschützenpanzer BTR-3, eine Entwicklung des Konstruktionsbüros für Maschinenbau in Charkiw von 2002. Der Prototyp hieß englisch „Guardian", da ursprünglich noch für den Export gedacht und nach Spezifikationen von ADCOM aus den Vereinigten Arabischen Emiraten (VAE) entworfen. Man wollte damit an einer Ausschreibung für die Ausstattung der Marineinfanterie der VAE mit Schützenpanzern teilnehmen. Das Design wiederum basierte auf dem von den Charkiwern auf Grundlage des BTR-80 weiterentwickelten BTR-94. Die Serienproduktion des BTR-3 übernahm das Panzerwerk Kiew. Bis 2016 stellte es an die 415 Fahrzeuge her, von denen die meisten in den Export gingen. Der BTR-3 übernahm die Auslegung des BTR-80 mit Fahrabteil im Bug, Kampf- und Truppenräumen in der Mitte sowie der Motor- und Getriebeabteil im Heck. Die Besatzung des BTR-3E1 besteht aus dem Fahrer und dem Bediener des Kampfmoduls sowie bis zu acht mot-Schützen. Diese sitzen über die doppelflügeligen Seitenluken an jeder Wannenseite auf und ab. Der untere Teil der Tür gleitet nach unten und bildet eine Stufe, während der obere Teil zur Seite schwenkt. Auch auf dem Dach befinden sich Luken. Der BTR-3 verfügt über eine differenzierte Panzerung gegen Geschosse und Splitterschutz aus Kevlar-ähnlichem Material. Die geschweißte Wanne besteht aus gewalzten Panzerblechen. Die meisten Seitenplatten des BTR-3, mit Ausnahme der unteren Seitenpanzerplatten und der hinteren Panzerplatten, sind mit erheblichen Neigungswinkeln montiert. Die Wanne des BTR-3 ist abgedichtet und besitzt eine stromlinienförmige Form, die der des BTR-80 ähnelt und der Schwimmfähigkeit geschuldet ist. Auf Sonderbestellung

Radschützenpanzer BTR-3.

wird der BTR-3 mit einer um 150 mm erweiterten Truppenraumhöhe gefertigt. Der BTR-3U „Guardian" ist mit dem Kampfmodul KBA-105 „Schkwal" (Sturm, plötzlicher Feuerüberfall) aus einer 30-mm-Maschinenkanone STM-1, einem daran gekoppelten 7,62-mm-Maschinengewehr KT-7,62, zwei Lenkwaffenabschussbehältern 9M113M „Konkurs-M" und einem 30-mm-Maschinengranatwerfer ausgestattet. Der Feuerleitkomplex ist mit der Zielanlage OTP-20 ausgestattet, die mit der Feuerleitanlage der Lenkwaffen und dem Doppelebenen-Waffenstabilisator SWU-500 gekoppelt ist. Der BTR-3E1 ist mit einem einsitzigen Waffenmodul BM-3M mit Stabilisierung des Waffenblocks in zwei Ebenen ausgestattet, das von der KMDB entwickelt wurde. Das Modul besteht aus einer 30-mm-Maschinenkanone STM-1 (350 Schuss), einem 7,62-mm-Maschinengewehr KT-7,62 (2000 Schuss), dem Panzerabwehrraketensystem „Barrier" mit vier Raketen sowie einem links angeordneten 30-mm-Maschinengranatwerfer KBA-117. Die Bewaffnung ermöglicht die Bekämpfung leicht gepanzerter Ziele auf relativ große Entfernungen. So konnten die 30-mm-Kanonen beispielsweise gegnerische BTR-80 und BRDM-2 auf Entfernungen unter Feuer nehmen und zerstören, auf der diese ihre schweren 14,5-mm-Maschinengewehre KPWT noch nicht wirkungsvoll einsetzen konnten. Der BTR-3E1 ist mit dem optronischen Beobachtungs-, Zielerfassungs- und Feuerleitsystem (OMS) „Trek-m" des Radiopribor-Werks Tschernigow ausgestattet. Es ermöglicht die Aufklärung von Bodenzielen und Hubschraubern sowie die Zielerfassung und Fernsteuerung der Bewaffnung des Schützenpanzers. Der Kommandant verfügt über ein separates Panorama-Beobachtungs-, -Zielerfassungs- und -Zielbestimmungsgerät sowie über ein Bedienfeld zur redundanten Steuerung der Kampfmodulbewaffnung über die Visiereinrichtungen des Richtschützen. Die rundum schwenkbare Panoramakamera lässt sich bis zu 0,5 m über den Turm ausfahren und wird vom Kommandanten zur Zielaufklärung eingesetzt. Der BTR-3U „Guardian" verwendet entweder einen Deutz-Motor BF6M1015 mit einer Leistung von 326 PS und ein Allison-Automatikgetriebe MD3066, oder einen UTD-20-Motor mit 300 PS Leistung. Die jüngste Ausführung des BTR-3E1 erhielt einen Reihensechszylinder-Dieselmotor MTU 6R106TD21 mit Turbolader, 7,2 l Hubraum und 325 PS, verbunden mit einem Sechsgang-Automatikgetriebe Allison

Radschützenpanzer BTR-3 vor oder nach einer Parade in Kiew.

Technische Angaben BTR-3E1	
Besatzung	3 + 10
Gefechtsgewicht, t	16,5
Abmessungen, mm	
Länge	7650
Breite	2900
Höhe	2860
Bewaffnung, mm	
Kanone	1 x 30
Maschinengewehr	1 x 7,62
Kampfbeladung, Schuss:	
Kanone	350
Maschinengewehr	2000
Motorleistung, PS	325
Höchstgeschwindigkeit km/h:	
auf befestigten Straßen	100–107
schwimmend	9–10
Fahrbereich, km	600

3200SP. Anfang 2015 wurde eine Variante mit einem in der Ukraine hergestellten Getriebe entwickelt. Der BTR-3E1 ist mit kugelsicheren französischen Michelin-Reifen ausgestattet – schlauchlose Reifen mit variablem Druck der Größe 365/90 R18 oder 335/80 R20. Auf Straßen erreicht der BTR-3E1 eine Höchstgeschwindigkeit von 107 km/h und einen Fahrbereich von 600 km. Dank seines Wasserstrahlantriebs am Heck durchschwimmt er Gewässer mit 10 km/h.

Folgende Ausführungen des BTR-3 entstanden:

- BTR-3U „Guardian": umfassende Überarbeitung des BTR-94K mit Deutz-Motor BF6M101 und Allison-Automatikgetriebe MD3066 oder UTD-20-Motor. Kampfmodul KBA-105 „Schkwal".
- BTR-3U1: BTR-3U mit Kampfmodul BM-3S mit 30-mm-MK STM-1 und 7,62-mm-MG PKT.
- BTR-3E: Mit UTD-20 oder Deutz BF6M1015 Motor. Kampfmodul BM-3M „Schturm-M".
- BTR-3E: BTR-3E mit TREK-Feuerleitanlage.
- BTR-3E1K: Ausführung als Befehlsfahrzeug.
- BTR-3E mit CSE 90LP-Turm des belgischen Unternehmens CMI Defence (Vorführung im Februar 2013 auf der IDEX-2013).
- BTR-3E1Sch Führungs- und Stabsfahrzeug.
- BTR-3E CPWS-30: Modifikation von Jahr 2014 mit Kampfmodul CPWS-30 der belgischen Firma Cockerill.
- BTR-3EU1: 2015 entwickelte Abart des BTR-3E für die ukrainischen Streitkräfte.
- BRM-3E1: Aufklärungsfahrzeug.
- MOP-3E1: Feuerunterstützungsfahrzeug mit schwerer Bewaffnung.

- BTR-3K: Befehlsfahrzeug.
- BTR-3S: Gepanzertes Sanitätsfahrzeug.
- BTR-3BR: Bergefahrzeug mit Schlepphaken, Winden und Räumschild.
- BTR-3RK: Panzerjäger mit 4 „Barrier"-Abschussgestellen (16 Raketen) und 12,7-mm-MG NSWT.
- BTR-3M1: Mörserträger mit 81/82-mm-Granatwerfer und 12,7-mm-MG NSWT.
- BTR-3M2: Mörserträger mit 120-mm-Granatwerfer und 12,7-mm-MG NSWT.
- BTR-3DA: Abart von 2015 mit 104 km/h Höchstgeschwindigkeit, verbessertem Schutz und 16,5 t Gefechtsgewicht. Im November 2015 bei den ukrainischen Streitkräften eingeführt.
- BTR-3DA/70: Version des BTR-3DA mit Unterwanne des BTR-70. Erfolgreiche Erprobung im Oktober 2015.

Radschützenpanzer BTR-3 beim Anrichten eines Ziels mit der 30-mm-Kanone.

Bereitstellung von Radschützenpanzern BTR-3 für irgendeinen Anlass.

Radschützenpanzer BTR-4 „Buzefal“

Der BTR-4 ist ein gepanzertes schwimmfähiges Kampffahrzeug mit Allradantrieb und 8 x 8-Radanordnung. Anfang der 2000er-Jahre begann das Charkiwer Konstruktionsbüro für Maschinenbau mit seiner Entwicklung, wobei sich die Grundauslegung deutlich von den Lösungen der sowjetischen/russischen Radschützenpanzer der letzten Jahrzehnte unterschied. Das Fahrzeug erhielt die interne Bezeichnung „Ladia“ und wurde 2006 erstmals vorgeführt. Ende November begann die Montage des ersten Serienmusters mit der Bezeichnung BTR-4 „Buzefal“ (Bukephalos; Streitross Alexander des Großen). 13 Unternehmen des ukrainischen Rüstungskonzerns Ukroboronprom sind am Serienbau des BTR-4 beteiligt. 2017 wurden 88 % der für die Produktion dieses Fahrzeugs verwendeten Teile allerdings im Ausland hergestellt. Nach Abkehr von der traditionellen sowjetisch/russischen Bauweise der Familie BTR-60P/ BTR-70/BTR-80 haben die Konstrukteure des BTR-4 viel Arbeit investiert, um den gesamten gepanzerten Innenraum des Fahrzeugs neu zu gestalten und auf westliche Standards zu bringen. Der BTR-4 „Buzefal“ unterteilt sich in das Fahrabteil im Bug, den Motor- und Getrieberaum in der Mitte und den Kampf-/ Transportraum im Heck. Die Standardisierung der Hauptbaugruppen ermöglichte die unkomplizierte Herstellung unterschiedlicher Varianten, die sich in der Bewaffnung (4 Kampfmodule sind derzeit verfügbar) und im Schutzniveau unterscheiden. Sie erlauben die Verwendung des „Buzefal“ in unterschiedlichen Rollen: sowohl als gepanzerter MTW für den geschützten Personen- und Gütertransport als auch als Schützenpanzer für Kampfeinsätze. Die Sitze von Fahrer und Kommandant befinden sich im Bug. Der Motor- und Getrieberaum in der Mittel lässt sich mit verschiedenen Triebwerksoptionen ausstatten; im Wesentlichen dem ukrainischen STD-, dem italienischen Iveco- oder dem deut-

Radschützenpanzer BTR-4.

Technische Angaben BTR-4E	
Besatzung	3 + 7
Gefechtsgewicht, t	22,4
Abmessungen, mm:	
Länge	7650
Breite	2900
Höhe	2860
Bewaffnung, mm:	
Kanone	1 x 30
Maschinengewehr	1 x 7,62
Kampfbeladung, Schuss:	
Kanone	400
Maschinengewehr	2000
Motorleistung, PS	500
Höchstgeschwindigkeit, km/h:	
auf befestigten Straßen	110
schwimmend	10
Fahrbereich, km	690

schen Deutz-Motor. Den serienmäßigen ukrainischen BTR-4 „Buzefal" treibt der 3-Zylinder-Diesel STD-3 mit 8,15 l Hubraum und 500 PS an, der dem gepanzerten Fahrzeug eine Höchstgeschwindigkeit von 110 km/h auf befestigten Straßen und bis zu 60 km/h im Gelände verleiht. Der Fahrbereich auf befestigten Straßen beträgt mindestens 690 km. Dank seines Propellerantriebs durchschwimmt der BTR-4 Gewässer mit bis zu 10 km/h. Die erhöhte Geländegängigkeit erreicht er nicht zuletzt dank einer Bodenfreiheit von 475 mm. Die Abmessungen: Länge 7760 mm, Höhe 2860–3200 mm, Breite 2932 mm. Der maximal zulässige Rollwinkel/Kippwinkel beträgt 25° und die maximale Steigfähigkeit 30°. Die Bewaffnung ist im Kampfraum untergebracht, der als Teil von Kampfmodulen zusammengefasst ist. Für den BTR-4 wurden die vier Waffenstationen „Grom", „Schkwal", BM-7 „Parus" sowie BAU-23-2 geschaffen. Als einfachstes Kampfmodul setzt sich BAU-23-2 aus zwei 23-mm-Maschinenkanonen 2A7M mit einer Kadenz von 850 S/min und 200 Schuss Kampfbeladung zusammen. Optional lässt sich zusätzlich ein 7,62-mm-MG PKT mit 2000 Schuss einbauen. Die Module „Grom" (Donner) und „Schkwal" (siehe oben) verfügen über zusätzliche Lenkraketen zur Bekämpfung von Kampfpanzern. „Grom" setzt sich aus einer 30-mm-MK STM-2 (analog zur russischen 2A42), einem 30-mm-Maschinengrantwerfer AG-17 und einem mit der Kanone gekoppelten 7,62-mm-MG KT-7,62 zusammen. Hinzu kommen vier Panzerabwehrlenkraketen 9M113 „Konkurs" oder 9M113 „Barrier". Das Modul „Schkwal" verfügt ebenfalls über eine mit einem 7,62-mm-MG gekoppelte 30-mm-MK, allerdings handelt es sich um eine Kanone STM-1 (vergleichbar der russischen 2A72 des BTR-82). Die Lenkraketenbewaffnung besteht aus vier „Barrier", oder alternativ aus nur zwei Lenkwaffen und einem Maschinengranatwerfer 30 mm. Als fortschrittlichste Waffenstation gilt das ferngesteuerte Kampfmodul BM-7 „Parus" (Segel), das ohne Turmbesatzung auskommt. Das Modul verfügt über eine 30-mm-MK (wahlweise STM-1 oder STM-2), einen 30-mm-MGW, ein 7,62-mm-MG PKT sowie vier „Barrier"-Pz-Abw-Lenkraketen (Einsatzschussweite bis 5500 m). Die Kampfbeladung der Kanone beträgt 400 Schuss, des MG 2000 Schuss und des MGW 175 Schuss. Das Truppenabteil bietet Platz für 7–9 Schützen in voller Kampfausrüstung. Die Wannenwände verfügen über verschließbare Schießluken für Sturmgewehre. Die Sitze sind mit einem Schnellverschluss am Wannendach befestigt und lassen sich entweder mittig oder an den gegenüberliegenden Seiten anbrin-

Radschützenpanzer BTR-4E mit Kampfmodul BM-7 „Parus".

gen – oder schnell abbauen, falls der Truppen- als Transportraum für Güter genutzt werden soll. Der Schützentrupp sitzt über eine Doppeltür im Heck auf und ab, was maximalen Schutz vor frontalem Beschuss bietet. Nach wie vor können die Soldaten auch die Dachluken zum Ab- und Aufsitzen bzw. zum Ausbooten nutzen. In der Standardausführung verfügt der BTR-4 über eine Panzerung, die einen Rundumschutz gemäß NATO 2 STANAG-4569 gegen panzerbrechende 7,62-mm-Geschosse sowie gegen Splitter von 155-mm-Sprenggranaten auf 80 m bietet. Das Gewicht des BTR-4 beträgt 17 t, mit eingebautem Kampfmodul 20 t und 25–26 t, falls die verstärkte Panzerung zum Anbau kommt, die Schutz vor 30-mm-Geschossen bietet. Bislang erschienen folgende Modifikationen des BTR-4:

- BTR-4A: Iveco-Motor und Kampfmodul „Grom" (vom Verteidigungsministerium der Ukraine bestellt). Lässt sich mit Türmen bzw. Kampfmodulen BTR-80, BMP-1, BMP-2, BAU-23×2, „Schkwal", BM-SM „Schturm" bestücken. Nach einer Änderung der Unterturmplatte lässt sich auch der BMP-3-Turm installieren.
- BTR-4B: Kampfmodul BM-7 „Parus", 442-PS-Deutz-Dieselmotor und Allison-Automatikgetriebe für Mazedonien (Vertrag gescheitert).
- BTR-4E: Modifikation der für den Irak entwickelten Ausführung mit Kampfmodul BM-7 „Parus".
- BTR-4E1: Modifikation des BTR-4E mit verbessertem Schutz (durch Einbau eines Panzerungs-Rüstsatzes). Vorführmodell im März 2014.
- BTR-4MB: Das erste Fahrzeug lag im Januar 2013 vor und erschien im Februar auf der Messe IDEX-2013. Im Vergleich zum BTR-4E wurden folgende Änderungen vorgenommen: eine neue Bugwannenform, die den Schutzgrad bei Beschuss erhöht (kein Panzerglas und Seitentüren für Kommandanten und Fahrer, die durch Luken einsteigen); die Möglichkeit der Installation von zusätzlichem Schutz (einschließlich Keramik); Einbau einer

Radschützenpanzer BTR-4E, Ansicht von oben.

Heckrampe und eines 450-PS-Deutz-Motors BF-6M1015CP. Die Panzerung entspricht Schutzklasse III gemäß STANAG 4569 und widersteht Hartkerngeschossen 7,62 × 54R mm aus 30 m; im Frontbereich entspricht die Panzerung Schutzklasse III+ und trotzt Projektilen 12,7 × 99 mm auf 30 m.
- BTR-4MW1: Abart des BTR-4MB mit verstärktem Schutz und abgedecktem Kampfmodul (Gitterschirm). Erstmals am 10. Oktober 2017 vorgestellt.
- BTR-4M: Ausführung für die indonesische Marineinfanterie mit zusätzlichen Schwimmern. Die Standardversion ist mit dem Kampfmodul BM-7 „Parus“ aus einer 30-mm-MK STM-1, einem 30-mm-MGW, einem 7,62-mm-MG PKT und dem Panzerabwehrlenkwaffensystem „Barrier“ ausgestattet.
- BRM-4K: Aufklärungsfahrzeug.
- MOP-4K: Feuerunterstützungsfahrzeug.
- BREM-4K: Für den Irak entwickeltes gepanzertes Reparatur- und Bergefahrzeug.
- BREM-4RM: Gepanzertes Instandsetzungs- und Bergefahrzeug.
- BSEM-4K: Für den Irak entwickeltes gepanzertes Sanitätsfahrzeug auf Basis des BTR-4.
- BMM-4S: Gepanzertes Sanitätsfahrzeug auf Grundlage des BTR-4E.
- BTR-4K: Für den Irak entwickeltes Befehlsfahrzeug.
- BTR-4KSH: Für den Irak entwickeltes Führungs- und Stabsfahrzeug.

Bei der Bewertung des BTR-4 stellten Fachleute fest, dass er im Vergleich zum BTR-70 zweifellos einen Fortschritt darstelle, einige Elemente und die Qualität der Fertigung aber noch viel Luft nach oben ließen. Sie wiesen darauf hin, dass bei der Auslieferung der ersten BTR-4-Charge an den Irak – 26 Fahrzeuge – bei der Abnahme/Qualitätskontrolle eine Reihe von Problemen festgestellt wurde: Fehlfunktionen der Sensoren der Fahrzeugsteuerung, Ausfälle der Feuerleitanlage bei hohen Temperaturen, Mängel bei Getriebe und Verteilergetriebe, auslaufende Schmieröle usw. Diese in Medien dargestellten Mängel haben grundsätzlich jedoch nichts mit der Arbeit der Charkiwer Konstrukteure und der Konzeption des BTR-4 zu tun. Das Hauptproblem liegt in der Schwäche der Umsetzung durch die ukrainische Industrie, die chronische Unterfinanzierung sowie – man muss es deutlich nennen – der überall wabernden Korruption bis in höchste Regierungskreise. Die ukrainische Rüstungsindustrie ist derzeit noch immer nicht in der Lage, einen Schützenpanzer in einwandfreier Qualität in Großserie zu bauen. Dabei sind Modelle wie der BTR-4 sowohl bei den ukrainischen Streitkräften als auch bei Auslandskäufern durchaus gefragt. Auf dem internationalen Markt kann er mit vergleichbaren russischen Fahrzeugen konkurrieren. Jedenfalls setzten die ukrainischen Streitkräfte und die Nationalgarde auch den BTR-4 bei den Kämpfen in der Ostukraine 2014 ein. In den ersten beiden Wochen der russischen Invasion 2022 erlitt die BTR-4-Flotte erhebliche Verluste: mindestens 8 Fahrzeuge wurden zerstört und 14 erbeutet. Detail am Rande: Ein BTR-4 nahm an den Kämpfen in Mariupol teil, wo er einen russischen Spähpanzer BRM-1K zerstörte und möglicherweise einen weiteren Panzer im Stadtkampf beschädigte. An anderer Stelle vernichtete ein BTR-4 mit seiner 30-mm-Maschinenkanone einen russischen Schützenpanzer BTR-82 und einen Kampfpanzer T-72B3 aus nächster Nähe.

Radschützenpanzer BTR-4 beim Durchfahren eines Gewässers.

Aufklärungs- und Patrouillenfahrzeug BRDM-2

Nach dem Zusammenbruch der UdSSR übernahmen die ukrainischen Streitkräfte über 400 ex-sowjetische Aufklärungs- und Patrouillenfahrzeuge BRDM-2. Als Kind des Kalten Krieges wurde der leicht gepanzerte Zweiachser in den späten 1950er-Jahren beim Automobilwerk Gorki (GAS) entwickelt, 1962 von der Sowjetarmee übernommen und von 1963 bis 1989 in Serie gebaut – insgesamt über 9400 Fahrzeuge. Damals bestand bei den Aufklärungstruppenteilen der sowjetischen Panzer- und mot.-Schützendivisionen Bedarf an einem leichten, ausreichend bewaffneten und schwimmfähigen Panzerspähwagen, den der BRDM-2 dann deckte. Die Auslegung: Fahrabteil vorn, Kampfraum mit Drehturm dahinter, Motor und Getriebe im Heck. Die geschweißte, geschlossene und abgedichtete Wanne besteht aus gewalzten Panzerblechen. Um das Gewicht möglichst gering zu halten und die Schwimmfähigkeit zu gewährleisten, beträgt die Panzerdicke an Wannen- und Turmfront lediglich 6–10 mm (später 7–10 mm) und schützt lediglich vor Handwaffenbeschuss sowie Granatsplittern – sofern nicht zu schwer. Im Bug sitzen Fahrer und Kommandant, über deren Sitzen große Luken im Wannendach angebracht sind. Zur Beobachtung verwendet der Kommandant ein periskopisches Sichtgerät TPKU-2B und vier Winkelspiegel TNP-1, während dem Fahrer sechs Winkelspiegel TNP-A und ein Nachtsichtgerät TWN-2B zur Verfügung stehen. Nicht zu vergessen die beiden großen mit Schutzklappen versehenen Panzerglasscheiben über der Bugfront. Richt- und Ladeschütze sind im Drehtürmchen bzw. Kampfraum untergebracht und bedienen die beiden gurtgespeisten Maschinengewehre 14,5 mm KPWT und 7,62 mm PKT. Das überschwere, für eine frühere Panzerbüchsenpatrone eingerichtete KPWT-MG genügte seinerzeit für ein

Technische Angaben BRDM-2L1	
Besatzung	3 + 4
Gefechtsgewicht, t	6–7
Abmessungen, mm: Länge Breite Höhe	 5750 2350 2310
Bewaffnung, mm: Maschinengewehr	 1 x 7,62; 1 x 14,5
Kampfbeladung, Schuss:	2000 x 7,62, 500 x 14,5
Motorleistung, PS	140
Höchstgeschwindigkeit, km/h auf befestigten Straßen schwimmend	 90 10
Fahrbereich, km	750

Aufklärungs- und Patrouillenfahrzeug BRDM-2.

leichtes Spähfahrzeug durchaus und konnte gegen Erdziele bis auf 2000 m wirken, gegen Luftziele bis auf 1500 m. Sein panzerbrechendes Geschoss durchschlägt auf 500 m bei Auftreffwinkel 90° immerhin noch 32 mm Panzerstahl. Das 7,62-mm-MG PKT dient vor allem zur Bekämpfung von Weichzielen bis auf 1500 m. Der Richtschütze zielt über die Optik PP-61A. Für den Antrieb des BRDM-2 sorgt ein flüssigkeitsgekühlter V8-Zylinder-Vergasermotor GAS-41, der bei 3200 U/min 140 PS entwickelt. Das Getriebe ist mechanisch. Vier hydraulisch absenkbare Hilfsräder erhöhen die Geländegängigkeit, die sich zudem über die Reifendruckregelanlage für die vier Haupträder beeinflussen lässt. Diese verwenden Teleskopstoßdämpfer. Der lediglich 6 t schwere BRDM-2 erreicht auf befestigten Straßen bis zu 80 km/h Höchstgeschwindigkeit. Er überwindet Steigungen bis 30°, an die 1,22 breite Gräben und 0,4 m hohe senkrechte Hindernisse. Die Fortbewegung im Wasser erfolgt mit Hilfe eines Wasserstrahlantriebs mit bis zu 10 km/h. Der Einsatz ukrainischer BRDM-2 im Donbass 2014 endete mit dem Verlust mehrerer Dutzend Fahrzeuge – hauptsächlich wegen taktisch falscher Verwendung: die Ukrainer setzten das Spähfahrzeug artfremd zur Feuerunterstützung für die Infanterie ein. Bei der Menge an Panzerabwehrwaffen beim Gegner hatten die leicht gepanzerten BRDM-2 kaum Überlebenschancen. Einen der ersten Versuche, den BRDM-2 mit den Anforderungen der Zeit einigermaßen in Einklang zu bringen, unternahm die in Kiew ansässige Firma Techimpex. Bei der 2012 vorgeschlagenen Version bestand der Hauptunterschied (neben einer allgemeinen Überholung) im Austausch des Motors: Anstelle des Standard-Benzinmotors GAS-41 gelangte ein Diesel D245.30E2 zum Einbau, was die Brandgefahr verringerte und den Kraftstoffverbrauch leicht senkte. Die Bewaffnung mit den beiden MG 14,5 mm KPWT (500 Schuss) und 7,62 mm PKT (2000 Schuss) blieb. Dafür erhielt der Spähwagen aber eine neue Funkausstattung – sehr wichtig für ein Aufklärungsfahrzeug – und Seitentüren für Fahrer und Kommandant. 2013 erschien der BRDM-2T als weitere modernisierte Ausführung: Neben einem D245.30E2-Motor erhielt das Fahrzeug das Funkgerät P-173, neue Räder mit schlauchlosen Reifen sowie die vorderen und hinteren Begrenzungsleuchten des BTR-70. Die absenkbaren Hilfsräder entfielen zu Gunsten seitlicher

Aufklärungs- und Patrouillenfahrzeug BRDM-2.

Panzerspähwagen BRDM-2, Heckansicht.

Einstiegsluken (ähnlich wie beim BTR-70). Bei der Bewaffnung wich das 14,5 mm KPWT dem 12,7 mm NSWT, das 7,62 mm PKT blieb. Am 22. September 2015 wurde auf der Rüstungsmesse in Kiew ein weiteres Fahrzeug unter der Bezeichnung BRDM-2T vorgestellt: mit dem Standardturm des BRDM-2, rechteckigen Seitenluken wie beim BRDM-2LD, neuem Fünfganggetriebe, schlauchlosen R20-Reifen des ukrainischen Unternehmens Rosawa, neuer Funkausstattung Motorola DM-4601 und der Möglichkeit, einen zusätzlichen Splitterschutz aus mindestens fünf Lagen ballistischem Kevlar-Gewebe an der Innenseite der Wanne anzubringen. Anfang Oktober 2018 wurde ein BRDM-2T mit zusätzlichem Panzerschutz (in Form eines Satzes rechteckiger perforierter Metallplatten aufgebracht; Gesamtgewicht 580 kg) vorgestellt. Bei der standardisierten Version des BRDM-2T, die der Erprobung bei den ukrainischen Streitkräften dienen sollte, handelt es sich um einen

Aufklärungs- und Patrouillenfahrzeug BRDM-2T.

BRDM-2L1 Aufklärungs- und Patrouillenfahrzeug.

überholten BRDM-2 sowjetischer Bauart, bei dem der serienmäßige GAS-41-Benzinmotor durch einen 4-Zylinder-Reihendiesel D245.30E2 ersetzt und ein 5-Gang-Schaltgetriebe, eine Sachs-Kupplung, schlauchlose Reifen sowie ein Funkgerät R-123M eingebaut wurden. Zudem überholte man Kraftstoff- und elektrische Anlage. Der BRDM-2T wurde nur in Kleinserie von etwa 25 Exemplaren gebaut. Die besseren Chancen räumen die ukrainischen Streitkräfte der vom Panzerwerk Nikolajew von BRDM-2 auf BRDM-2L1 kampfwertgesteigerten Ausführung ein. Bei der Aufrüstung auf Stufe „L1“ wird eine Reihe von Fahrzeugen neu zusammengesetzt, um die technische Einsatzbereitschaft wiederherzustellen. An anderen werden Änderungen vorgenommen. Die wichtigsten Neuerungen betreffen die Innenausstattung und die Ergonomie der gepanzerten Wanne. Gleich bleiben das Schutzniveau und die Kampffähigkeiten insgesamt. Auch die Nikolajewer entfernten die Hilfsräder, um mehr Platz im Innenraum zu schaffen und Seitentüren anzubringen. Der Einfachheit halber nahm man die rechteckigen Oberluken alter BTR-60P als Türen. Zudem brachte man seitliche Schießluken für persönliche Waffen an. Berichten zufolge übernimmt der BRDM-2L1 den Benzinmotor und das Standard-Schaltgetriebe des BRDM-2. Letzteres vereinfacht, da keine zusätzlichen Räder mehr angetrieben werden müssen. Getriebe und Fahrwerk sind zwar umgebaut, aber nicht neu konstruiert. Auch den bewährten Wasserstrahlantrieb behielt man ebenso bei wie den Standardturm BPU-1 mit KPWT- und PKT-Maschinengewehr. Die Bordausrüstung unterzog man hingegen einer gründlichen Modernisierung durch Einbau moderner Navigations- und Funkgeräte ukrainischer und ausländischer Hersteller sowie einer Wärmebildkamera für den Nachtbetrieb. Die Freisetzung von Volumen im Kampfraum ermöglichte die Schaffung zusätzlicher Plätze; im BRDM-2L1 kommen nun sieben statt bisher vier Personen unter und machen aus dem Spähwagen einen leichten Radschützenpanzer/MTW. Das aktuelle Projekt BRDM-2L1 scheint das erfolgreichste zu sein. Im Jahr 2017 fand die Werkserprobung statt, anschließend ging das Fahrzeug in den Truppenversuch. Ein Auftrag zur Serienmodernisierung folgte. Insgesamt wurden bis Anfang 2022 rund 80 BRDM-2 auf Standard BRDM-2L1 gebracht.

BRDM-2-Spähtrupp auf dem Marsch.

Soldaten des berühmten Asow-Bataillons nutzen einen BRDM-2 als Gefechtsfeld-Taxi.

Geschütztes Fahrzeug „Dosor“

Im Dezember 2004 präsentierte das Charkiwer Konstruktionsbüro für Maschinenbau (ChMDB) auf der Waffenmesse ISPEK-2004 das geschützte Mehrzweck-Geländefahrzeug „Dosor-A“ (Streife, Patrouille, Spähtrupp) und im Februar 2007 auf der Messe IDEX-2007 den für den Export bestimmten Ableger „Dosor-B“ (B1320). 2014–2015 stellte ChMDB eine zweite Variante „Dosor-B“ (B1320/B1320A) vor, die vor allem den Wünschen der ukrainischen Streitkräfte nachkam. Im Juli 2020 wurde der Typ gemäß Befehl Nr. 245 des ukrainischen Verteidigungsministeriums angenommen. Der Zusammenbau erfolgt im Panzerwerk Lemberg. Das geschützte Fahrzeug „Dosor-B“ ist ein vierrädriges Fahrzeug mit leichter Panzerung und klassischer Motorhaube, die bei Wartungs- und Instandsetzungsarbeiten einen bequemen Zugang zu den Antriebs-, Lenk-, Brems-, Lüfter-, Klima- und Heizanlagen gewährt. Das Fahrzeugs unterteilt sich ansonsten in das Motor-/Getriebeabteil im Bug und das Führerhaus/Mannschaftsraum dahinter, von dem es eine hermetisch abgedichtete, vibrations- und geräuschisolierende Trennwand abschottet. Die Führerkabine beherbergt Fahrer und Kommandant nebst Funk- und Navigationsausrüstung. Der Mannschaftsraum dahinter bietet Platz für 8 Schützen in Gefechtsausrüstung. Der Zugang erfolgt über eine Tür in der hinteren Wanne. Sechs Schießluken auf beiden Wannenseiten und zwei in der Heckplatte bieten den Insassen die Möglichkeit, aus dem Innenraum mit ihren Sturmgewehren zu wirken. Der Mannschaftsraum enthält zudem die ABC-Filtereinheit und die wichtigsten Elemente der Lüftungs-, Heizungs- und Klimaanlagen. Die gepanzerte Wanne mit minenabweisendem Boden schützt die Besatzung vor Handfeuerwaffen, Schützenminen und ABC-Verseuchung. Der Rumpf ist aus Panzerstahl gefertigt und die Panzerglasscheiben des Führerhauses bieten einen ähnlichen Schutz wie die Metallpanzerung. Die Standardbewaffnung bildet ein ferngesteuertes 12,7-mm-Maschinengewehr BPU-12.7; rundum schwenkbar und mit einem Höhenrichtbereich von –3° bis +68°. MG bzw. Waffenstation lassen sich gegen andere Module austauschen. Als Antriebsaggregate stehen wahlweise ein Iveco O 8142.38.11 oder ein Deutz BF 4M 1013 FC zur Verfügung, beides 4-Zylinder-Reihendiesel mit Turboaufladung und Ladeluftkühlung. Der mechanische Antriebsstrang mit Getriebe, Verteilergetriebe und Untersetzungsgetriebe sorgt für eine konstante

Geschütztes Fahrzeug „Dosor-B“.

Technische Angaben „Dosor-B“	
Besatzung	3 + 8
Gefechtsgewicht, t	6,3
Abmessungen, mm:	
Länge	5400
Breite	2400
Höhe	2280
Bewaffnung, mm	1 x 12,7
Kampfbeladung, Schuss	450
Motorleistung, PS	190
Höchstgeschwindigkeit, km/h	90
Fahrbereich, km	750

Geschütztes Fahrzeug „Dosor-B“, Vorderansicht.

Drehmomentübertragung auf alle Räder. Mit dem 190 PS starken Deutz BF 4M 1013FC erreicht der „Dosor“ eine Straßengeschwindigkeit von bis zu 90 km/h. Dank hoher Motorleistung und Allradantrieb (4 x 4) kommt das Fahrzeug auch im Gelände gut voran, überwindet Steigungen bis 30°, 2 m breite Gräben und bis zu 1,5 m tiefe Gewässer. Obwohl die ukrainischen Streitkräfte den „Dosor-B“ offiziell als „taktisches Kampffahrzeug“ bezeichnen, nimmt er doch meist die Aufgaben eines leicht gepanzerten Mannschaftstransportwagens (MTW) wahr. Die Charkiwer Konstrukteure gestalteten die Grundkonstruktion recht vielseitig, so dass der „Dosor-B“ die Basis folgender Ausführungen bilden konnte: Gepanzerter MTW, ABC-Spürfahrzeug, Spähwagen, Führungsfahrzeug, Träger von Panzerabwehrraketen, Mörserträger 120 mm, Sanitätsfahrzeug und MTW für die Polizei. In Polen produziert Mista seit 2013 in Lizenz den „Oncilla“, der die NATO-Normen gemäß STANAG 4569 Schutzklasse III erfüllt. Der „Oncilla“ unterscheidet sich vom „Dosor-B“ durch sein auf 8,8 t erhöhtes Gewicht, andere Luken und Abdichtungen, Lüftungsschlitze, den doppelten Boden (Minenschutz) sowie die Erhöhung der Nutzlast auf über 4 t. Als Motor verwendet er einen Diesel Iveco NEF 4 ENTC (209,5 PS) sowie ein Automatikgetriebe Allison 1000 6+1. Die Höchstgeschwindigkeit liegt bei 120 km/h und der Fahrbereich bei 750 km. Außerdem überarbeiteten die Polen Getriebe, Bremsanlage, Lenkung und Motorkühlung vollständig und installierten ein Hochleistungs-Reifendrucksystem mit einer großen Luftreserve, eine Feuerlöschanlage und eine Elektrik-Verkabelung nach NATO-Standard. Die Besatzung verringerte sich auf 9 Mann (Fahrer, Kommandant, MG-Schütze, 6-Mann-Trupp). Die Bewaffnung bildet ein 12,7-mm-MG NSWT mit Wärmebildkamera. In der Ukraine erlebte der „Dosor-B“ seine Feuertaufe

Geschütztes Fahrzeug „Dosor-B“ auf dem Übungsplatz.

Mitte 2016 im Donbass bei der 95. Luftlandebrigade. Im Allgemeinen zeigte das Fahrzeug gute Leistungen. Im Vergleich zu BRDM-2 und BTR-80 wurde es als zuverlässiger und geländegängiger beurteilt. Negativ angekreidet wurden der erhöhte Lärmpegel im Mannschaftsraum, der unbequeme Fahrersitz und die unbefriedigende Fahrersicht.

Geschütztes Fahrzeug „Dosor-B“, Rückansicht.

Geschütztes Fahrzeug „Warta"

Die Streitkräfte und die Nationalgarde der Ukraine verfügten Anfang 2022 über 200 geschützte 4 x 4-Fahrzeuge „Warta". Das Modell wurde vom ukrainischen Konstruktions- und Produktionsunternehmen für gepanzerte Ausrüstung auf dem Fahrgestell MAS-5434 des Automobilwerks Minsk entwickelt. Ein Vorführmuster erschien erstmals am 7. Dezember 2015 auf einer Waffenmesse in Kiew. Zu diesem Zeitpunkt unterzeichnete das ukrainische Innenministerium einen Vorvertrag über die Lieferung von zehn Fahrzeugen bis Ende 2015. Gleichzeitig wurde in Aussicht gestellt, den Auftrag auf 100 Fahrzeuge aufzustocken. Im März 2016 nahm das Fahrzeug auf einem Übungsplatz der Region Tschernihiw an Versuchen des Staatlichen Forschungs- und Prüfzentrums der Streitkräfte teil. Im Frühjahr 2016 wurden zehn vom ukrainischen Innenministerium bestellte „Warta" an den polizeilichen Sonderverband KORD geliefert, und im Dezember des darauffolgenden Jahres begann die Auslieferung an die ukrainischen Streitkräfte, wobei das 88. Marineinfanterie-Sturmbataillon 15 Fahrzeuge erhielt. Bei „Warta" handelt es sich um einen leicht gepanzerten MTW mit Motor-/Getrieberaum vorn, Führerhaus und Mannschaftsraum dahinter. Die geschweißte Wanne aus schwedischen Panzerblechen schützt vor panzerbrechenden Geschossen Kaliber 7,62 × 39 mm. Die V-Form des Bodens erhöht die Resistenz gegen Minen und soll die Besatzung vor Explosionsdrücken von bis zu 6 kg TNT bewahren. Die kugelsichere Windschutzscheibe besteht aus zwei Glasblöcken. An den Seiten des Kampfraums befinden sich vier Türen (zwei für Fahrer und Kommandant, zwei für das Gros der Besatzung). Der obere Teil jeder Tür ist mit einem kugelsicheren Glasblock und

Geschütztes Fahrzeug „Warta".

Geschütztes Fahrzeug „Warta“, Seitenansicht hinten links.

Technische Angaben „Warta“	
Besatzung	2 + 8
Gefechtsgewicht, t	15,5
Abmessungen, mm:	
Länge	6800
Breite	2550
Höhe	2700
Bewaffnung, mm	1 x 12,7
Kampfbeladung, Schuss	2000
Motorleistung, PS	270
Höchstgeschwindigkeit, km/h	90
Fahrbereich, km	700

einer mit einer Klappe verschließbaren Schießluke für Handwaffen ausgestattet. Weitere sechs Schießluken (drei auf jeder Seite) befinden sich im oberen Teil der Seitenwände des Truppenraums. Am Heck eine weitere Tür zum Auf- und Absitzen, auf der sich außen die Halterung für ein Ersatzrad befindet. Die klappbaren Sitze sind „minenfest“ und stoßdämpfend aufgehängt sowie mit Kopfstützen versehen. Die erste „Warta“-Reihe erhielt als Bewaffnung ein 12,7-mm-MG NSWT in einem offenen Turm. Grundsätzlich lassen sich Kampfmodule mit bis zu 550 kg Gewicht auf dem Fahrzeugdach montieren. Mögliche Bewaffnungsoptionen sind der BPU-1-Turm mit einem 14,5-mm-MG KPWT und einem 7,62-mm-Zwillings-MG PKT (in der UdSSR entwickelt und in BRDM-2, BTR-70 und BTR-80 eingebaut) sowie ein Kampfmodul mit 7,62-mm- oder 12,7-mm-Maschinengewehr. Das geschützte Fahrzeug „Warta“ wurde während der so genannten „Anti-Terror-Operation im Donbass" häufig eingesetzt. Die Beschreibung/Bewertung des Fahrzeugs durch technische Offiziere der Nationalgarde ist von Interesse:

1. Es wurde ein leistungsstärkerer und wartungsfreundlicherer Motor (270 PS) im Vergleich zu den 176 PS des geschützen Fahrzeugs „Kosak“ verwendet. Für die Zukunft ist der Einbau eines Cummins-Motors mit einer Leistung von 300 PS geplant.
2. Das geschützte Fahrzeug „Warta“ verfügt nicht nur über einen V-förmigen Boden (wie andere gepanzerte Fahrzeuge), sondern auch über eine V-förmige Geometrie der Panzerkapsel selbst. Dieser Schutz ermöglicht es, der Detonation einer Sprengladung von äquivalent 6 kg TNT standzuhalten und den Unterboden im Falle einer Beschädigung auszutauschen, ohne die gesamte Panzerkapsel ersetzen zu müssen;
3. Für die Panzerung wird schwedischer Stahl mit einer Härte von 560 verwendet, im Gegensatz zu anderen inländischen gepanzerten Fahrzeugen, die Stahl mit einer Härte von 500 verwenden. Dadurch konnte das Gewicht der Fahrzeugkapsel ohne Verringerung des Panzerschutzes um 11 % gesenkt und die Nutzlastkapazität erhöht werden. Die Panzerung schützt die Insassen vor panzerbrechenden Geschossen Kaliber 7,62 x 39 mm.
4. Das geschützte Fahrzeug ist mit modernen minenresistenten Sitzen mit stoßdämpfender Wirkung ausgestattet.
5. Um die Fahreigenschaften und die Geländegängigkeit zu verbessern, werden nicht nur verstärkte Federn (wie beim Panzerwagen „Kosak“), sondern auch verstärkte Stoßdämpfer eingebaut.
6. Zum ersten Mal wird in der Ukraine zusam-

Geschützes Fahrzeug „Warta“ mit ferngesteuertem Kampfmodul.

men mit einem einheimischen Hersteller von Panzerglas eine moderne externe Methode zur Montage von Panzerglas an einem gepanzerten Kampffahrzeug dieser Klasse verwendet, die eine schnelle Demontage und Montage im Falle einer Beschädigung des Panzerglases erlaubt und die Festigkeit des Rahmens, auf dem das Panzerglas montiert ist, erhöht.

7. Eine verstärkte staub- und feuchtigkeitsgeschützte Winde mit synthetischem Seil ist installiert. Die Zugkapazität der Winde beträgt 9979 kg.
8. Durch die Änderung des Übersetzungsverhältnisses (von 6,49 auf 5,49) wurden die Fahrleistungen sowohl auf befestigten Straßen als auch im Gelände deutlich verbessert. Die Höchstgeschwindigkeit auf befestigten Straßen beträgt 120 km/h.
9. Die Möglichkeit, den Reifendruck zentral von der Fahrerkabine zu steuern, kam hinzu. Das Steuergerät für den Reifendruck ermöglicht die Auswahl verschiedener Betriebsbedingungen (Straße, Feldweg, Sand, Moor usw.).
10. Zur Verbesserung der Geländegängigkeit werden Continental-Reifen aufgezogen. Für die Zukunft ist geplant, in Zusammenarbeit mit dem Reifenwerk in Bilotserkiw eine Serienproduktion einheimischer Reifen aufzubauen.

Das „Warta“-Fahrgestell diente auch als Grundlage folgender Kampf- und Unterstützungsfahrzeuge:

- Mörserträger „Seven“: 120-mm-Mörser mit 40 Wurfgranaten im umgebauten Truppenraum.
- MTW „Warta-2“: Ein Vorführmodell wurde am 11. Oktober 2016 auf der Waffenmesse in Kiew vorgestellt. Gefechtsgewicht auf 17,5 t erhöht.
- Sanitätsfahrzeug „Warta-2“: Ein Vorführmodell erschien am 10. Oktober 2017 auf der Waffenmesse in Kiew. Gefechtsgewicht 17 t.
- „Kamrat“: Projekt auf Fahrgestell Lkw KrAS-5233, dessen Entwicklung im Februar 2020 angekündigt wurde.
- Im April 2019 wurde der Lkw KrAS-6322 mit gepanzerter „Warta“-Kabine vorgestellt.
- Unter Verwendung von „Warta“-Bausteinen wurde 2017 das geschützte Fahrzeug „Warta-Nowator“ auf Basis des Pritschenwagens Ford F-550 entwickelt (siehe nächster Abschnitt).

Geschütze Fahrzeuge „Warta“ bei einer Parade in Kiew.

Geschütztes Fahrzeug „Nowator“

Das geschützte Fahrzeug „Nowator“ (Neuerer) stellt eine „Warta“-Variante auf 4 x 4-Fahrgestell des allradgetriebenen US-amerikanischen Pritschenwagens („Pickup-Truck“) Ford F-550 dar. Die Ingenieure der ukrainischen Gesellschaft für gepanzerte Ausrüstung haben dieses Fahrzeug für den Einsatz bei der Nationalgarde konzipiert. Es soll zu Patrouillenfahrten in bergigem Gelände ebenso taugen wie zur Aufruhrkontrolle, der Suche und Festnahme bewaffneter Straftäter oder zum Transport von Verwundeten und Gefangenen. Am 15. Dezember 2017 wurde das Fahrzeug unter der Bezeichnung „Warta-Nowator“ der Führung der Nationalgarde vorgestellt, und im Juni 2018 dem ukrainischen Verteidigungsminister als gepanzertes Sonderfahrzeug „Nowator“. Dem Militär sollte es als Träger von Panzerabwehrraketen und verschiedenen Infanterieunterstützungswaffen dienen, wie z. B. 12,7-mm-Maschinengewehren. Bereits am 9. Oktober 2018 wurde ein mit Panzerabwehrraketen „Stigna-P“ bestückter „Nowator“ auf der Rüstungsmesse in Kiew gezeigt. Am 15. November 2018 ging der „Nowator“ in die Erprobung und ein Jahr später fanden sich bereits über 40 Fahrzeuge bei der Truppe. Ihre Zahl erhöhte sich bis März 2022 auf 49. Der Aufbau des „Nowator“ folgt dem „Warta“-Schema mit Motor/Getriebe im Bug und dahinter eine fünfsitzige Kabine mit Fahrerabteil und Truppenraum. Die Bewaffnung ist im hinteren Teil des Truppenraums untergebracht. Der geschweißte Wanne besteht aus Panzerblechen der schwedischen Firma Swebor Armor und schützt die Besatzung vor Handwaffengeschossen und kleinkalibrigen Granatsplittern. Die ge-

Geschütztes Fahrzeug „Nowator“.

Geschütztes Fahrzeug „Nowator“.

Geschütztes Fahrzeug „Nowator“ mit Panzerabwehrlenkwaffenwerfer.

Geschütztes Fahrzeug „Nowator“im Gelände.

panzerte Kabine bietet Schutz gemäß NATO-Schutzklasse I STANAG 4659. Die gepanzerte Unterseite entspricht STANAG-Schutzklasse Iaw (Schutz gegen zwei gebündelte Offensiv-Handgranaten RGD-5). Die Besatzung lässt sich auf Sitzen mit 5-Punkt-Gurten nieder, die der STANAG 4569 entsprechen und nach AER-55 zertifiziert sind. Zur Ausstattung gehören Feuerlöschanlage, ABC-Schutzanlage, Heizung, Klimaanlage und eine elektrische Winde. Im Motor-/Getrieberaum ist ein US-amerikanischer Dieselmotor „Power Stroke“ mit 300 PS Leistung sowie ein automatisches Sechsganggetriebe verbaut. Der „Nowator“ zeigt hervorragende Fahreigenschaften und erreicht auf befestigten Straßen eine Spitzengeschwindigkeit von bis zu 140 km/h. Er befährt unwegsames Gelände und durchwatet bis zu 0,7 m tiefe Gewässer. Der Fahrbereich beträgt 700 km.

Technische Angaben „Nowator“	
Besatzung	2 + 3
Gefechtsgewicht, t	6,8
Abmessungen, mm:	
Länge	6500
Breite	2350
Höhe	2300
Bewaffnung, mm	1 x 12,7
Kampfbeladung, Schuss	2000
Motorleistung, PS	300
Höchstgeschwindigkeit, km/h	140
Fahrbereich, km	700

Geschütztes Fahrzeug „Nowator“ mit ferngesteuertem Maschinengewehr.

Geschütztes Fahrzeug SRM-1 „Kosak“

Die ukrainischen Streitkräfte verfügen über etwa 40 geschützte Fahrzeuge „Kosak“ (Kosake) verschiedener Ausführungen. Das Fahrzeug mit der vollständigen Bezeichnung SRM-1 „Kosak“ wurde von der ukrainischen Firma Praktika entwickelt, die sich vor allem auf Sicherheitstechnik für Banken und Firmen spezialisiert hat, und erstmals am 24. August 2009 bei der Parade zum ukrainischen Unabhängigkeitstag in Kiew vorgeführt. Die Konstruktion beruht auf dem Motor-Getriebe-Raum im Bug, dahinter der Führer- und Kampfraum in einer gepanzerten Kapsel. Ein ungepanzertes Frachtabteil befindet sich im Heck. Da sie das Fahrzeug vor allem für Einsätze in bewohnten Gebieten, auch als Teil von Friedenstruppen, vorsahen, achteten die Praktika-Ingenieure insbesondere auf Beweglichkeit und gutes Fahrverhalten sowie auf ballistischen und Minenschutz. Das Schutzsystem beruht auf der auf dem Fahrgestell montierten geschützten Kapsel aus schwedischen Panzerblechen. Dank Baukastenprinzip lässt sich der Schutzgrad durch Austausch von Platten unterschiedlicher Dicke und Form verändern. Die Standardausführung bietet Schutz vor Handwaffen gemäß NATO-Schutzklasse I STANAG 4569. Ein V-förmiger Boden, der einer Explosion von 3 kg Sprengstoff standhält, sowie beweglich befestigte Sitze, welche die Verletzungsgefahr bei einer (Minen-)Explosion verringern, trugen ebenso zum Schutzniveau bei wie die Rohrkonstruktion des Rahmens, die das Fahrzeug bei Umkippen stabilisiert. Die Unterflur-Kraftstofftanks und die Batterie verfügen über Auslaufschutz. Auf der schwenkbaren

Technische Angaben SRM-1 „Kosak"	
Besatzung	2 + 3
Gefechtsgewicht, t	5,5
Abmessungen, mm:	
Länge	5475
Breite	1950
Höhe	2300
Bewaffnung, mm	1 x 12,7
Kampfbeladung, Schuss	2000
Motorleistung, PS	176
Höchstgeschwindigkeit, km/h	120
Fahrbereich, km	1000

Geschütztes Fahrzeug „Kosak“.

Geschütztes Fahrzeug „Kosak“, Seitenansicht.

Geschütztes Fahrzeug „Kosak“, Rückansicht.

Dachluke lässt sich unterschiedliche Bewaffnung unterbringen: ein 7,62-mm-Maschinengewehr, ein 12,7-mm-Maschinengewehr sowie verschiedene Typen Maschinengranatwerfer mit bis zu hundert Schuss Munition. Des Weiteren besteht die Möglichkeit zum Aufbau eines ferngesteuerten Waffenmoduls. Die ersten „Kosak“-Versionen bauten auf dem Fahrgestell des italienischen Allrad-Lkw Iveco „Daily“ 55S18W mit 4-Zylindermotor (176 PS) auf, der die Euro-4-Norm erfüllt. Die Kraftübertragung erfolgt über ein Sechsgang-Getriebe und ein Zweigang-Verteilergetriebe. Bei einem Gefechtsgewicht von 5,5 t kann das Fahrzeug weitere 4 t ziehen und eine Spitzengeschwindigkeit von bis zu 120 km/h erreichen. Der Kraftstoffverbrauch ist mit lediglich 15 l Diesel auf 100 km Straße für ein gepanzertes Fahrzeug sehr sparsam. Zur Ausstattung gehören ein ABC-Spürgerät, eine Rückfahrkamera, ein GPS-Navigationsgerät, eine Klimaanlage sowie ein Bildaufzeichnungsgerät. Es entstanden folgende Ausführungen:

- SRM-1 „Kosak“ auf Fahrgestell des allradgetriebenen Zivil-Lkw Iveco „Daily“ 55S18W als Mehrzweckfahrzeug, geschützter Streifenwagen, Aufklärungsfahrzeug oder Führungs- und Stabsfahrzeug, auch für friedenserhaltende Kräfte.
- TBM „Kosak“ auf Fahrgestell des Armeelastwagens GAS-66. Die Entwicklung des dreitürigen Modells begann 2009.
- „Kosak-2“ (auch bekannt als „Kosak-2014“) auf Fahrgestell eines Iveco-Lkw der EuroGroup. Entwickelt mit Iveco-Unterstützung und erstmals vorgestellt am 30. November 2014, handelt es sich um einen gepanzerten MTW mit 15 t Gefechtsgewicht, fünftürigem Aufbau und Iveco-Dieselmotor (279 PS). Das Schutzniveau entspricht STANAG 2. Die Nutzlast beträgt 4 t, der Truppenraum ist für 10 Personen ausgelegt. Der „Kosak-2“ lässt sich mit zusätzlicher Ausrüstung ausstatten (Rückfahrkamera, Wärmebildkamera, Strahlungsdetektor).
- Panzerabwehrsystem „Skif“ auf Grundlage „Kosak“, eingeführt im April 2013.
- Ungepanzertes Transportfahrzeug, das auf Bestellung produziert werden sollte.

Im Frühjahr 2014 wurden die ersten beiden „Kosak-2“ der Nationalgarde und dem Grenzschutz übergeben. Sie nahmen unmittelbar am Stellungskrieg in den Regionen Donezk und Luhansk teil. Im Juni erhielt die Nationalgarde zehn weitere „Kosak-2“ von insgesamt 22 Fahrzeugen (Baulos 1).

Geschütztes Fahrzeug „Kosak“ mit 7,62-mm-Maschinengewehr.

Geschütztes Fahrzeug „Kosak“ auf einem Übungsplatz.

Geschützte Fahrzeuge „Kosak“, vorbereitet für die Übergabe an die Streitkräfte der Ukraine.

Geschütztes Fahrzeug „Fiona“

Das geschützte Fahrzeug „Fiona“ stellt eine gemeinsame Entwicklung des ukrainischen Automobilwerks KrAS und des kanadischen Unternehmens Streit Group dar. Es wurde erstmals im Februar 2015 auf der Waffenmesse IDEX-2015 vorgestellt und dann mit entsprechendem „Brimborium“ am 28. August 2015 bei den Feierlichkeiten zum 70-jährigen Bestehen des KrAS-Werks. Es folgte die Teilnahme an Vergleichstests des Forschungs- und Versuchszentrum der ukrainischen Streitkräfte auf einem Erprobungsgelände der Region Riwne. Vom 11. bis 14. Oktober 2016 wurde eine bewaffnete Version mit „Schkwal“-Kampfmodul auf einer Kiewer Waffenausstellung vorgeführt. Dann nahm es der Konzern Ukroboronprom in seine Produktliste auf und die staatliche Firma Speztechnoexport bot es zum Export an. Über den Beginn der Serienfertigung lagen dem Verfasser zum Zeitpunkt der Drucklegung dieses Buches keine Informationen vor. „Fiona“ wurde jedenfalls als geschütztes Fahrzeug für die ukrainische Nationalgarde entwickelt und nutzt das Dreiachs-Fahrgestell des 6 x 6-Lkw KrAS-6322. Alle Baugruppen und Teile des Fahrgestells wurden so verstärkt, dass sie das Gewicht der Panzerung tragen können. Die Beibehaltung der „Schnauze“ mit Motorhaube war ausschlaggebend für die Gestaltung mit Unterbringung von Motor/Getriebe im Bug sowie Führer- und Mannschaftskabine dahinter. Letztere bilden eine Einheit und nehmen den mittleren und hinteren Teil des „Fiona“ ein. Im Truppenabteil finden bis zu zehn Nationalgardisten in voller Ausrüstung Platz, die Schießluken in Panzerglasblöcken für ihre Handwaffen nutzen können. Im Drehtürmchen der Dachluke lässt sich ein Maschinengewehr oder ein Maschinengranatwerfer einbauen. Das Türmchen verfügt ebenfalls über Sichtblöcke aus Panzerglas. Die Besatzung sitzt über die Seitentüren des Führerhauses und die hydraulische Heckrampe auf und ab. Eine Rückfahrkamera hilft dem Fahrer. Der Innenraum lässt sich verschiedenen Kundenwünschen anpassen und dank Klappsitzen auch als Laderaum nutzen. Der Boden der aus Panzerblechen geschweißte Wanne wurde V-förmig gestaltet, um den Detonationsdruck von Minen von der Wanne

Geschütztes Fahrzeug „Fiona“.

Das geschützte Fahrzeug „Fiona“ hat eine ausgezeichnete Geländegängigkeit.

Technische Angaben „Fiona“	
Besatzung	2 + 10
Gefechtsgewicht, t	18,5
Abmessungen, mm:	
Länge	7484
Breite	2,55
Höhe	3,18
Bewaffnung, mm	1 x 12,7
Kampfbeladung, Schuss	2000
Motorleistung, PS	330–450
Höchstgeschwindigkeit, km/h	105

und den Rädern abzuleiten. Die Panzerung gemäß STANAG 4569 Schutzklasse III bewahrt die Besatzung vor Handwaffenbeschuss aus jedem Winkel; der Minenschutz entspricht sogar STANAG 4569 Stufe IIIa und b. Alle Sichtblöcke bestehen aus beschusssicherem Verbundglas. Der Innenraum ist mit Polycarbonat beschichtet, um die Besatzung vor Absplitterungen zu schützen. Für „Fiona“ gibt es folgende Antriebsoptionen:

- 6-Zylinder-Turbodiesel „Caterpillar C9 Heavy Duty“ zu 450 PS (331 kW) bei 2100 U/min, gekoppelt mit Sechsgang-Automatikgetriebe „Caterpillar CX28";
- V8-Zylinder-Turbodiesel JAM3-238D (Євро-0) zu 330 PS (242,7 kW) bei 2800 U/min, gekoppelt mit Neungang-Schaltgetriebe „Fast Gear“ 9JSI50TA-B;
- 6-Zylinder-Reihen-Turbodiesel Cummins ISME 385 zu 380 PS (279,5 kW) bei 1900 U/min, gekoppelt mit einem Sechsgang-Automatikgetriebe Allison 4000.

Das 6 x 6-Radfahrgestell des „Fiona“ ist für Reifen des Typs 1300 x 530-533 445/65R22.5 mit beschusssicheren Einlagen („Runflat-System“) vorgesehen. Eine Reifendruckregelanlage erhöht die Geländegängigkeit.

Geschütztes Fahrzeug „Fiona“, Rückansicht.

Geschütztes Fahrzeug „Fiona“, ausgestattet mit einer Rampe für das Auf- und Absitzen der hinteren Besatzung.

Geschütztes Fahrzeug „Chalk“

Für Streitkräfte und Nationalgarde schuf das Automobilwerk KrAS das geschützte Mehrzweckfahrzeug „Chalk“ (englisch: Hulk). Erstmals vorgestellt am 23. September 2016 auf dem Prüfgelände des KrAS-Werks, fand die offizielle Präsentation am 10. Oktober auf einer Waffenmesse in Kiew statt. Der „Chalk“ basiert auf dem 4 x 4-Geländewagen KrAS-5233BE. Wie dieser besitzt auch der „Chalk“ eine tragende Wanne, auf bzw. an der alle Baugruppen montiert sind. Die Verwendung der tragenden Wanne bietet folgende Vorteile: Kostengünstige Herstellung, gute Straßenlage und angenehmes Fahrverhalten; im Vergleich zu einer Rahmenkonstruktion lässt sich Gewicht und damit Kraftstoff einsparen. Zudem verringert die tragende Wanne die Gesamthöhe des Fahrzeugs und vereinfacht das Auf- und Absitzen der zweiköpfigen Besatzung, zu der bis zu zehn weitere Personen treten können (je nach Ausführung als Transporter oder MTW). Dank Klappsitzen lässt sich das Abteil rasch vom Truppen- zum Laderaum umbauen, und umgekehrt. Die in MRAP-Technik geschweißte Wanne aus Panzerblechen weist zur Minenabwehr einen V-förmigen Boden auf. Der allgemeine ballistische Schutz entspricht Stufe II nach STANAG 4569; der Minenschutz Stufe IIa und b (6 kg TNT-Äquivalent). Der Schutz ist so ausgelegt, dass ein aus einem beliebigen Winkel abgefeuertes Geschoss immer auf Panzerungselemente trifft, d. h, nicht ins Fahrzeuginnere gelangen kann. Alle Sichtblöcke bestehen

Technische Angaben „Chalk“	
Besatzung	2 + 10
Gefechtsgewicht, t	16
Abmessungen, mm:	
Länge	6185
Breite	2570
Höhe	3045
Bewaffnung, mm	1 x 12,7
Kampfbeladung, Schuss	2000
Motorleistung, PS	300–400
Höchstgeschwindigkeit, km/h	80

Geschütztes Fahrzeug „Chalk“.

Geschütztes Fahrzeug „Chalk“, Seitenansicht.

aus mehrschichtigem Panzerglas. Im oberen Teil der Seitenwände befinden sich Schießluken für Handfeuerwaffen (vier je Seite). Die hintere Besatzung steigt über die Hecktür ein und aus; auch diese verfügt über eine Schießluke. In der Dachluke lassen sich ein 12,7-mm-MG oder ferngesteuerte Kampfmodule mit verschiedenen Bewaffnungen installieren. Für den Antrieb sorgen ein 6-Zylinder-Diesel Volvo TAD620VE mit 300–400 PS Leistung sowie ein manuelles Neungganggetriebe. Zwei Tanks speichern insgesamt 330 l Kraftstoff. Auf befestigten Straßen beschleunigt der „Chalk“ bis auf 80 km/h.

Geschütztes Fahrzeug „Chalk“ mit Erkennungszeichen der Streitkräfte der Ukraine

Geschütztes Fahrzeug „Chalk“, Rückansicht.

Das geschützte Fahrzeug „Chalk“ ist mit zwei Seitentüren ausgestattet.

Geschütztes Fahrzeug „Uragan“

Auf der internationalen Rüstungsmesse IDEX-2015 stellten die Krementschuker Automobilwerke (KrAS) und das kanadische Unternehmen Streit Group den vierachsigen „Uragan“ (Orkan, Hurrikan) vor. Das „vor Minen und Hinterhalten“ geschützte MRAP-Fahrzeug *(Mine Resistant Ambush Protected)* – nicht zu verwechseln mit dem Mehrfachraketenwerfer „Uragan“ (siehe dort) – wurde für den Personal- und Frachttransport in Kriegs- und Krisengebieten konzipiert. Es basiert auf dem Achtrad-Fahrgestell des schweren allradgetriebenen Lkw KrAS-7634NE. Die Wahl dieses Fahrgestells bestimmte den Aufbau des geschützten Lkw mit Führerhaus vorn, Motor-/Getriebe-Abteil folgend und Transport- und Mannschaftsraum dahinter. Zwischen Führerhaus und Truppenraum gibt es einen Durchgang. Die aus Panzerblechen geschweißte Wanne entspricht nach Herstellerangaben Schutzklasse IV gemäß STANAG 4569. Das bedeutet, dass die Panzerung panzerbrechenden 14,5-mm-Geschossen auf 200 m widerstehen muss. Falls der „Uragan“ auf eine Mine fährt, leitet der V-förmige Doppelboden die Druckwelle der Detonation von bis zu 10 kg TNT nach den Seiten ab und schützt so Insassen und Fahrzeug. Der Minenschutz entspricht Schutzklasse IVa und b gemäß STANAG 4546. Das Führerhaus für Fahrer und Kommandant verfügt über kugelsichere Fenster. Dem Fahrer steht eine Rückfahrkamera zur Verfügung, die ihre Bilder auf einen Monitor in der Kabine überträgt. Das Truppenabteil ist innen Splitterschutz-beschichtet, und an den Seiten wie an der Hecktür befinden sich Sichtblöcke aus kugelsicherem Glas mit Schießluken. Einige Fragen wirft die seitliche Anbringung der Sitze auf. Bei modernen geschützten Fahrzeugen werden sie in der Regel an der Decke aufgehängt, was sie unempfindlicher gegen Stoßwellen von unten macht und so die

Technische Angaben „Uragan“	
Besatzung.	2 + 14
Gefechtsgewicht, t	24
Abmessungen, mm	
Länge	9320
Breite	2580
Höhe	3100
Bewaffnung, mm	1 x 12,7
Kampfbeladung, Schuss	2000
Motorleistung, PS	380
Höchstgeschwindigkeit, km/h	100

Geschütztes Fahrzeug „Uragan“, Ansicht von vorne links.

Geschütztes Fahrzeug „Uragan".

Sitzenden vor vermeidbaren Schäden bewahrt. Das können beim „Uragan" bis zu 14 Soldaten in Gefechtsausrüstung sein, die sich gegenüber sitzen und über die Heckrampe auf- und absteigen. Fahrer und Kommandant steigen über ihre Seitentüren ein und aus. An der Dachluke lassen sich ein 12,7-mm-MG oder ferngesteuerte Module mit verschiedenen Bewaffnungen installieren. Für den Antrieb sorgen ein 380 PS starker Cummins-Diesel ISME 385 und ein automatisches Sechsgang-Getriebe Allison 400. Damit bringt es der „Uragan" auf eine Straßengeschwindigkeit von bis zu 100 km/h.

Geschütztes Fahrzeug „Uragan", Rückansicht.

Geschütztes Fahrzeug „Uragan" im Gelände.

Geschütztes Fahrzeug „Schrek Odin“

Auf der Rüstungsmesse KADEX-2014 im Mai 2014 in Astana/Kasachstan stellte Automobilhersteller KrAS das geschützte 4 x 4-Fahrzeug „Schrek Odin“ vor. Schreck lass nach – denn damit wollten die Ukrainer weder unnötig Schrecken verbreiten noch dem germanischen Göttervater Odin huldigen – der Name „Schrek“, englisch „Shrek“, bezieht sich höchstwahrscheinlich auf ein von Hollywood kreiertes grünes Fabelwesen und „Odin“ bedeutet auf Russisch/Ukrainisch „Eins“. Die merkwürdige Bezeichnung erklärt sich vielleicht durch die Beteiligung des kanadischen Unternehmen Streit Group an der Entwicklung des „Shrek One“. Als Basis diente jedenfalls keine grüne Spinatgestalt, sondern der leichte geländegängige Lkw KrAS-5233NE. Und zwar handelt es sich um ein minengeschütztes Mehrzweckfahrzeug zur Beförderung von Personen und Ausrüstung, das sich für weitere Zwecke einsetzen lässt. Aufbau wie gehabt: Motor/Getriebe vorn, dahinter das Führerhaus und dahinter das Abteil für zehn Soldaten in Gefechtsausrüstung. Die tragende Wanne besteht aus verstärkten Panzerblechen. Seitenwände und Türen sind doppelt ausgeführt. Der V-förmige Boden besteht aus drei Platten; der Minenschutz entspricht STANAG 4569 Schutzklasse IIa/b und kann damit Detonationsdrücken von bis zu 14 kg TNT (zwei Minen TM-57) standhalten. Der Innenraum ist mit einem 25 mm dicken Spezialmaterial beschichtet, das vor Abplatzungen und Splittern schützt. Über acht Schießluken (vier je Seite) und eine weitere im Heck kann die Besatzung mit Handwaffen nach außen wirken. Das rundum schwenkbare Türmchen Typ „Regel Mk1“ lässt sich mit einem 12,7-mm-Maschinengewehr oder einem Maschinengranatwerfer

Technische Angaben „Schrek Odin“	
Besatzung.	2 + 10
Gefechtsgewicht, t	16
Abmessungen, mm	
Länge	7776
Breite	2540
Höhe	3080
Bewaffnung, mm	1 x 12,7
Kampfbeladung, Schuss	2000
Motorleistung, PS	330
Höchstgeschwindigkeit, km/h	100
Fahrbereich, km	600

Geschütztes Fahrzeug „Schrek Odin“.

Geschütztes Fahrzeug „Schrek Odin", Ansicht von vorne rechts.

bestücken, aber auch mit fernsteuerbaren Kampfmodulen unterschiedlicher Bewaffnung. Als Antrieb dient der russische V8-Zylinder-Diesel JaMS-238D mit einer Leistung von 330 PS und Schaltgetriebe 9JS150TA B, aber auch Cummins und Deutz Dieselmotoren können eingebaut werden. Eine Reifendruckregelanlage für die Reifen Typ 525/70R21 erhöht die Geländegängigkeit des Zweiachsers, der überdies über Kommunikations- und Überwachungsgeräte, einschließlich Nachtsichtgeräten und Kameras, verfügt. Neben dem geschützten MTW KrAS „Schrek Odin" als Mannschaftstransporter mit einer Besatzung 2 + 10 waren eine Ausführung als Sanitätsfahrzeug (KrAS „Shrek One Ambulance") zum Transport von vier liegenden Verwundeten und zwei Begleitpersonen sowie das Bomben- und Minenräumfahrzeug KrAS „Shrek One EOD" geplant. Letzteres mit einem 6-m-Kranarm mit Greifer, der Lasten von bis zu 200 kg bewegen kann. Die Kabine verfügt über fünf Sitzplätze und ist mit zwei Ersatzrädern, zwei Feuerlöschern und einer Winde ausgestattet. Mit Beginn der Feindseligkeiten im Donbass am 10. September 2014 sammelten die Organisationen „Territory of Life" und „Phoenix Wings" Geld für die Beschaffung zweier geschützter Fahrzeuge für die 79. luftbewegliche Brigade. Am 22. November 2014 gab der ukrainische Innenminister Awakow bekannt, dass geschützte Fahrzeuge des Typs KrAS „Schrek Odin" für die ukrainische Nationalgarde bestellt worden seien und bald in Dienst gestellt würden.

Geschütztes Fahrzeug „Schrek Odin", Seitenansicht.

Geschütztes Fahrzeug „Schrek Odin", Rückansicht.

Geschütztes Fahrzeug „Spartan“

Das geschützte Fahrzeug „Spartan“ wurde 2012 von der kanadischen Streit Group auf Grundlage des 4 x 4-Geländewagens Ford-550 entwickelt. Das Unternehmen Developer bewirbt diesen Typ als „urbanes Einsatzfahrzeug“ für den geschützten Personentransport in bebautem Gelände. Der „Spartan“ verfügt über die Fahreigenschaften eines „städtischen Geländewagens“ mit hoher Beweglichkeit und Geschwindigkeit, so dass er in städtischer Umgebung viel freier agieren kann als herkömmliche Militärfahrzeuge, sich aber auch durch Schuttflächen, Sperren odrgl. nicht behindern lässt. Der Hersteller hebt seine Vielseitigkeit hervor. Ein wichtiger Aspekt der Werbekampagne der Streit-Gruppe besteht darin, potenziellen Abnehmern anzubieten, die Fahrzeuge in ihrer Heimat aus den aus Kanada gelieferten Teilen und Baugruppen individuell zusammenzubauen. Dadurch lassen sich Kosten senken und Arbeitsplätze schaffen. Auf der Rüstungsmesse Eurosatory-2014 im Juni 2014 erklärte ein Vertreter der Streit-Gruppe, das Unternehmen wolle in naher Zukunft seine geschützten Modelle in der Ukraine vorführen und rechne mit einer Zusammenarbeit mit dem Automobilwerk KrAS zur gemeinsamen Fertigung. Im August 2014 berichteten Medien jedenfalls, KrAS habe die Pro-

Technische Angaben „Spartan“	
Besatzung	2 + 4–12
Gefechtsgewicht, t	7,87
Abmessungen, mm	
Länge	6020
Breite	2430
Höhe	2370
Bewaffnung, mm	1 x 12,7
Kampfbeladung, Schuss	2000
Motorleistung, PS	300
Höchstgeschwindigkeit, km/h	110
Fahrbereich, km	800

Geschütztes Fahrzeug „Spartan“.

Geschütztes Fahrzeug „Spartan“, Seitenansicht.

duktion des „Spartan“ aufgenommen. Im Dezember hieß es dann, der Anteil ukrainischer Komponenten liege bei 10–15 %. Der Rahmenaufbau des „Spartan“ entspricht dem Ford F-550 mit Motor/Getriebe vorn, dahinter das Führerhaus, an das sich der kombinierte Kampf- und Truppenraum im mittleren und hinteren Teil anschließt. Die Panzerung entspricht der NATO-Schutzklasse III gemäß STANAG 4569. Der geschützte Unterboden widersteht Explosionen von Handgranaten und leichten Schützenminen; die sonstige Panzerung Handwaffengeschossen. Die gepanzerten Türen verfügen über ein doppeltes Verriegelungssystem und über Schießluken. Je zwei Schießluken finden sich auch an den Seiten. Die 39 mm dicken Fenster bestehen aus Polycarbonat und Mylar und werden von außen durch ein Stahlgitter abgedeckt. Natürlich ist auch die Windschutzscheibe kugelsicher. An den Seiten des Aufbaus befinden sich vier Türen mit einem kugelsicheren Glasblock an der Oberseite (zwei Türen für Fahrer und Kommandant, zwei für die Restbesatzung). Hinzu kommt eine Hecktür für das Auf- und Absitzen der hinteren Besatzung sowie eine Dachluke. Die Sitze des Truppenraums lassen sich hochklappen, so dass Transportraum entsteht. Die verstärkte Stoßstange ist für das Rammen von Hindernissen ausgelegt. Auf dem Dach lässt sich ein Waffentürmchen mit 7,62-mm- oder 12,7-mm-Maschinengewehr (NSWT oder DSchK) bzw. 40-mm-Maschinengranatwerfer oder Panzerabwehrraketen installieren. Der Ford-Diesel V8-6.7L leistet 300 PS, ist an ein Fünfgang-Automatikgetriebe gekoppelt und soll den „Spartan“ auf bis zu 110 km/h beschleunigen; Fahrbereich 800 km. Die

Geschütztes Fahrzeug „Spartan“, Rückansicht.

Geschütztes Fahrzeug „Spartan“ mit ferngesteuertem Kampfmodul.

mögliche Ausstattung umfasst Funkgeräte, GPS-Navigation, Videoüberwachung nebst Aufzeichnung, Blaulicht und Sirene, Wurfanlage für Tränengas oder Nebelmittel sowie eine Seilwinde zu Berge- und Räumzwecken. Die Umsetzung des „Spartan" erfolgte für ukrainische Verhältnisse relativ zügig. Bereits 2014 verfügte die Nationalgarde über mindestens 21 und die Streitkräfte über etwa 30 Fahrzeuge. Im Januar 2015 stellten die Streitkräfte im Zuge des Einsatzes der ersten 15 Fahrzeuge 17 Konstruktionsmängel fest. Besonders schwer wog die unzureichende Robustheit des Ford-Fahrgestells, das nach Einbau der Panzerung größeren Belastungen nicht mehr standhielt. So fiel der erste „Spartan" aus diesem Grund bereits nach vier Wochen aus – also alles andere als ein harter „Spartaner". Bis zum 30. Januar 2015 waren bei der 95. luftbeweglichen Brigade 12 von 14 „Spartan" ausgefallen. Am 28. Januar 2015 teilte AwtoKrAS mit, das Unternehmen habe drei Meldungen über das Versagen von „Spartan"-Stoßdämpfern und anderer Fahrwerksteile erhalten. Verbesserungen an der Konstruktion seien bereits im Gange.

Geschütztes Fahrzeug „Spartan" noch ohne Maschinengewehr-Bewaffnung.

Geschütztes Fahrzeug „Kuguar“

Auch das geschützte Fahrzeug „Kuguar“ (englisch: Cougar, Puma) stellt eine Entwicklung der kanadischen Streit-Gruppe dar und wird unter Lizenz im ukrainischen Automobilwerk KrAS nachgebaut. Der Hauptzweck des Fahrzeugs sind Patrouillen-, Aufklärungs- und Kampfeinsätze in städtischen Gebieten. Das Vorführmodell wurde erstmals im Februar 2013 auf der „International Armored Vehicles 2013“, einer internationalen Ausstellung gepanzerter Fahrzeuge in London, präsentiert. Im Juni 2014 wurde berichtet, „Kuguar“ würden bei KrAS mit aus Kanada gelieferten Teilen endmontiert. Im selben Jahr begann KrAS zwar mit der Serienfertigung, doch die Ukraine importierte die ersten 15 Fahrzeuge noch aus den Vereinigten Arabischen Emiraten. Diese wurden im KrAS-Werk entsprechend den Anforderungen der Streitkräfte und der Nationalgarde umgerüstet. In den folgenden Jahren lag der Anteil der ukrainischen Komponenten für das Fahrzeug

Technische Angaben „Kuguar“	
Besatzung	2 + 6
Gefechtsgewicht, t	5,9
Abmessungen, mm	
Länge	5352
Breite	2030
Höhe	2114
Bewaffnung, mm	1 x 12,7
Kampfbeladung, Schuss	2000
Motorleistung, PS	240
Höchstgeschwindigkeit, km/h	105
Fahrbereich, km	700

Geschütztes Fahrzeug „Kuguar“.

Geschütztes Fahrzeug „Kuguar“ mit Maschinengewehr-Bewaffnung.

Geschütztes Fahrzeug „Kuguar“, Seitenansicht.

bei höchstens 15–20 %. Der „Kuguar“ beruht auf dem hervorragenden Geländewagen Toyota „Land Cruiser 79“ und hat einen ähnlichen Aufbau wie das Basismodell. Im vorderen Teil Motor und Getriebe, dahinter das Führerhaus und der Truppenraum für bis zu sechs Schützen in Gefechtsausrüstung. Sie nehmen auf seitlichen Einzelsitzen Platz. Die geschweißte Wanne besteht aus schwedischen Panzerblechen. Die Panzerung entspricht der Norm CEN Level BR6 und bietet einen Rundumschutz gegen 7,62 x 51 mm NATO-Geschosse aus einer Entfernung von 10 m. Die V-förmig gestaltete Unterseite erhöht die Minenresistenz und hält der Explosion zweier gebündelter Handgranaten DM51 stand. Die Sicht der Besatzung wird durch Fenster mit kugelsicherem Glas gewährleistet – in den Seitentüren des Führerhauses, drei auf den Seiten des Truppenraums und in den Hecktüren. Die Fenster lassen sich mit Gittern versehen und die Ausgucks des Truppenraums verfügen über Schießluken für Handwaffen. Die Besatzung sitzt über die Seitentüren und die Doppeltür am Heck auf und ab. Bei Bedarf lässt sich auf dem Dach des Kampfraums ein Schwenktürmchen mit 7,62-mm- oder 12,7-mm-MG oder Maschinengranatwerfer installieren; alternativ ein ferngesteuertes

Geschutztes Fahrzeug „Kuguar", Rückansicht.

Kampfmodul mit BPU-12.7 (12,7-mm-Maschinengewehr mit Laserentfernungsmesser). Für den Antrieb sorgt ein 6-Zylinder-Reihendiesel Toyota 4.0 TD mit 240 PS oder ein 6-Zylinder-Reihenbenziner Toyota 1FZ-FE 4.0i mit 218 PS. Der Benziner schaltet mit einem Fünfgang- und der Diesel mit einem Sechsgang-Getriebe. Wie sein Grundmodell ist der „Kuguar" ein allradgetriebenes 4 x 4-Fahrzeug mit Einzelradaufhängung und hydraulischen Stoßdämpfern. Die Fahr-, Brems- und Geländeeigenschaften verbessert ein Radblockiersystem. Die 225/70R19.5 „Runflat"-Reifen verfügen über kugelsichere Einlagen. Zur wahlweisen Ausstattung zählen ein Funkgerätesatz, eine Videoüberwachungsanlage, ein Werfer für Tränengas und Nebelmittel, eine Seilwinde zu Räum- und Bergezwecken sowie ein Ersatzrad an der Hecktür. So weit bekannt, gibt es den „Kuguar" in der Ukraine auch als Sanitätsfahrzeug sowie als Spezialfahrzeug für OSZE-Beobachter. 2015 verfügten der Grenzschutz und die Nationalgarde über 77 „Kuguar". Im rauen Feldeinsatz traten keine ernsthaften Probleme auf, obwohl die Grenzschützer bzw. Nationalgardisten auf die Notwendigkeit hinwiesen, die Stoßdämpfer zu verstärken, da das Fahrzeug bei hoher Geschwindigkeit gern von einer Seite zur anderen schwankt.

Kolonne von geschützten Fahrzeugen „Kuguar"
der Streitkräfte der Ukraine.

Geschütztes Fahrzeug „Raptor“

Der geschützte Lkw „Raptor“ – nicht zu verwechseln mit dem US-amerikanischen Achtrad-Schützenpanzer gleichen Namens – ist ein gepanzertes Mehrzweckfahrzeug auf Grundlage des dreiachsigen Militär-Lkw KrAS-6322. Der „Raptor“ dient vor allem dem geschützten Transport von Soldaten im rückwärtigen Bereich und ihrer raschen Beförderung auf dem Gefechtsfeld. Das Fahrzeug wurde unter Berücksichtigung der Erfahrungen aus Konflikten der späten 1900er- bis frühen 2000er-Jahre entwickelt. In den Jahren 2003–2005 entstand zunächst die geschützte Polizeivariante AWS-30 für den Einsatz bei Massenkrawallen. Das AWS-30-Fahrzeug erhielt einen Räumschild, seitliche Schutzgitter für die Räder sowie Gitter zum Schutz der Sichtscheiben und war unter anderem mit Lautsprechern, einem Wasserwerfer und spezieller Polizeiausrüstung bestückt. Die positiven Erfahrungen mit dem AWS-30 spornten das KrAS-Konstruktionsbüro dazu an, in Zusammenarbeit mit der kanadischen Streit Group das geschützte Mehrzweckfahrzeug KrAS-6322 HMPW-A zu entwickeln, das vor allem als Konvoi-Begleiter dienen sollte. Es wurde 2007 auf der internationalen Waffenmesse IDEX-2007 erstmals vorgestellt und sollte in erster Linie in den Export gehen. Nach Beginn der Feindseligkeiten in der Ostukraine 2014, als der Bedarf der ukrainischen bewaffneten Organe an gepanzerten Fahrzeugen sprunghaft anstieg, baute KrAS eine Variante mit verstärkter Panzerung. Die Präsentation dieses Fahrzeugs fand am 21. November 2014 statt, und im Februar 2015 wurde seine leichte Variante auf Basis des zweiachsigen Lkw KrAS-5233BE vorgestellt. Beide Fahrzeuge trugen den Namen „Raptor“. Bei der „Anti-Terror-Operation“

Geschütztes Fahrzeug „Raptor“ 6 x 6.

im Donbass setzte die ukrainische Nationalgarde dann 20 „Raptoren" ein. Grundsätzlich zeigt der „Raptor" einen konventionellen Lkw-Aufbau mit Motor/Getriebe vorn, geschlossenes Führerhaus dahinter und wiederum dahinter als Aufbau ein gepanzertes Truppen- oder Transportabteil. Letzteres (wir sprechen vom Dreiachser) kann 24 Schützen in voller Gefechtsausrüstung aufnehmen. An der linken und rechten Seite befinden sich sechs Schießluken für Handwaffen und auch die Doppeltür am Heck weist zwei Schießöffnungen auf. Auch die Dachluken lassen sich zum Handwaffeneinsatz bzw. zum

Geschütztes Fahrzeug „Raptor", Vorderansicht.

Technische Angaben „Raptor"	
Besatzung	2 + 24
Gefechtsgewicht, t	21
Abmessungen, mm	
Länge	8980
Breite	2950
Höhe	3260
Bewaffnung, mm	1 x 12,7
Kampfbeladung, Schuss	2000
Motorleistung, PS	300–400
Höchstgeschwindigkeit, km/h	80
Fahrbereich, km	1000

Auf- und Absitzen nutzen. Ebenso lässt sich auf dem Dach ein 12,7-mm-MG aufbauen. Die geschweißten Panzerbleche bieten Schutz gemäß CEN BR6. Der geschützte Aufbau mit autonomer Ausstattung und Versorgung (Beleuchtung, Heizung, Klimaanlage) kann vom Fahrgestell gehoben und, nach Anschluss an eine Stromquelle, stationär als Container genutzt werden. Etwa als Kontrollpunkt, Führungsstelle, Sanitätsstation oder Unterkunft. Im Unterschied zu anderen geschützten Fahrzeugen eignet sich der „Raptor" trotz seines Raubsaurier-Namens nicht zur direkten Teilnahme an Gefechtshandlungen, zumal sein minimaler Panzerschutz panzerbrechenden Handwaffengeschossen nicht standhält. Die Aufgabe des „Raptor" und ähnlicher Fahrzeuge besteht

Geschütztes Fahrzeug „Raptor" 4 x 4, Seitenansicht.

Geschütztes Fahrzeug „Raptor", Rückansicht.

hauptsächlich darin, Soldaten rasch an ihren Bestimmungsort zu bringen, die schnelle Verlegung von Einheiten oder die Evakuierung von Verwundeten zu gewährleisten. Dafür sorgen u. a. sein 330 PS starker 8-Zylinder-Diesel mit Turbolader, der ihn auf bis zu 80 km/h beschleunigt, und die beiden 250-l-Kraftstofftanks, die ihm einen Fahrbereich von über 1000 km verleihen. Zudem punktet der „Raptor" mit seiner Geländegängigkeit: Er überwindet Steigungen bis 35° Grad, erklettert 0,6 m hohe senkrechte Hindernisse und durchwatet 1,5 m tiefe Gewässer.

So kann die Besatzung des „Raptor" mit Handwaffen aus dem Truppenraum wirken.

Improvisiertes Gerät

In Gefechten mit russischen Truppen erlitten die ukrainischen Streitkräfte erhebliche Verluste an gepanzerten Fahrzeugen. Da sich diese Verluste bei weitem nicht durch eigenen Ersatz und westliche Ausrüstung ausgleichen ließen, setzte die ukrainische Armee in großem Umfang improvisiertes Gerät in Gestalt nachgepanzerter Militär- oder ziviler Fahrzeuge mit und ohne Bewaffnung ein. Dies ist heute (2023) noch so. Manche werden direkt von der Truppe aus Militär-Kfz „metamorphisiert", andere vollziehen ihre Wandlung in zivilen Werkstätten irgendwo im Hinterland. Da viele dieser Fahrzeuge als Einzelstücke oder in geringer Stückzahl von Truppenteilen hergerichtet wurden und werden, ist eine Typisierung oder Klassifizierung nicht möglich. Daher muss sich dieser Abschnitt auf einige Beispiele und grundsätzliche Gemeinsamkeiten dieser Improvisationen beschränken. Ein Beispiel für die Verstärkung des Panzerschutzes von Serienfahrzeugen liefert die Umwandlung von leicht gepanzerten Kettentransportern MT-LB zu Schützenpanzern BMP-1LB. Durch zusätzliche Panzerplatten an den Seitenwänden der MT-LB wurde ihr Panzerschutz verdoppelt, was einen aktiveren Gefechtseinsatz der so aufgerüsteten Fahrzeuge erlaubte. Die Notwendigkeit, Nachschub für Fronteinheiten auch über unter russischem Artilleriebeschuss liegende Straßen und Wege zu liefern, zwang das ukrainische Militär, zivile Lastwagen mit Panzerschutz auszustatten und sie in gepanzerte Mannschaftstransportwagen oder so genannte geschützte Fahrzeuge zu verwandeln. Ein prägnantes Beispiel für ein solches Fahrzeug gibt jener KAMAS-Lkw, den Soldaten des berühmten „Asow"-Bataillons bei den Kämpfen um Mariupol einsetzten. Die Besonderheit dieses Fahrzeugs besteht darin, dass die Panzerplatten, die Aufbau und Kabine bedecken, Schießscharten für Handwaffen aufweisen. Die ukrainischen Streitkräfte haben außerdem recht erfolgreich zivile geländegängige Pkw in Träger schwerer Maschinengewehre verwandelt. Bei der Charkiw-Offensive im Frühjahr und Sommer 2022 stießen ukrainische Sabotage- und Aufklärungstrupps auf solchen Fahrzeugen tief in den Rücken des Gegners. In diesem Zusammenhang sind auch die auf zivilen Kfz montierten Flugabwehrkanonen und -raketen zu erwähnen. Die so entstandenen selbstfahrenden Flugabwehrsysteme setzten und setzen ukrainische Einheiten zur Luftabwehr sowohl auf dem Marsch als auch auf dem Gefechtsfeld ein.

Geschützter Lkw Ural-4320-31 auf Basis des Ural-4320.

TEIL 2: AUSLÄNDISCHE RÜSTUNGSHILFE

Aufgrund der Verschlechterung der russisch-ukrainischen Beziehungen erhielt die Ukraine ab 2014 umfangreiche ausländische Rüstungshilfe, vor allem aus den USA, die in der Ukraine massiv politische, wirtschaftliche und militärische Interessen verfolgten und noch immer verfolgen. Bis zu dieser Zeit hatte sich die Ukraine zu einem bedeutenden Akteur auf den globalen Waffenmärkten gemausert und verkaufte ihre riesigen Bestände an Waffen und militärischer Ausrüstung, die sie von der Sowjetunion geerbt hatte. Aus diesem Grund beschränkte sich die ausländische Militärhilfe zunächst auf die Entsendung von Ausbildungsmissionen zur Schulung der ukrainischen Streitkräfte, der Nationalgarde, des Grenzschutzes und der Polizei. Das Ausmaß dieser Hilfe ist beeindruckend: Von 2014 bis 2017 investierten allein die Vereinigten Staaten 658 Millionen US-Dollar in Ausbildungs- und Rüstungshilfe für die Ukraine – freilich nicht aus bloßem Idealismus, sondern gegen entsprechend lukrative Gegenleistungen bzw. Perspektiven und aus strategischen Gründen. Bis 2014 blieb jedoch das benachbarte Litauen offiziell der einzige Staat, der die Ukraine mit offensiven Gefechtswaffen belieferte. Am 24. November 2014 wurde bekannt gegeben, dass Litauen die Ukraine mit „spezifischen Waffenelementen" beliefert hat, die genaue Zusammensetzung der Lieferungen wurde jedoch nicht genannt. Die nächste Lieferung erfolgte am 2. September 2016. Die Ukraine erhielt rund 150 t Munition (hauptsächlich 5,45 x 39 mm), die für die litauische Armee aufgrund der Umstellung auf NATO-Kaliber überflüssig geworden war. Aus demselben Grund lieferte Litauen der Ukraine bis Ende 2016 60 Maschinengewehre KPWT und 86 Maschinengewehre DSchK. Laut einer Erklärung des litauischen Verteidigungsministeriums übergab der baltische Staat im November 2017 ein Waffenpaket im Wert von 2 Millionen Euro an die Ukraine (hauptsächlich 7000 Kalaschnikow-Sturmgewehre und Munition, 80 Maschinengewehre, mehrere Dutzend Mörser und Panzerabwehrkanonen aus Militärbeständen). Die Großlieferungen ausländischer Gefechtswaffen an die Ukraine setzten dann ab Februar/März 2022 nach dem russischen Angriff so richtig ein. Das von russischer Seite als „Sonderoperation" betitelte Angriffsunternehmen entwickelte sich bald zu einem Abnutzungskrieg zwischen den beiden Staaten und zu einem Stellvertreterkrieg der USA bzw. NATO mit Russland. Bald begannen NATO-Länder mit der Lieferung von „Verteidigungswaffen" in Form von Panzerabwehrraketen (ATMS) und tragbaren Flugabwehrwaffen (MANPADS). Später schlossen sich weitere europäische Staaten an. Die Palette des gelieferten Geräts wurde schrittweise erweitert, anfangs vor allem um

Zusatzausrüstungen. Die ukrainischen Verbände erhielten zwar ausländisches Gerät, verwendeten aber weiterhin die vorhandene Ausrüstung sowjetischer Bauart. Verluste wurden weitgehend durch Lieferungen entsprechender Ausrüstung aus osteuropäischen Ländern kompensiert.

Nachbarstaat Polen trat als einer der aktivsten Waffenlieferanten in Erscheinung. 2022 übergab es der Ukraine an die 300 T-72 verschiedener Ausführungen und versprach außerdem, die auf dem T-72 basierenden Kampfpanzer RT-91 zu liefern. Außerdem erklärte die polnische Führung, alle noch vorhandenen polnischen MiG-29-Kampfflugzeuge zur Verfügung zu stellen.

Seit Frühjahr 2022 sind viele NATO-Länder an der Lieferung von Waffen und militärischer Ausrüstung an die Ukraine beteiligt. Aus den Daten des Kieler Instituts für Weltwirtschaft, die den Zeitraum vom 24. Januar bis zum 7. Juni 2022 abdecken, sowie aus den nach dem 7. Juni abgegebenen Erklärungen westlicher Staaten geht hervor, dass die Ukraine von Anfang des Jahres bis Ende Juni folgende Lieferungen erhielt:

Rohrartillerie

- Bis zu 215 gezogene 155-mm-Hubitzen nach NATO-Standard (mehr als die Hälfte US-amerikanische M777-Haubitzen). Die Übergabe von mindestens 17 weiteren Haubitzen wurde zugesagt. Darüber hinaus kündigte Polen seine Absicht an, einen Vertrag über den Verkauf weiterer 60 Panzerhaubitzen an die Ukraine abzuschließen. Das ukrainische Verteidigungsministerium bestätigte den Erhalt von 150 Einheiten.
- Mindestens 29 Haubitzen sowjetischer Bauart (das ukrainische Verteidigungsministerium bestätigte den Erhalt von 50 Stück).
- Mindestens 100 Mörser (das ukrainische Verteidigungsministerium bestätigte den Erhalt von Hunderten von Mörsern);
- Acht 155-mm-Panzerhaubitzen.

Mehrfachraketenwerfer (BM-30)

- 20 BM-30 sowjetischer Bauart (das ukrainische Verteidigungsministerium spricht von Dutzenden gelieferten BM-30);
- 8 modernisierte BM-30 sind zur Auslieferung zugesagt worden.

Gepanzerte Fahrzeuge

- Bis zu 395 gepanzerte Fahrzeuge, von denen weitere 99 zur Lieferung zugesagt wurden (das ukrainische Verteidigungsministerium hat den Erhalt von 250 Einheiten bestätigt);
- 147 andere gepanzerte Fahrzeuge, weitere
- 218 Einheiten sind zur Auslieferung zugesagt worden;
- 18 Zugfahrzeuge für Haubitzen;
- 4 Bergepanzer zur Evakuierung von Ausrüstung.

Kampfpanzer

- 252 Kampfpanzer sowjetischer Bauart, wobei acht Panzer zur Lieferung zugesagt wurden;
- 40 von NATO-Ländern hergestellte Panzer waren zur Lieferung zugesagt.

Luftverteidigungssysteme

- Ein Luftverteidigungssystem wurde an die Ukraine geliefert, ein weiteres zur Lieferung zugesagt.

Anti-Schiffs-Raketensysteme
- 3 Anti-Schiffs-Raketensysteme wurden geliefert (das ukrainische Verteidigungsministerium bestätigte den Erhalt eines Systems).

Tragbare Flugabwehr- und Panzerabwehrsysteme
Mindestens 2310 Fliegerfäuste (MANPADS), von denen weitere 60 geliefert werden sollten (nach ukrainischen Angaben wurden Tausende Fliegerfäuste geliefert);
- 32.800 Panzerfäuste und Panzerabwehrsysteme (einschließlich „Javelin", „Milan") samt Munition, wobei weitere 6150 zur Auslieferung vorgesehen wurden.

Hubschrauber
- Die Ukraine hat 3 Hubschrauber erhalten, die Lieferung von 19 weiteren Hubschraubern wurde zugesagt.

UAV/Drohnen
- Die Anzahl gelieferter Kampfdrohnen blieb unbekannt. Das ukrainische Verteidigungsministerium erklärte, es habe sich um mehrere Dutzend gehandelt. Eine Quelle spricht von
- bis zu 846 Drohnen aller Art.

Handwaffen, Munition und Ausrüstung
- Sie soll mindestens 117.532 Helme, 53.411 Körperpanzer verschiedener Typen, Sturmgewehre des NATO-Typs, 45.031 Sturmgewehre sowjetischen Typs und die dazugehörige Munition, 1470 Granatwerfer, 107.500 Handgranaten, 5775 Selbstladegewehre und Maschinenpistolen, verschiedene Munition für Haubitzen, Mörser usw. in einem Umfang von etwa 8,1 Millionen Stück, Tausende von Funkverschlüsselungsgeräten, mehrere Tausend „Starlink"-Terminals für die Satellitenkommunikation und eine unbekannte Menge von Satellitenbildern im Wert von mehreren zig-Millionen Dollar. Im Dezember 2022 beliefen sich die Waffenlieferungen von 27 NATO-Staaten an die Ukraine auf umgerechnet 97 Milliarden US-Dollar. Die im Jahr 2022 gelieferten Waffen und militärischen Ausrüstungen wurden von den NATO-Ländern als „defensive Waffen" eingestuft. Seit Anfang 2023 ist jedoch ein Trend zur Lieferung von Offensivwaffen an die Ukraine zu beobachten: Panzer und Kampfflugzeuge westlicher Bauart. Im Januar gab Frankreich seine Absicht bekannt, der Ukraine AMX-10RC-Radpanzer zu liefern. Sie können zur Aufklärung, zur Unterstützung von Infanterie und zur Bekämpfung feindlicher Panzer eingesetzt werden.

Paris wurde von Washington und Berlin unterstützt. Am 5. Januar führten US-Präsident Joe Biden und Bundeskanzler Olaf Scholz ein Telefongespräch und gaben im Anschluss daran eine gemeinsame Erklärung ab, in der Washington der Ukraine die Lieferung von US-Schützenpanzern „Bradley" und Berlin die Lieferung von Schützenpanzern „Marder" zusagte.

Auch Großbritannien mischte mit. Im Januar 2023 gab London bekannt, dass 10 Kampfpanzer des Typs „Challenger 2" an die Ukraine geliefert werden könnten. Diese Zahl wurde später auf 28 Einheiten erhöht. Ebenfalls im Januar kündigte US-Präsident Biden die Entscheidung an, 31 Kampfpanzer M1 „Abrams" an die Ukraine zu liefern. Dies war der Auslöser für die Entscheidung der Bundesrepublik Deutschland, Kampfpanzer „Leopard 2" an die Ukraine zu liefern. Darüber hinaus hat die BRD Polen die Erlaubnis erteilt, der Ukraine Panzer dieses Typs zu schicken, die bei der polnischen Armee im Einsatz sind. Spanien, Schweden und Finnland haben ebenfalls zugesagt, „Leopard"-Panzer in die Ukraine zu schicken. Auf diese Weise erhielten bzw. erhalten die ukrainischen Streitkräfte die „notwendigen Waffen für eine lang andauernde Gegenoffensive", die nach Ansicht des ukrainischen Militärs einen Wendepunkt im Krieg darstellen wird. Die große Kriegswende blieb bislang (Dezember 2023) allerdings aus. Stattdessen nimmt der beiderseitige Zermürbungskrieg seinen Fortgang, wobei Russland allmählich die Oberhand zu gewinnen scheint.

VON NATO-STAATEN GELIEFERTE ARTILLERIE

Die ukrainische Artillerie war vor Beginn der russischen „Sonderoperation" hauptsächlich mit ex-sowjetischem Gerät ausgerüstet. In den Gefechten der ersten Wochen verloren die Ukrainer fast ein Drittel ihrer Feldartillerie und viele Munitionsdepots. Die Verluste suchten sie zunächst vor allem durch aus osteuropäischen NATO-Ländern gelieferte Artilleriewaffen sowjetischer Produktion auszugleichen. Nach Angaben des Kieler Instituts für Weltwirtschaft erhielt die Ukraine vom 24. Januar bis 7. Juni 2022 zusätzlich mindestens 250 Geschütze im NATO-Kaliber 155 mm. Die bekanntesten waren die gezogene US-amerikanische 155-mm-Haubitze M777, die US-amerikanische 155-mm-Panzerhaubitze M109 in verschiedenen Modifikationen, die polnische Panzerhaubitze AHS „Krab" im selben Kaliber und – sozusagen als Sahneschnittchen – die deutsche 155-mm-Panzerhaubitze PzH 2000. Die Tschechische Republik lieferte 20 Panzerhaubitzen des Typs 152 mm „Dana" und eine ungenannte Anzahl veralteter sowjetischer Haubitzen D-20. Weiters erhielt die Ukraine ex-sowjetische 122-mm-Panzerhaubitzen „Gwosdika", über 20 Mehrfachraketenwerfer RM-70 sowie einige „Exoten" wie z. B. eine Anzahl 130-mm-Korpskanonen M46H1 aus Kroatien. Auch britische und US-amerikanische Feldhaubitzen L199 und M119 (36 + 20 Stück) im Kaliber 105 mm trafen ein. Den Höhepunkt der offiziell gemeldeten Lieferungen stellten die weitreichenden US-Mehrfachraketenwerfer M142 HIMARS dar, die für die russischen Streitkräfte, insbesondere im Hinterland der Front, zu einer bösen Überraschung wurden. Da diese Werfer den sowjetisch/russischen 152-mm-Haubitzen in Bezug auf Reichweite und Schussgenauigkeit deutlich überlegen sind, erlangten die ukrainischen Streitkräfte in diesem Segment der Artillerie sogar eine gewisse Überlegenheit gegenüber der russischen Artillerie. Diese Überlegenheit wurde noch dadurch verstärkt, dass die ukrainische Artillerie von der NATO gelieferte Präzisionsmunition, unbemannte Luftfahrzeuge (Drohnen) und Starlink-Satellitenkommunikation einsetzen konnte. So entstand für die russische Artillerie die unvorteilhafte Lage, dass die Ukrainer über mehr als 200 Geschütze verfügten, die in der Lage waren und sind, russische Kräfte außerhalb der Reichweite der eigenen (russischen) Geschütze zu bekämpfen (Gegenfeuer). Erwähnt werden sollte jedoch auch, dass auch die Russen über weitreichende Mehrfachraketenwerfer und Kurzstreckenraketen verfügen.

Tschechische 152-mm-Panzerhaubitze des Typs „Dana". (Foto: Ralf Weinreich)

105-mm-Feldhaubitze L119/M119

2022 lieferte Großbritannien 36 leichte 105-mm-Feldhaubitzen L119 an die Ukraine. Hinzu kamen weitere 20 Geschütze M119, also der in den USA in Lizenz hergestellten US-Variante. Die Entwicklung dieser Haubitze unter der Bezeichnung L118 nahm der britische Rüstungskonzern Royal Ordnance 1965 in Angriff; 1971 begann die Serienfertigung. Bis Anfang 1990 entstanden 650 Geschütze, von denen 276 an die britischen Streitkräfte und der Rest hauptsächlich an arabische Staaten und nach Übersee gingen, wobei die Vereinigten Arabischen Emirate, Marokko, Oman, Indonesien, Malawi, Bahrain und Kenia in Bezug auf die gekauften Chargen hervorstachen. Der Auftrag für die größte Serie erging jedoch vom US-Verteidigungsministerium, das 1986 beschloss, etwa 540 modifizierte Haubitzen des Typs L118 mit der Bezeichnung L119 aus England zu übernehmen und dazu in den USA lizenzgefertigte M119. Im Rahmen des Vertrags fertigte Royal

Ordnance 150 Geschütze und den Rest bauten die Amerikaner. Die leichte Feldhaubitze L118 fertigten außerdem Australien und Indien in Lizenz; die Inder als 105 mm Light Field Gun noch heute. Die Haubitze L-118 verfügt über ein autofrettiertes Monoblockrohr L/30 mit Doppelkammer-Mündungsbremse, die von der Panzerhaubitze „Abbot" stammt ebenso wie der Keilverschluss. Die einachsige Kastenholmlafette erhielt bogenförmige Holme, über die sich das Geschützrohr in Fahrstellung um 180° schwenken lässt. In der Feuerstellung ruht das Geschütz bei angehobenen Rädern auf der abgesenkten Schießplattform, die Rundumfeuer ermöglicht (ohne Plattform beträgt der Seitenrichtbereich nur 11°). Der Höhenrichtbereich der Haubitze liegt bei –5,5° bis +70°. Die Lafette verfügt über zwei hydropneumatische Rohrbremsen mit einstellbarem Rücklauf und Rohrvorholer. Dank des gefederten Einachs-Fahrgestells lässt sich das Geschütz mit relativ hoher Geschwindigkeit auf befestigtem wie unbefestigtem Untergrund schleppen. Als Zugfahrzeuge kommen zwei- oder dreiachsige Militär-Lkw in Frage. Die Feldhaubitze L118 verschießt wie die Selbstfahrlafette „Abbot" halbgetrennte Munition mit Messingkartuschen. Die L119 (M119) verdaut die gesamte Standard-105-mm-Munition der NATO.

Haubitze L119

Technische Angaben L119/M119	
Kaliber, mm	105
Rohrlänge, Kaliber	L/30
Bedienung	6
Gewicht in Feuerstellung, t	1,86
Mündungsgeschwindigkeit, m/s	708
Geschossgewicht, kg	15,8
Höchstschussweite, km	17,2
Feuergeschwindigkeit, S/min	6
Höhenrichtbereich, Grad	–5,5 bis 70
Seitenrichtbereich, Grad. - von den Rädern - auf Schießplattform	 11 360
Länge in Feuerstellung, m	7,01
Breite in Feuerstellung, m	1,78

Eine Haubitze wird in Feuerstellung gebracht.

Die Haubitze L119 hat eine Höchstschussweite von 17,2 Kilometern.

155-mm-Feldhaubitze TRF1

Am 8. September 2022 berichtete die französische Tageszeitung *L`Opinion* über ein bevorstehendes Geschäft zum Verkauf von 155-mm-Feldhaubitzen TRF1 an die Ukraine. Als Verkäufer trat das französische Privatunternehmen S2M-Equipment auf, während das französische Kriegsministerium die erforderlichen Dokumente und Genehmigungen ausstellte. Über die Stückzahl hüllte man sich in Schweigen, aber es war bekannt, dass sich nur 39 Geschütze des Typs TRF1 in französischen Lagern befanden. Die Feldhaubitze wurde von GIAT in den späten 1970er-Jahren entwickelt. Ein Prototyp lag 1979 vor, doch die weiteren Arbeiten verzögerten sich, so dass die Canon 155 TRF1 erst 1987 in die Erprobung und 1989 schließlich in die Fertigung ging. Die Waffe erhielt ein Rohr L/40 (ca. 6,2 m) mit Doppelkammer-Mündungsbremse und Schraubenverschluss. Die zweiholmige Spreizlafette mit Schießplattform erlaubt einen Seitenrichtbereich von 38° nach links und 27° nach rechts. Der Höhenrichtbereich beträgt –6° bis +66°. Eine Besonderheit der Lafette ist ihr 32-PS-Hilfsantrieb, mit der sich das Geschütz über kurze Strecken mit bis zu 4 km/h Geschwindigkeit bewegen lässt. Außerdem betreibt der Hilfsantrieb das hydraulische Ansetz- und Ladesystem. Als Zugfahrzeug dient ein 6 × 6-Lkw Berliet, der auch die achtköpfige Bedienung und die Munition (bis zu 50 Schuss) transportiert. Zum Transport wird das Geschützrohr um 180° nach hinten in Marschlage geschwenkt und die Lafette an den Schlepphaken des Zugfahrzeugs genommen. Die Feldhaubitze TRF1 verschießt die 155-mm-Sprenggranaten der NATO, dazu Nebel- und Leuchtgeschosse. Die Reichweite eines üblichen Sprenggeschosses liegt bei 24 km, während reichweitengesteigerte Granaten bis zu 30,5 km erreichen. Die maximale Feuergeschwin-

Technische Angaben TRF1	
Kaliber, mm	155
Rohrlänge, Kaliber	L/40
Bedienung	8
Gewicht in Feuerstellung, t	9,5
Mündungsgeschwindigkeit, m/s	810
Geschossgewicht, kg	43,2
Höchstschussweite, km	
- herkömmliches Sprenggeschoss	24,0
- reichweitengesteigertes Geschoss	30,5
Feuergeschwindigkeit, S/min	2–6
Höhenrichtbereich, Grad	–6 bis +66
Seitenrichtbereich, Grad	links 27, rechts 38
Länge in Feuerstellung, m	10,0
Breite in Feuerstellung, m	8,40

Die Haubitze TRF-1 feuert auf eine Entfernung von bis zu 30 km.

Haubitze TRF-1, Vorderansicht. Das Hilfsantriebssystem ist sichtbar.

Haubitze TRF-1 in Feuerstellung.

Haubitze TRF-1.

digkeit beträgt 6 Schuss in der Minute. Insofern unterscheidet sich die französische Feldhaubitze TRF1 kaum von anderen Geschützen ihrer Klasse, die aus den 1970er-Jahren stammen. Der wichtigste Unterschied ist das Vorhandensein eines Hilfsantriebs und damit die Selbstbeweglichkeit. Bezüglich der Schussleistung ähnelt die TRF1 der deutsch-italienischen FH-70, die zuvor ebenfalls an die Ukraine geliefert worden war. Auch ein Vergleich mit der US-amerikanischen M777 bietet sich an, zumal alle Geschütze eine ähnliche Rohrlänge aufweisen und standardisierte 155-mm-Munition verschießen.

155-mm-Feldhaubitze M777

Im April 2022 begannen die USA, Kanada und Australien mit der Lieferung von 155-mm-Haubitzen des Typs M777 an die Ukraine. Insgesamt wurden 136 Geschütze aus Arsenalen transferiert, außerdem 230.000–250.000 155-mm-Granaten sowie Zubehör. Die anfänglich als Ultralightweight Field Howitzer (UFH) bezeichnete Feldhaubitze M777 geht auf eine Entwicklung der britischen Firma Vickers Shipbuilding and Engineering (VCEL) aus dem Jahr 1989 nach einem Lastenheft des US-Marineinfanteriekorps und des US-Heeres zurück. Die wichtigsten Punkte waren hohe Feuerkraft (auf Augenhöhe mit modernen NATO 155-mm-Haubitzen) und ein möglichst geringes Gewicht, das den Transport als Außenlast an einem UH-60-Hubschrauber erlaubte. Nachdem die modifizierte Version der UFH-Haubitze vom U.S. Marine Corps und der U.S. Army übernommen worden war, erhielt sie die US-Bezeichnung M777. Die Endmontage der Haubitzen erfolgt in den USA, wobei etwa 70 % der Teile ebenfalls in den USA hergestellt werden. Das Rohr L/39, die Zweikammer-Mündungsbremse und der Schraubenverschluss entsprechen der Panzerhaubitze M109A6 „Paladin". Die Zweirad-Lafette aus einer gewichtssparenden Titanlegierung ist eine Variante der Kreuzlafette, bei der zwei Arme vor der Schießplattform liegen, und die beiden anderen sie hinten stabilisieren.

Technische Angaben M777	
Kaliber, mm	155
Rohrlänge, Kaliber	L/39
Bedienung	6–8
Gewicht in Feuerstellung, t	3,745
Mündungsgeschwindigkeit, m/s	827
Geschossgewicht, kg	43,35
Höchstschussweite, km - mit herkömmlichem Sprenggeschoss - mit reichweitengesteigertem Geschoss	 24,7 30,0
Feuergeschwindigkeit, S/min	4
Höhenrichtbereich, Grad	–5 bis +70
Seitenrichtbereich, Grad	45
Länge in Feuerstellung, m	10,21
Breite in Feuerstellung, m	3,72

In der Marschstellung werden die vorderen Arme eingeklappt und die hinteren über hydraulische Stellantriebe hochgefahren. Eine gut ausgebildete Bedienung von 6–8 Mann braucht für den Übergang von der Marsch- in die Schießlage und umgekehrt etwa zwei Minuten. Unter der Mündungsbremse befindet sich eine Zugöse zum Schleppen des Geschützes. Die Haubitze M777 verschießt von Haus

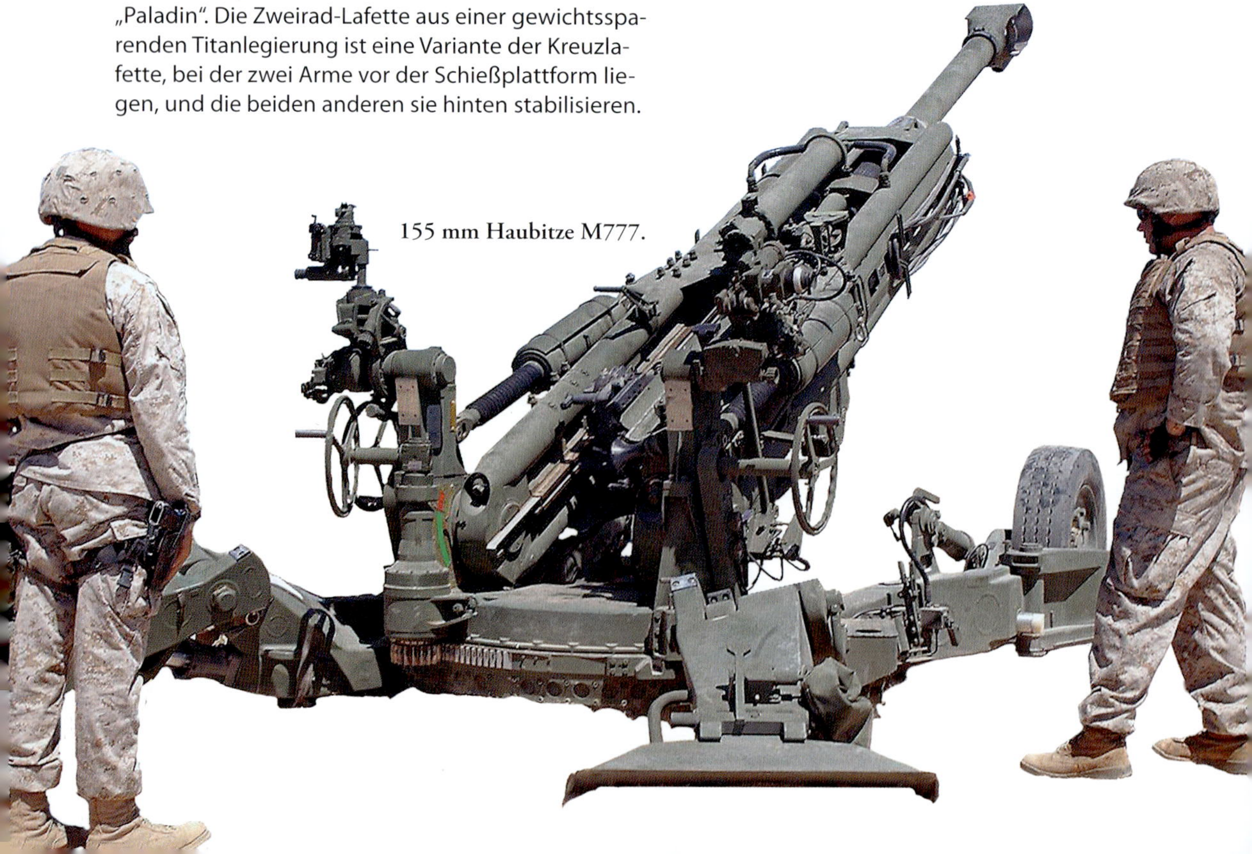

155 mm Haubitze M777.

Die Haubitze M777 kann von Armee-LKWs gezogen werden.

aus sämtliche 155-mm-Sprengeschosse der NATO. In erster Linie handelt es sich um die Sprenggranaten M107 und M795 mit einer Reichweite von bis zu 22 km. Als stärkste M777-Munition gilt das Lenkgeschoss „Excalibur" (von dem es mittlerweile eine ganze Familie gibt) mit bis zu 36 km Schussweite. Allgemein werden ständig neue Munitionstypen mit noch größerer Reichweite und Genauigkeit entwickelt. Die Haubitze M777 verfügt über eine digitale Feuerleitanlage, die der von Panzerhaubitzen wie der M109A6 „Paladin" ähnelt. Hochfester Stahl und Leichtmetalllegierungen fanden in der Konstruktion breite Verwendung. Insbesondere jene Teile und Baugruppen, die beim Abfeuern am stärksten beansprucht werden, bestehen aus Titan. Dadurch konnte das Gewicht des Geschützes im Vergleich zu anderen gezogenen Haubitzen desselben Kalibers um mehr als die Hälfte verringert werden. Deshalb lässt sich die Haubitze sowohl mit Flugzeugen als auch mit Hubschraubern (als Außenlast) verhältnismäßig einfach transportieren. Bei Bedarf lässt sie sich in zwei Teile zerlegen, was den Transport der Kanone bei luftbeweglichen und/oder amphibischen Truppenteilen wie der Marineinfanterie begünstigt. Die ukrainischen Erfahrungen mit der M777 haben gezeigt, dass dieses Geschütz sehr komplex konstruiert ist und regelmäßig eine gründliche Wartung verlangt. Rohr und Schießteile der Haubitze dürfen keinesfalls überhitzen und die Rohrlebensdauer beträgt lediglich etwa 2500 Schuss. Bei ukrainischen Artilleristen gilt die M777 als empfindliche und unberechenbare Diva, die einen Einsatz im großen Stil nur rechtfertigt, wenn ausreichend Wartungs- und Reparaturmöglichkeiten mit geschultem Personal zur Verfügung stehen. Russischen Experten zufolge ist die Haubitze M777 und ihre Bedienung nur schlecht geschützt und empfindlich gegen äußere Einwirkungen. Selbst ein einzelner Splitter einer in der Nähe explodierenden Granate kann sie außer Gefecht setzen. Außerdem kam es mehrfach vor, dass die Druckwelle einer nahen Explosion Bedienteile beschädigte und so das Geschütz zum Schweigen brachte.

Haubitze M777 in Feuerstellung.

Es wird laut: Haubitze M777 beim Feuern.

155-mm-Feldhaubitze FH-70

Am 26. Mai 2022 veröffentlichte das ukrainische Verteidigungsministerium mehrere Fotos, die eine Haubitze FH-70 in Feuerstellung zeigen. Damit wurde offiziell bestätigt, dass Feldhaubitzen FH-70 bei der ukrainischen Armee in Verwendung stehen. Die Geschütze wurden Berichten zufolge von Italien und Estland geliefert. Die Feldhaubitze FH-70 wurde in den späten 1960er-Jahren von deutschen, italienischen und britischen Unternehmen gemeinsam als Standard-Feldhaubitze entwickelt. Es entstanden nicht weniger als 19 Vorserien-Prototypen, bis das Geschütz 1978 in Serie ging. Für die Erstellung der Waffenanlage mit Ladesystem und Zieloptiken zeichnete die Bundesrepublik Deutschland, für Wiege, Rückstoßdämpfer und Höhenrichtanlage Italien, und für Fahrgestell und Richtanlage Großbritannien verantwortlich. Der Bedarf aller drei Länder belief sich zusammen auf 500 Haubitzen, von denen Deutschland 216, Italien 164 und Großbritannien 71 abnahmen. Saudi-Arabien bestellte 72 Geschütze, Malaysia 12 und Japan baute die FH-70 in Lizenz. Gemäß der Ende der 1960er-Jahre von den NATO-Staaten unterzeichneten Vereinbarung zur Vereinheitlichung der Ballistik von 155-mm-Kanonen verfügt die Haubitze FH 70 über ein autofrettiertes Monoblockrohr L/39, das mit einer

Technische Angaben FH-70	
Kaliber, mm	155
Rohrlänge, Kaliber	L/39
Bedienung	7–8
Gewicht in Feuerstellung, t	9,3
Mündungsgeschwindigkeit, m/s	827
Geschossgewicht, kg	42,55
Höchstschussweite, km:	
- mit herkömmlichem Sprenggeschoss	24,7
- mit reichweitengesteigertem Geschoss	30
Feuergeschwindigkeit, S/min	6
Höhenrichtbereich, Grad	–4,5 bis 70
Seitenrichtbereich, Grad	56
Länge in Feuerstellung, m	12,43
Breite in Feuerstellung, m	7,5

Zweikammer-Mündungsbremse mit Wirkungsgrad 32 % und einem vertikalen halbautomatischen Keilverschluss (umgedrehter Fallblockverschluss) ausgestattet ist. Die Rohrlebensdauer wird auf 2500 Schuss bei voller Ladung und mindestens 10.000 Schuss bei reduzierter Ladung veranschlagt. Die Waffe ruht auf einer Spreizlafette mit angebautem 72-PS-Hilfsmo-

155 mm Haubitze FH-70.

Für kurze Entfernungen kann sich die Haubitze FH-70 mit Hilfe eines Hilfsantriebs selbstständig bewegen.

155-mm-Feldhaubitze 70 beim Feuern.

tor, der sie mit 10 km/h über kurze Strecken bewegt, die Kraftunterstützung zum hydraulischen Öffnen und Schließen der Holme liefert und diese auch anhebt, wenn die Seitenrichtung stark geändert werden soll. Beim Marsch wird das Rohr über die Holme geschwenkt, die dann auf zwei absenkbaren Stützrädern ruhen. Der Seitenrichtbereich beträgt 56° (oder 28° nach jeder Seite); der Höhenrichtbereich –4,5° bis +70°. Die Feuergeschwindigkeit liegt bei 6 Schuss in der Minute, wobei das halbautomatische Ladesystem einen Dreischuss-Feuerschlag binnen 13 Sekunden gewährleistet. Die Feldhaubitze FH-70 verschießt die 155-mm-Standardmunition der NATO, wobei eigens für sie eine neue Familie mit Spreng-, Lenk- und reichweitengesteigerten Geschossen entwickelt wurde. Auch Atomgranaten soll sie verschießen können. Die Reichweite der 42,55 kg schweren Sprenggeschosse L15 HE beträgt 24,7 km,

die von reichweitengesteigerten Granaten 30 km. Bei der ukrainischen Artillerie sind Feldhaubitzen FH-70 bei der 44. Artilleriebrigade im Einsatz. Nach Angaben ukrainischer Artilleristen sind sie recht wartungsintensiv und müssen häufig gereinigt werden. Ein Batteriechef sagte, er habe während einer intensiven Kampfphase drei Geschütze austauschen müssen. In der Regel ist der Munitionsverbrauch jedoch eher gering und liegt zwischen 3, 5 oder 10 Schuss am Tag. Manchmal werden aber bis zu 100 Schuss verfeuert! Eine FH-70-Batterie von sechs Geschützen hat seit Beginn des Einsatzes so etwa 15.000 Granaten verbraucht, umgerechnet 2500 je Geschütz. Nach ukrainischen Angaben beträgt die Schussweite 22,5 bis 29 km. Die Abgabe nur weniger Schüsse auf maximale Entfernung mit anschließendem Stellungswechsel deutet darauf hin, dass man Gegenbeschuss vermeiden bzw. ausweichen will. Mehrere Haubitzen FH-70 sind mittlerweile Angriffen russischer „Lanzet"-Drohnen zum Opfer gefallen.

155-mm-Panzerhaubitze M109

Im Frühjahr 2022 begannen einige NATO-Länder mit der Lieferung von 155-mm-Panzerhaubitzen M109 an die Ukraine. Aus Norwegen kamen 22 M109A3GN. Über 20 vom belgischen Heer außer Dienst gestellte M109A4BE kaufte Großbritannien an, modernisierte sie und schickte sie in die Ukraine. Aus Lettland stammten 6 vom österreichischen Heer erworbene M109A5O. Zur Geschichte: In den USA wurde seit Mitte der 1950er-Jahre an der Entwicklung einer 155-mm-Panzerhaubitze auf einem Einheits-Kettenfahrgestell gearbeitet. Die ersten Prototypen mit der Bezeichnung T-196 lagen 1959 vor; 1961 übernahm das US-Heer die Panzerhaubitze unter der Bezeichnung M109. In Folge beschafften mehrere Dutzend Länder die Panzerhaubitze für ihre Streitkräfte und bis heute wurden über 5000 M109 verschiedener Ausführungen gefertigt. Die Panzerhaubitze zeigt folgende Einteilung: Der Motor-Getriebe-Raum (rechts) und das Fahrerabteil befinden sich im Bug, der Kampfraum mit Drehturm und Geschütz im mittleren und hinteren Teil der Wanne. Ursprünglich trug die M109 die 155-mm-Haubitze

Technische Angaben M109	
Bedienung	9
Gefechtsgewicht, t	24,07
Abmessungen, mm: Länge Breite Höhe	 6190 3150 3280
Bewaffnung, mm: Haubitze Maschinengewehr	 155 12,7
Geschossgewicht, kg	43,54
Höchstschussweite, km: - mit herkömmlichem Sprenggeschoss - mit reichweitengesteigertem Geschoss	 18,1 24,0
Feuergeschwindigkeit, S/min	4
Motorleistung, PS	405
Höchstgeschwindigkeit, km/h	56
Fahrbereich, km	390

Panzerhaubitze M109.

M126 mit Rohrlänge L/23. Die Modifikationen A1 bis A4 erhielten die Haubitze M185 mit deutlich längerem Rohr L/39; die Ausführungen A5 bis A7 die Haubitze M284 L/39. Das Rohr verfügt über eine Zweikammer-Mündungsbremse, einen Rauchabsauger, der die Pulvergase aus dem Rohr saugt, sowie einen halbautomatischen Schraubenverschluss (Flachkeilverschluss bei der deutschen M109G). Die Rohrlebensdauer wird auf 7500 Schuss veranschlagt. Der Turm lässt sich rundum schwenken; der Höhenrichtbereich liegt bei –5° bis +75. Schwenken und Höhenrichten erfolgen hydraulisch. Die Feuergeschwindigkeit beträgt 3–4 Schuss pro Minute. Die Panzerhaubitze M109 verwendet getrennte Munition mit Spreng-, Leucht- und Nebelgranaten; dazu Streumunition mit 60 Splitter- oder 64 Hohlladungs-

Die Panzerhaubitze M109 hat eine Feuerrate von bis zu vier Schuss pro Minute.

gefechtsköpfen bzw. Tochtermunition aus 36 kleinen Schützen- oder 9 Panzerminen. Das Lenkgeschoss M712 „Copperhead“ und das neu entwickelte „Copperhead-2“ mit Laser-Zielsuchlenkung eignet sich zur präzisen Bekämpfung gepanzerter und anderer Ziele. Je nach Modifikation kann die Panzerhaubitze M109 konventionelle Geschosse bis auf 14,6 bis 22,0 km und reichweitengesteigerte Geschosse bis auf 30 km verfeuern (die kampfwertgesteigerte schweizerische Variante M109 KAWEST brachte es dank verlängertem Rohr L/47 und vergrößerter Verschlusskammer mit ERFB-Geschossen auf bis zu 40 km). Die Kampfbeladung umfasst 28 Schuss. Zur Munitionsversorgung steht ein Transport- und Ladefahrzeug auf demselben Kettenfahrgestell zur Verfügung. Die Zweitbewaffnung bildet ein 12,7-mm-Flugabwehr-Maschinengewehr M2HB, das offen an der Kommandantenluke befestigt ist. Auf guten Straßen erreicht die M109 eine Höchstgeschwindigkeit von 56 km/h. Sie überwindet Steigungen bis 30°, bis zu 53 cm hohe senkrechte Hindernisse und bis zu 1,8 m breite Gräben. Die ukrainischen Streitkräfte haben Ende Mai 2022 offiziell die ersten Panzerhaubitzen M109 erhalten, die an die 72. mechanisierte Brigade gingen, aber nicht unmittelbar an die Front. Zuerst einmal mussten die ukrainischen Bedienungen die komplexe Ausrüstung einigermaßen beherrschen lernen. M109 wurden dann zunächst im Raum Charkiw gesichtet, wohin sie verlegt wurden, da man eine Rückkehr russischer Truppen in die während

Panzerhaubitze M109, Vorderansicht.

einer Umgruppierung aufgegebenen Stellungen befürchtete. Die Verlegung in den Einsatzraum verlief jedoch nicht wie geplant, da sich die amerikanischen Motoren aus den 1960er-Jahren offenbar weigerten, mit ukrainischem Diesel zu laufen. Nachdem dieses Problem mit geeigneterem Treibstoff gelöst war, stellte sich heraus, dass nicht genug Kraftstoff für alle M109 vorhanden war – weniger als die Hälfte der zwei Dutzend Panzerhaubitzen konnte bewegt werden. Die immobilen Fahrzeuge nahm man schließlich in Schlepp und verbrachte sie in die Gegend von Mykolajiw (Nikolajew). Der Journalist Stephen Gates kommentierte den Ersteinsatz der M109 in der Ukraine: „Die ukrainische Armee war nicht in der Lage, die Vorteile der M109 auf dem Gefechtsfeld voll auszuschöpfen".

Panzerhaubitze M109, Heckansicht.

155-mm-Panzerhaubitze PzH 2000

Am 23. Juni 2022 gab der ukrainische Verteidigungsminister bekannt, die ukrainischen Streitkräfte hätten eine erste Lieferung von zwölf 155-mm-Panzerhaubitzen des Typs PzH 2000 erhalten. Sieben kamen aus der BRD und fünf aus den Niederlanden. Im Laufe des Jahres 2022 wurden Berichten zufolge 14 PzH 2000 aus Deutschland, acht aus den Niederlanden und sechs aus Italien geliefert. Zur Geschichte: 1973 riefen die Bundesrepublik, Italien und Großbritannien das Programm „Panzerhaubitze 155-1" ins Leben, das 1986 sein Ende fand. Darauf verfolgte Deutschland die Weiterentwicklung auf nationaler Ebene allein weiter, wobei federführend die Firmengruppe Krauss-Maffei-Wegmann in Erscheinung trat. Die Entwicklung führte über zwei Konsortien schließlich zur Panzerhaubitze PzH 2000. Von 1991–1993 entstanden vier Prototypen, die in die technische Erprobung gingen. Ein Vertrag über die Lieferung der ersten 185 Panzerhaubitzen an die Bundeswehr wurde im März 1996 unterzeichnet. Der Aufbau der PzH 2000 zeigt die klassische Anordnung von Motor- und Getriebe im Bug, sowie Drehturm mit Geschütz im mittleren Teil bzw. Heck. Wanne und Turm bestehen aus gewalzten Panzerplatten; hinzu

Technische Angaben PzH 2000	
Bedienung	5
Gefechtsgewicht, t	55
Abmessungen, mm:	
Länge Rohr 12 Uhr	11.670
Länge Fahrgestell	7870
Breite	3480
Höhe	3400
Bewaffnung, mm:	
Haubitze	155
Maschinengewehr	7,62
Kampfbeladung, Schuss:	
Haubitze	60
Maschinengewehr	1500–2000
Geschossgewicht, kg	43,5
Höchstschussweite, km:	
- mit herkömmlichem Sprenggeschoss	30
- mit reichweitengesteigertem Geschoss	40
Feuergeschwindigkeit, S/min	9
Motorleistung, PS	1000
Höchstgeschwindigkeit, km/h	60
Fahrbereich, km	420

kommen dynamische Schutzelemente an den Seiten und auf dem Turmdach. Die Panzerung schützt die Bedienung vor Beschuss aus 14,5-mm-Maschinengewehren sowie vor Granatsplittern. Die leistungs-

Panzerhaubitze PzH 2000 der Bundeswehr, Ansicht von hinten links.

Feuerschlag von PzH 2000 aus der Bewegung.

starke 155-mm-Kanone mit einer Rohrlänge von 52 Kalibern verfügt über eine Zwölfkammer-Schlitzmündungsbremse und einen Rauchabsauger. Das Richten des rundum schwenkbaren Geschützes erfolgt über elektrische Antriebe; der Höhenrichtbereich beträgt –2,5° bis +65°. Die PzH 2000 verschießt prinzipiell alle NATO-Standardmunitionen Kaliber 155 mm und erreicht mit konventionellen Sprenggeschossen eine Schussweite von 30 km und von über 40 km mit reichweitengesteigerten Granaten. Im April 2006 erreichte eine PzH 2000 auf dem südafrikanischen Schießplatz Alkantpan mit einem mit einem kleinen Raketenmotor versehenen V-LAP-Projektil des südafrikanischen Herstellers Denel sogar 56 km Schussweite. 2019 konnte die Schussweite auf 67 km gesteigert und damit ein neuer NATO-Rekord erzielt werden, wobei eine südafrikanische 155-mm-Radhaubitze G6 „Rhino" sogar 76 km erreichte und somit eine neue Höchstschussweite mit konventionellen Artilleriegeschossen erzielte. (Die wahren Rekordhalter schrieben in zwei Weltkriegen Geschichte: die deutsche Lange 21 cm Kanone L/176 des 1. Weltkriegs – das berühmte „Paris-Geschütz" – erzielte schon vor über 100 Jahren mit 106 kg schweren Sprenggranaten mit ballistischer Haube Schussweiten von 130 km. Das deutsche 21-cm-Eisenbahngeschütz K12 mit L/167,8 des 2. Weltkriegs verfeuerte 107,5 kg schwere Sprenggranaten auf bis zu 115 km). Die PzH 2000 lädt halbautomatisch (die modularen Treibladungen werden händisch eingebracht)

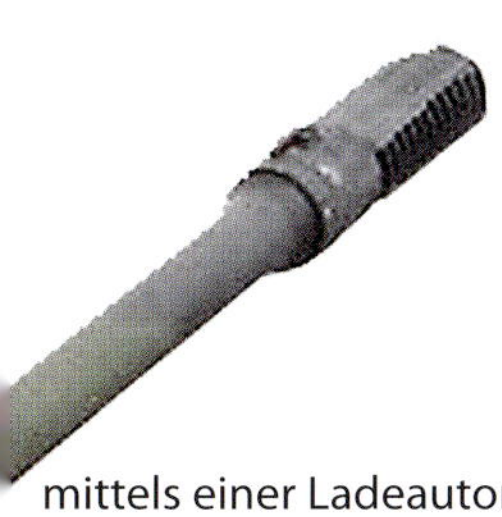

Panzerhaubitzen des Typs PzH 2000 werden über lange Strecken per Bahn transportiert.

mittels einer Ladeautomatik, die Kampfbeladung umfasst 60 bezünderte Geschosse. Ein weiteres Magazin speist eine vorher festgelegte Anzahl modularer Ladungen (dieses Magazin fasst 288 Ladungen) zu. Der Clou des Ganzen ist jedoch der vom deutschen Ingenieur Frank Abels und seiner Firma FAC entwickelte so genannte Freifluganseter zum Einbringen der Geschosse ins Rohr, der eine für Geschütze dieses Kalibers bislang unerreichte Feuergeschwindigkeit von drei Schuss in zehn Sekunden(!) ermöglichte. Bei Schießversuchen wurden sogar drei Schuss in 9,2 Sekunden erzielt, acht Schuss in 51,4 Sekunden (Standard: 60 Sekunden) sowie 20 Schuss in 2 Minuten 30 Sekunden (Standard: 3 Minuten). Gleichzeitig bestätigten diese Versuche den Umstand, dass eine nur zweiköpfige Geschützbe-

Panzerhaubitze PzH 2000.

dienung dank eines hohen Automatisierungsgrades in der Lage ist, alle anstehenden schießtechnischen Aufgaben zu erfüllen. Die fünfköpfige Gesamtbedienung aus Kommandant/Geschützführer, Richtkanonier, zwei Ladekanonieren und Fahrer bleibt deshalb nicht arbeitslos und übernimmt z. B. bei einem Ausfall des halbautomatischen Ladesystems. Die Zusatzbewaffnung besteht aus einem 7,62-mm-Maschinengewehr an der Kommandantenluke. Als Motor wählten die Konstrukteure der PzH 2000 einen 1000-PS-Vielstoff-Diesel Baureihe 881 Ka-500 der deutschen Firma MTU; das hydromechanische Schalt-, Lenk- und Wendegetriebe HSWL 284-C stammt aus dem Hause Renk. Neben dem Hauptantrieb verfügt die Panzerhaubitze über ein Hilfsaggregat, das die Verbraucher bei abgeschaltetem Motor mit Energie versorgt. Das drehstabgefederte Stützrollenlaufwerk der Panzerhaubitze verwendet einige Komponenten der Kampfpanzer „Leopard 1" und „Leopard 2". Auf befestigten Straßen erreicht die PzH 2000 Höchstgeschwindigkeiten von über 60 km/h, im Gelände von bis zu 45 km/h. Sie überwindet Steigungen von bis zu 30°, senkrechte Hindernisse von bis zu 1,1 m Höhe und Gräben von bis zu 3 m Breite. Ohne Vorbereitung durchwatet sie bis zu 1,5 m tiefe Gewässer. Zur Ausstattung der PzH-2000 gehören eine automatisierte Feuerleitanlage, Navigations- und Funkgeräte, eine ABC-Abwehr- sowie eine Feuerlöschanlage. Das Feuerleitsystem bindet die Panzerhaubitze in übergeordnete Artillerie- und Gefechtssysteme ein. Die Ukraine freute sich zwar über die Lieferungen leistungsfähiger PzH 2000 zum Nulltarif, doch die Probleme mit dem Einsatz bei der Truppe begannen – trotz vorheriger Schulung der Bedienungen – fast unmittelbar nach der Auslieferung der ersten Geschütze im Juni 2022. Bereits im Juli wurde berichtet, ein beschädigtes Geschütz sei von russischen Truppen erbeutet worden. Ende Juli vermeldete das Nachrichtenmagazin *Spiegel*, dass nur einen Monat nach der Lieferung viele PzH 2000 bereits defekt und reparaturbedürftig seien. Fachleute der Bundeswehr führten dies auf Überbelastung durch nicht sachgemäßen Einsatz zurück. Mit einer Norm von 100 Schuss pro Tag wurden die Haubitzen fast ununterbrochen geschossen. Dies führte zu einer Überlastung und Abnutzung stark beanspruchter Teile. Wie sagte ein ehemaliger Artillerist der Bundeswehr: „Ein hochgezüchtetes Rassepferd sollte eben nur von Reitern mit ausreichend Pferdeverstand, Ausbildung und Erfahrung geritten werden! Ein Bettelmann reitet es zu Tode." Am 5. September 2022 hieß es in den Medien, die ukrainische Armee verfüge über keine einzige einsatzfähige PzH 2000 mehr. Alle Einheiten seien reparatur- und wartungsbedürftig (die Entwicklung des Jahres 2023 bezüglich der PzH 2000 konnte in diesem Buch nicht mehr berücksichtigt werden).

155-mm-Panzerhaubitze AHS „Krab“

Am 31. Mai 2022 wurde bekannt, dass die Ukraine mit Polen die Lieferung von drei Abteilungssätzen 155-mm-Panzerhaubitzen AHS „Krab“ (Krabbe) vereinbart hatte. Fast zeitgleich wurde berichtet, der erste Abteilungssatz mit 18 Fahrzeugen sei den ukrainischen Streitkräften bereits übergeben worden. Die Panzerhaubitze AHS „Krab“ (AHS =Armatohaubica Samobiezna) wurde 2010 bei der polnischen Artillerie eingeführt. In ihrer Erstausführung stellte sie eine Kombination aus einem modifizierten UPG-NG-Fahrgestell der polnischen Firma OBRUM und einem lizenzierten britischen Panzerturm mit AS90/52-Bewaffnung dar. Im Dezember 2014 wurde eine Variante mit einem lizenzierten südkoreanischen Fahrgestell der Selbstfahrlafette K9 „Thunder“ eingeführt. Im Aufbau folgt die Panzerhaubitze AHS „Krab“ dem bekannten Schema mit Motor/Getriebe nebst Fahrer im Bug und Kampfraum mit Drehturm im mittleren und hinteren Wannenteil; der Arbeitsplatz von Kommandant/Geschützführer, Richtkanonier auf der rechten und die beiden Ladekanoniere auf der linken Seite. Die 155-mm-Haubitze mit Rohrlänge L/52 verfügt über eine Zweikammer-Mündungsbremse und einen Rauchabsauger. Das Ladesystem arbeitet halbautomatisch und ermöglicht eine Feuerfolge von bis zu 6 Schuss in der Minute. Die höchste Feuerfolge soll, wie bei der deutschen PzH 2000, 3 Schuss in 10 Sekunden betragen (ein Schuft, der Böses dabei denkt…). Die praktische Feuerrate unter Gefechtsbedingungen, bei der die Bedienung über längere Zeit eingespannt ist, liegt jedoch bei 2 Schuss pro Minute. Der Seitenrichtbereich beträgt 360 Grad, der Höhenrichtbereich −3,5° bis +70°. Die Mindestschussweite liegt bei 4,7 km, die Höchstschussweite bei 40 km.

Die Zweitbewaffnung besteht aus einem 12,7-mm-Fla-MG auf dem Turm und 2 × 4 Nebelwurfbechern Kaliber 81 mm. Die Kampfbeladung umfasst 40 Geschosse, von denen 29 im Turm und 11 in der Wanne lagern. Die Zeit für den Übergang vom Marsch in Feuerstellung (und umgekehrt) beträgt bei eingespielter Bedienung etwa 30 Sekunden. Als Antrieb verwendet die AHS „Krab" den deutschen Dieselmotor MTU 881 Ka-500 zu 1000 PS – wie die PzH 2000. Es handelt sich um einen relativ weit verbreiteten Motor, der häufig in gepanzerten Kettenfahrzeugen und schweren Nutzfahrzeugen zu finden ist. Die „Krab" verwendet allerdings kein Renk-, sondern ein Automatikgetriebe Allison X1100-5A3 mit vier

155-mm-Panzerhaubitze AHS „Krab".

Technische Angaben AHS „Krab"	
Bedienung	5
Gefechtsgewicht, t	48
Abmessungen, mm: **Länge Rohr 12 Uhr** **Breite** **Höhe**	 12,05 3,60 3,00
Bewaffnung, mm: **Haubitze** **Maschinengewehr**	 155 12,7
Kampfbeladung, Schuss: **Haubitze** **Maschinengewehr**	 40 250
Geschossgewicht, kg	43,5
Höchstschussweite, km: **- mit herkömmlichem Sprenggeschoss** **- mit reichweitengesteigertem Geschoss**	 30 40-50
Feuergeschwindigkeit, S/min	6
Motorleistung, PS	1000
Höchstgeschwindigkeit, km/h	60
Fahrbereich, km	400

Vorwärts- und zwei Rückwärtsgängen, das speziell für schwere Kettenfahrzeuge entwickelt wurde. Der Dieselmotor befindet sich im vorderen Wannenteil auf der rechten Seite, der Fahrer links daneben. Die Höchstgeschwindigkeit auf befestigten Straßen beträgt 60 km/h, in leichtem Gelände 30 km/h und in schwerem Gelände 15 km/h; der Fahrbereich 400 km. Die ukrainische Artillerie setzt Panzerhaubitzen AHS „Krab" seit Juli 2022 gefechtsmäßig ein. Ein Video zeigt die Zerstörung einer AHS „Krab" im Donbass: ein russischer Artillerietreffer ließ die Munition hochgehen, sprengte den Geschützturm ab und zerriss Wanne und Laufwerk; einige Lauf- und Stützrollen flogen einige Dutzend Meter weit. Andere Videos zeigen, wie „Krab"-Panzerhaubitzen von russischen Kampfhubschraubern oder „Krasnopol"-Lenkgranaten zerstört wurden. Insgesamt verloren die Ukrainer bei den Kämpfen um Sewerodonezk, Lyssytschansk, Swatowsko-Kremenne und bei Cherson einen erheblichen Teil ihrer „Krab"-Panzerhaubitzen. Im Hochsommer 2022 trat mit russischen Kampfdrohnen „Lanzet-3" ein weiterer gefährlicher Gegner auf. „Lanzet" schalteten Panzerhaubitzen „Krab" aus bis zu 30 km Entfernung aus, noch bevor diese ihre Feuerstellungen beziehen konnten. Im Oktober 2022 beklagten sich ukrainische Artilleristen im Raum Bachmut über regelmäßige technische Ausfälle der Haubitzen und erklärten, dass die Munition die

155-mm-Panzerhaubitze AHS „Krab“, Seitenansicht.

Unzuverlässigkeit der Geschütze noch verstärke. Es stellte sich heraus, dass sich die verwendeten US-amerikanischen Granaten für die Haubitze M777 trotz Kalibergleichheit keineswegs für die Panzerhaubitze „Krab“ eigneten. In zwei Fällen traten Rohrkrepierer auf, welche die Bedienungen töteten.

Ausgefallene oder beschädigte „Krab“ mussten in Polen oder den baltischen Staaten repariert werden, da die Ukraine weder über ausreichend Ersatzteile noch über Reparaturtechnik für diese Panzerhaubitzen verfügte.

Die Reichweite der 155-mm-Panzerhaubitze AHS „Krab“ beträgt bis zu 40-50 km.

155-mm-Radhaubitze CAESAR

Technische Angaben CAESAR	
Bedienung	4–5
Gefechtsgewicht, t	17,7
Abmessungen, mm:	
Länge	10.000
Breite	2550
Höhe	3260
Bewaffnung, mm	155
Kampfbeladung, Schuss	18
Mündungsgeschwindigkeit, m/s	810
Geschossgewicht, kg	43,2
Höchstschussweite, km	42
Feuergeschwindigkeit, S/min	6
Höhenrichtbereich, Grad	–3 bis +66
Seitenrichtbereich, Grad	34–48
Motorleistung, PS	410
Höchstgeschwindigkeit, km/h	80
Fahrbereich, km	600

Am 22. April 2022 erklärte der französische Präsident Emmanuel Macron in einem Interview, Frankreich liefere der Ukraine 155-mm-Radhaubitzen CAESAR. In den französischen Medien hieß es damals, ein Abteilungssatz von 18 Geschützen sei an die Ukraine überstellt worden. Außerdem seien ukrainische Soldaten in Frankreich an CAESAR-Einheiten ausgebildet worden. Die Radhaubitze CAESAR (Camion équipé d'un système d'artillerie – mit Artilleriesystem ausgerüsteter Lastwagen) wurde als selbstfahrendes 155-mm-Geschütz 1992 bis 1999 vom französischen GIAT-Konzern entwickelt und ab 2007 in Serie gebaut. Als Unterbau diente das Fahrgestell des dreiachsigen (6 x 6) Renault-Lkw „Sherpa 5" (Exportausführung: Unimog U2450), dessen Führerhaus mit Motor-/Getriebeabteil eine Panzerung erhielt (die Exportausführung). An die Stelle der Ladefläche trat ein Geschützaufbau mit einer modernisierten Ausführung der 155-mm-Feldhaubitze TRF1 (siehe dort) mit Rohrlänge L/52. Die Selbstfahrlafette ist mit der Feuerleitanlage Sigma-30 ausgestattet, das einen NAVSTAR-Navigationsempfänger enthält. Das automatische Ladesystem ermöglicht eine Feuerfolge von 6 Schuss in der Minute. Die Antriebe der Richtanlage sind hydraulisch (Hauptantrieb) und manuell (Hilfsantrieb). Der Seitenrichtbereich beträgt bei einer Rohrerhöhung von 17° bis 66° lediglich 34° und bei Rohrerhöhung –3° bis +10° (also mehr oder weniger im direkten Richten rechts und links am Führerhaus vorbei) 48°. Das Geschütz wird mit Hilfe des Feuerleitsystems (FCS) automatisch gerichtet, was auch manuell mit optischen Richtmitteln möglich ist. Die Munitionspalette umfasst die üblichen 155-mm-Geschosse der NATO sowie reichweitengesteigerte „Active-Jet"- und Panzerab-

Die 155-mm-Panzerhaubitze CAESAR kann mit Militärtransportflugzeugen verfrachtet werden.

wehrprojektile „BONUS". Die Höchstschussweite bei Verwendung von „Active-Jet"-Munition beträgt 42 km. Als Kampfbeladung führt CAESAR 18 Schuss mit. Mit der Haubitze auf Radfahrgestell schielte GIAT auf Überseekunden, denen Panzerhaubitzen zu kompliziert, wartungsaufwändig und teuer sind. Konsequent rührten sie die Werbetrommel und hoben Kostengünstigkeit, Beweglichkeit, Wartungsfreundlichkeit und Unauffälligkeit (im Vergleich zu schwereren Kettenfahrzeugen) hervor. Zu den Nachteilen gehören die schwächere Geländetauglichkeit, der geringe Schutz gegen feindliches Feuer und die schwache Kampfbeladung. Die ersten CAESAR-Radhaubitzen in der Ukraine wurden im Juni 2022 bei der 55. Artilleriebrigade gesichtet. Nach ukrainischen Medienberichten wurden sie zusammen mit Radhaubitzen „Bogdana" (siehe dort) beim Angriff auf die Insel Ostrow Smeiny (Schlangeninsel) eingesetzt, wo sie die russischen Besetzer vertreiben halfen. Da die Höchstschussweite bei 40 km liegt; die Entfernung vom ukrainischen Festland zur Insel aber über 40 km beträgt, verfrachteten die Ukrainer die „CAESAREN" pfiffiger Weise auf Lastkähne, schleppten sie aufs Meer und eröffneten nach Erreichen des Einsatzschussweite das Feuer. Ukrainische und russische Medien meldeten ferner die Erbeutung zweier Geschütze durch russische Truppen, die diese zur Untersuchung dem Unternehmen Uralwagonsawod übergaben. Am 23. Juni 2022 veröffentlichte die Presseabteilung des Werks eine sarkastische Bitte an den französischen Politiker Régis Castelnau, er möge Präsident Emmanuel Macron für die an die Ukraine gelieferten CAESAR danken: „Bonjour, Monsieur Castelnau. Wir möchten Sie bitten, Herrn Präsident Macron unseren Dank für die gelieferten CAESAR-Einheiten zu übermitteln. Natürlich sind

155-mm-Panzerhaubitze CAESAR.

Laden einer 155-mm-Panzerhaubitze CAESAR.

Die Panzerhaubitze CAESAR kann alle 155-mm-Standardmunition der NATO verschießen.

155-mm-Panzerhaubitze-CAESAR, Seitenansicht.

155-mm-Panzerhaubitze CAESAR, Vorderansicht.

die Geräte nicht so gut wie unsere eigenen „Msta-S" [russische Panzerhaubitzen]. Dennoch werden sie sich in der Wirtschaft nützlich machen können. Schicken Sie mehr – wir verfügen über entsprechende Verwendungsmöglichkeiten." Der französische Verteidigungsminister kam dieser Bitte nach und erklärte Ende Januar 2023, Frankreich wolle der Ukraine weitere zwölf Panzerhaubitzen CAESAR zur Verfügung stellen.

155-mm-Radpanzerhaubitze „Susana 2"

Am 8. April 2022 berichteten Medien über Verhandlungen zwischen der Ukraine und der Slowakei über die Lieferungen von Radpanzerhaubitzen des Typs „Susana 2" (anglisierte Schreibweise: Zuzana-2). Mitte Mai wurde bekannt, dass die Ukraine zwei Batteriesätze (16 Stück) zu kaufen gedenke und ukrainische Bedienungen an den Geschützen ausgebildet würden. Im Rahmen des Abkommens lieferte die Slowakei im August 2022 vier Panzerhaubitzen „Susana 2", zwei weitere folgten im Oktober. Die genauen Liefertermine für die verbleibenden zehn Haubitzen wurden noch nicht bekannt gegeben, sie sollten jedoch bis Ende 2023 bei der ukrainischen Artillerie in Dienst gestellt werden. Die Radpanzerhaubitze „Susana 2" ist ein Kind des slowakischen Unternehmens Konstrukta-Defence und stellt eine Weiterentwicklung der tschechischen 152-mm-Radpanzerhaubitze DANA und des Vorläufermodells „Susana" dar. Der erste Prototyp wurde 2008 erstmals vorgeführt. Die Haubitze baut auf einem modifizierten Fahrgestell des vierachsigen 8 x 8-Lkw Tatra 815 VP 3129275 auf. Am Bug befindet sich ein flaches Führerhaus, in das der Fahrer über eine Dachluke ein- und aussteigt. Die Sicht aus der Kabine gewähren Fenster mit Panzerglasblöcken. Der Drehturm befindet sich im mittleren Teil des Fahrgestells. Es handelt sich um einen vergrößerten, zweiteiligen und geschweißten Turm mit 155-mm-Haubitze. Der Bereich links der Haubitze enthält die Sitze für zwei Besatzungsmitglieder, dahinter befindet sich der mechanisierte Laderaum für die Munition. Der Zugang erfolgt über eine Seitentür oder eine Dachluke. Im rechten Teil des Geschützturms befindet sich der nach hinten verschobene Sitz des Ladekanoniers. Vor ihm befindet sich ein halbautomatischer Geschossförderer. Der vordere Turmbereich bietet Stauraum für die persönliche Ausrüstung der Bedienung. Der Ladekanonier steigt über die obere Luke oder die Seitentür aus und ein und bedient notfalls das an der Dachluke montierte 12,7-mm-Flugabwehr-Maschinengewehr NSW 12,7 Utes. Die zwischen den beiden Hälften des Panzerturms installierte 155-mm-Haubitze mit Rohrlänge L/52 verfügt über eine Zweikammer-Mündungsbremse. Die Munition wird über ein Förderband entnommen. Die Höchstschussweite beträgt 41 km, die Mindestschussweite 5 km. Das

155-mm-Radpanzerhaubitze „Susana-2".

Technische Angaben „Susana-2“	
Bedienung	3–4
Gefechtsgewicht, t	28,4
Abmessungen, mm:	
Länge	12.970
Breite	3015
Höhe	3300
Bewaffnung, mm:	
Kanone	155
Maschinengewehr	12,7
Kampfbeladung, Schuss:	
Kanone	40
Maschinengewehr	250
Geschossgewicht, kg	43,2
Höchstschussweite, km: - mit herkömmlichem Sprenggeschoss	30
- mit reichweitengesteigertem Geschoss	41
Feuergeschwindigkeit, S/min	5
Motorleistung, PS	443
Höchstgeschwindigkeit, km/h	80
Fahrbereich, km	750

automatische Ladesystem ermöglicht 6 Schuss in der ersten Minute und 16 Schuss in 3 Minuten. Bei manuellem Nachladen beträgt die Feuerfolge 2 Schuss pro Minute. Der Höhenrichtbereich reicht von –3,5° bis +70°. Die Kampfbeladung umfasst 40 Granaten, die senkrecht in den Ladebändern stehen. Das automatische Verschlusssystem funktioniert mit allen Arten von Geschossen, sogar mit 1000 mm Länge. Die Radpanzerhaubitze „Susana 2“ benötigt nicht mehr als zwei Minuten für den Übergang von der Marsch- in die Feuerstellung, und eine Minute zum Verlassen derselben. Die Haubitze verfügt über ein Radar, das die Mündungsgeschwindigkeit des Geschosses erfasst und die Daten ans Feuerleitsystem (FCS) übermittelt, das mit einer digitalen Geländekarte verbunden ist. „Susana 2“ ist in der Lage, aus vorbereiteten und unvorbereiteten Stellungen mit einer Neigung von +5° und im Temperaturbereich von –40°C bis +55°C zu feuern. Für einen präzisen Direktbeschuss, unabhängig von der Geländeneigung, kann das Visier den Querneigungswinkel in Bezug auf das Navigationssystem, die Nachtsicht und die Vergrößerung einstellen. Im Motor-/Getrieberaum ist ein V12-Diesel Tatra T3B92.70 mit einer Leistung von 443 PS eingebaut. Das 8 x 8-Fahrwerk verfügt über eine federunabhängige Aufhängung; die Räder der beiden vorderen Achsen sind lenkbar. Alle Räder sind an die zentrale Reifendruckregelanlage ange-

155-mm-Radpanzerhaubitze „Susana-2“, Vorderansicht.

schlossen. Eine Klimaanlage sorgt für halbwegs angenehme Arbeitsbedingungen bei Kälte und Hitze. Zur Ausstattung gehören ferner eine ABC-Schutzanlage, ein Funkgerätesatz, eine Bordsprechanlage, ein Navigations- und Ortungssystem sowie ein Hilfsaggregat, das den Betrieb der elektrischen Anlagen bei Ausfall/Abstellen des Motors gewährleistet. Die ukrainische Artillerie setzte die Radpanzerhaubitzen „Susana 2“ recht aktiv ein. Im November 2022 berichtete die slowakische Zeitung *Prawda* über die Zerstörung einer „Susana 2“. Eine Sprecherin des slowakischen Verteidigungsministeriums reagierte auf die Veröffentlichung mit der ebenso lapidaren wie treffenden Aussage, jede Art Ausrüstung könne bei Kampfeinsätzen zerstört werden.

Die-155-mm-Radpanzerhaubitze „Susana-2“ ist auch in unwegsamem Gelände sehr mobil.

Die 155-mm-Radpanzerhaubitze „Susana-2“ kann mit militärischen Transportflugzeugen über große Entfernungen verlastet werden.

227-mm-Mehrfachraketenwerfer M270 MLRS

Am 15. Juli 2022 erklärte der ukrainische Verteidigungsminister in einem Interview mit der Auslandspresse, die ersten drei Mehrfachraketenwerfer M270 MLRS seien an die Ukraine geliefert worden. Die Systeme sollen aus Großbritannien gekommen sein. In den folgenden Monaten erhielten die Ukrainer weitere Werfer aus Norwegen, Deutschland, Italien und Frankreich. Die Gesamtzahl der gelieferten M270 stieg damit auf 16. Der 227-mm-Raketenwerfer wurde in den USA seit 1976 als Antwort auf die artilleristische Überlegenheit des Warschauer Pakts gegenüber der NATO im Rahmen eines Wettbewerbs entwickelt. Gemäß den Anforderungen sollte er Truppenkonzentrationen, gepanzerte Fahrzeuge, Artilleriebatterien, Flugabwehrkräfte, Gefechtsstände und wichtige Flächenziele bis auf über 30 km Entfernung bekämpfen. 1979 schlossen sich deutsche, britische und französische Unternehmen zusammen, um den RS30 zu entwickeln. Das gemeinsame

Technische Angaben M270 MLRS	
Kaliber, mm	227
Raketen	12
Bedienung	3
Gewicht in Feuerstellung, t	24,56
Abmessungen, mm:	
Länge	6970
Breite	2970
Höhe	2620
Raketengewicht, kg	307 oder 258,5
Schussweite, km:	
maximal	32–40
minimal	2
Dauer einer Vollsalve, s	48
Nachladezeit, min	5–10
Motorleistung, PS	500
Höchstgeschwindigkeit, km/h	65
Fahrbereich, km	485

Raketensystem M270 MLRS.

M270 MLRS in Abschussposition.

Projekt wurde schlicht als MLRS (Multiple Launch Rocket System, Mehrfachraketenwerfer) bezeichnet. Anfang 1980 fand eine Prototypen-Erprobung statt, danach erhielt die US-Firma Vought den Auftrag zur Weiterentwicklung des Systems und zur Serienproduktion für die US-Streitkräfte. Die Erprobung fand 1983 ihren Abschluss, und noch im selben Jahr begann Vought mit dem Serienbau. 1986 wurde ein internationales Unternehmen gegründet, um das MLRS an NATO-Länder zu liefern. Es stellt derzeit den Standard-Raketenwerfer der NATO dar und ist bei der Bundeswehr als Mittleres Artillerieraketensystem (MARS) bekannt. Die Zahl der gefertigten Fahrzeuge übersteigt 1000 Einheiten, für die insgesamt etwa 750.000 Werferraketen hergestellt wurden.
Das MLRS umfasst die selbstfahrende Abschussvorrichtung M270, 12 ungelenkte 227-mm-Raketen in Transport- und Abschussbehältern, bordeigene Feuerleiteinrichtungen und das Transport- und Ladefahrzeug M985. Das Kettenfahrgestell spendierte der US-amerikanische Schützenpanzer M2 „Bradley".
An der Vorderseite des Werfers befindet sich eine gepanzerte Kabine, die den Kommandant/Geschützführer, den Richtkanonier und den Fahrer aufnimmt. Die Aluminiumpanzerung der Kabine schützt die Besatzung vor Handwaffengeschossen und Splittern.

Abschuss einer ATACMS-Lenkrakete aus M270.

Hinter dem Führerhaus befinden sich das Motor-/Getriebeabteil und der Raketenwerfer mit Starter- und Nachlademodul. Es handelt sich um zwei fabrikgeladene Behälter mit je sechs 227-mm-Raketen, die vom ausfahrbaren Bordkran ins schwenkbare Abschussgestell gehoben und nach dem Verschuss wieder entfernt werden. Die werkseitig geladenen, hermetisch verschlossenen Einwegbehälter gewährleisten eine wartungsfreie zehnjährige Lagerung. Die Raketen erfordern auch keine besondere Abschussvorbereitung. Bei der Beladung werden die Transport-/Abschussbehälter in den Sockel des Abschussgestells eingesetzt. Bei den Flugkörpern handelt es sich um ungelenkte 227-mm-Raketen von 3,96 m Länge mit austauschbaren Streugefechtsköpfen, Feststofftriebwerk und kreuzförmigem Leitwerk, das sich im Flug öffnet. Es stehen zwei Haupttypen von Gefechtsköpfen zur Verfügung: Mehrzweck- und Panzerabwehrsprengköpfe. Die Rakete mit Mehrzwecksprengkopf wiegt 307 kg, hat eine maximale Reichweite von 32 km und enthält 644 je 230 g schwere Hohlladungs-Kleinbomben M77 mit Splitterwirkung. Die Bomblets erzeugen in einem Umkreis von 3 bis 5 m tödliche Splitterwirkung gegen Weichziele und durchschlagen beim Auftreffen auf gepanzerte Ziele bis zu 70 mm Panzerstahl. Eine einzige Salve setzt 7728 Kleinbomben frei und deckt eine Fläche von etwa 25.000 qm ab. Die mit Panzerabwehrsprengkopf ausgestattete Rakete wiegt 258,5 kg und hat eine maximale Reichweite von 40 km. Der Gefechtskopf enthält 28 Panzerabwehrminen AT-2 mit einem Gewicht von je 2,3 kg. Die AT-2-Minen sind mit einer Richtladung ausgestattet, die bis zu 160 mm Panzerstahl durchdringt. Die Raketen mit Panzerabwehrsprengkopf sind in erster Linie für die beschleunigte Fernverlegung von Minen bestimmt. Speziell zur Bekämpfung von Panzern wurde ein Streugefechtskopf („Cluster") mit selbstsuchender SADARM-Tochtermunition entwickelt. Jede Kleinbombe wiegt 14,5 kg, misst 195 mm in der Länge und verfügt über einen Zielsuchkopf. Dieser versetzt den Sprengkörper in der Lage, ein Punktziel am Ende seiner Flugbahn selbständig zu finden und mit hoher Wahrscheinlichkeit zu treffen. Die Entwicklung dieses Gefechtskopfes wurde Berichten zufolge auf Eis gelegt, ebenso wie die Arbeit an einem binären chemischen Gefechtskopf. Während des Golfkrieges 1991 setzten die Amerikaner den modernisierten MLRS M270 auch zum Abschuss von ATACMS-Raketen für den operativ-taktischen Einsatz mit einer Reichweite von 135 km ein. Je zwei solcher Raketen finden auf einem Abschussgestell Platz. Die Feuerleitanlage, deren Hauptelemente der Bordrechner und das Bedienfeld darstellen, ermöglicht die kontinuierliche Bestimmung der Zielkoordinaten, die Berechnung der Ausgangsdaten für den Abschuss, die Eingabe von meteorologischen und ballistischen Korrekturen und die Wahl der Feuerfolge (Salve, mehrere Raketen einzeln nacheinander, je zwei Raketen zusammen, usw.). Alle für den Richtkanonier notwendigen Informationen werden im Klartext in Englisch oder einer anderen Sprache auf dem Bildschirm des Feuerleitgerätes angezeigt. Die Feuerleitanlage des Werfers lässt sich mit automatisierten Feuerleitsystemen der Feldartillerie koppeln. Die Selbstfahrlafette M270 bewegt ein 8-Zylinder-Turbodiesel VTA-903T der US-Firma Cummins, der bei 2600 U/min eine Höchstleistung von 500 PS entwickelt.

Das hydrodynamische Getriebe NMRT-500 stammt von General Electric. Das Laufwerk weist sechs Laufrollen und zwei Stützrollen je Seite auf, Antriebsrad vorn, Leitrad hinten. Auf befestigten Straßen erreicht der M270 MLRS eine Höchstgeschwindigkeit von 65 km/h. In Bezug auf die Geländegängigkeit entspricht er dem Schützenpanzer M2 „Bradley" (siehe dort) und kann Steigungen bis zu 30°, bis zu 0,9 m hohe senkrechte Hindernisse und 2,5 m breite Gräben überwinden. Der Fahrbereich beträgt 485 km. Die ukrainische Artillerie hat ihre MLRS M270 und M142 (siehe unten) bislang mit respektablem Erfolg eingesetzt und u .a. etwa 20 große Lager mit Artilleriemunition im Hinterland der von russischen Truppen kontrollierten Gebiete zerstört. Dies zwang die russische Führung dazu, die Munition in kleineren Depots unterzubringen, was die Logistik erheblich erschwerte.

M270 MLRS auf dem Bahntransport. Zwei Transport- und Abschussbehälter mit sechs Ladungen sind sichtbar.

227-mm-Mehrfachraketenwerfer M270 beim Feuern.

227-mm-Mehrfachraketenwerfer M142 HIMARS

In der Nacht zum 31. Dezember 2022 schlugen ukrainische 227-mm-Raketen in eine Berufsschule der Stadt Makejewka in der Region Donezk. Zum Zeitpunkt des Angriffs nutzten Soldaten des russischen 44. und 45. motorisierten Schützenregiments der 2. Gardearmee sowie andere Einheiten das Gebäude

Mehrfachraketenwerfer M142 HIMARS.

als Unterkunft. Am 3. Januar 2023 bestätigte das russische Verteidigungsministerium offiziell den Tod von 89 Soldaten, während die ukrainische Seite 400 Tote angab. Der Artillerieschlag auf Makejewka war der bislang schwerste Einzelverlust an russischer Soldaten während des Ukrainekrieges. Wie sich bald herausstellte, waren Raketenwerfer M142 HIMARS (High Mobility Artillery Rocket System, hoch beweglicher Artillerieraketenwerfer) dafür verantwortlich. Die Entwicklung dieses Mehrfachraketenwerfers auf Lkw-Fahrgestell erfolgte 1996–2000 beim US-Unternehmen Lockheed Martin. Das US-Heer und das US-Marineinfanteriekorps führten das Modell 2003 unter der Bezeichnung M142 HIMARS ein. Vom Grundsatz her handelt es sich um eine „leichte" Ausführung des M270 MLRS (siehe oben) auf Lkw-Fahrgestell. Anlass dafür gab die Notwendigkeit, Einheiten der Marineinfanterie,

Technische Angaben M142 HIMARS	
Kaliber, mm	227
Raketen	6
Bedienung	3
Gewicht in Feuerstellung, t	16,25
Abmessungen, mm:	
Länge	7,0
Breite	2,4
Höhe	3,2
Raketengewicht, kg	307 oder 258,5
Schussweite, km:	
maximal	32–70
minimal	2
Dauer einer Vollsalve, s	24
Nachladezeit, min	5
Motorleistung, PS	290
Höchstgeschwindigkeit, km/h	85
Fahrbereich, km	480

Abschuss einer taktischen ATACMS-Lenkrakete.

6-Schuss-Transport- und Abschussbehälter auf dem Kampffahrzeug.

Luftlandetruppen und „schnelle Eingreiftruppen" mit einem hochmobilen Werfer auszustatten, der sich per Lufttransport schnell in jedes Einsatzgebiet verbringen ließ. Insofern schied ein schweres Kettenfahrgestell aus und auch das Abschussgestell vereinfachte man zur Aufnahme eines Transport- und Abschussbehälters für lediglich sechs Raketen (zwölf beim M270). Beim Unterbau fiel die Wahl auf das dreiachsige Radfahrgestell eines allradgetriebenen Lkw der FVTV-Familie. Das Fahrzeug lässt sich entweder mit einem herkömmlichen oder einem gepanzerten Führerhaus versehen, das die dreiköpfige Bedienung aufnimmt. Nach Angaben des Herstellers kann notfalls eine Person sämtliche Funktionen zur Bedienung des Waffenteils übernehmen. Hinter der Kabine liegt ein Block mit zusätzlicher Ausrüstung, und dahinter auf der Ladefläche das schwenk- und von –2° bis +60° höhenrichtbare Abschussgestell. Das Feuerleitsystem des M142 HIMARS entspricht dem des M270 MLRS. Auch kein Wunder, denn der M142 HIMARS wurde auf Grundlage des M270 MLRS entwickelt und verwendet einige seiner Baugruppen. Der Werfer ist eine U-förmige Einheit mit Halterungen für austauschbare Führungspakete. Außerdem befindet sich oben auf dem Werfer ein Bordkran zum Nachladen. Dank dieser Konstruktion kann HIMARS Standard-Abschussbehälter verwenden, die für MLRS entwickelt wurden. Dieser ist ein Block aus mehreren (in der Standardausführung 6) Transport- und Abschussbehältern aus Fiberglas in Rohrbauweise mit Führungen für den Drall der Raketen. Die Einzelbehälter sind über Rahmen miteinander verbunden. Die Munition wird im Werk geladen und versiegelt. Zum Beladen fahren die Arme des Bordkrans aus, der das Containerpaket mittels Seilzügen vom Boden oder von der Ladefläche eines Transportfahrzeugs hebt und ins Startgestell bugsiert. Der Abbau des leeren Pakets erfolgt umgekehrt. Wichtiges Merkmal der MLRS- und HIMARS-Mehrfachraketenwerfer ist die breite Palette an kompatibler Munition. Da keine feste Abschussschienen oder -rohre verbaut sind, können die Werfer Behälter mit Raketen verschiedener Typen und Kaliber mitführen – im Fall des HIMARS bis zu sechs 227-mm-Standardraketen oder eine größere Rakete. Die vereinheitlichte Munition beider Werfer bezeichnen die Amerikaner als MFOM (MLRS Family of Munitions, d. h. MLRS-Munitionsfamilie). Die Familie umfasst sowohl ungelenkte als auch gelenkte Flugkörper. Alle MFOM-Raketen weisen das Kaliber 227 mm und eine Länge von 3,94 m auf, unterscheiden sich aber in Gewicht und Gefechtskopf. Unabhängig vom Typ kann das Abschussgestell sechs Raketen aufnehmen. Folgende Raketen wurden für MLRS und HIMARS entwickelt:

- M26 und Modifikationen. Hohlladungs-Streumunition mit 518 bis 644 Bomblets. Schussweite je nach Typ 32–45 km.
- M30. Streumunition mit 404 Tochtermunitionen und kombinierter Trägheits-Satelliten-Navigation. Schussweite bis 84 km.

- M31. Abwandlung von M30 mit 90-kg-Splittergefechtskopf.

Bei Bedarf lassen sich die Artillerieraketenwerfer zu Abschusseinrichtungen taktischer Kurzstreckenraketen des Typs ATACMS verwandeln (Army TACtical Missile System; Taktisches Heeresraketensystem). In diesem Fall muss das Abschussgestell entsprechend eingerichtet werden. Es handelt sich um ungelenkte und gelenkte Raketen mit unterschiedlichen Gefechtsköpfen und Reichweiten:

- MGM-140A. Ungelenkte Rakete mit 128 km Reichweite und Gefechtskopf für 950 Bomblets mit Spreng-/Splitterwirkung.
- MGM-140B. Ungelenkte Rakete mit 165 km Reichweite und kombinierter Trägheits-Satelliten-Navigation. 275 Bomblets mit Spreng-/Splitterwirkung.
- MGM-140E. Lenkrakete mit bis zu 270 km Reichweite und 227-kg-Gefechtskopf mit Sprengwirkung; die derzeit fortschrittlichste Vertreterin der Familie.

Das ukrainische Oberkommando beurteilt die Mehrfachraketenwerfer M142 und M270 zu Recht als äußerst schlagkräftige Waffen, die nach simpler Einsatztaktik vorgehen: Rasches Beziehen einer Feuerstellung – Abgabe weniger Schüsse/Salven – Verlassen der Feuerstellung. Im Falle der gelenkten Raketen übernehmen US-amerikanische Aufklärungsflugzeuge und Satelliten die Steuerung. Die Nahsicherung der Fahrzeuge in Stellung (Rund-um-Sicherungsschleier) und auf dem Marsch übernimmt – je nach Zahl – ein Zug oder eine Kompanie ukrainischer Infanterie. Die bewegliche Taktik hat die ukrainischen Mehrfachraketenwerfer – so weit bekannt – bisher vor Verlusten durch Gegenfeuer bewahrt. Am 11. November 2022 erklärte ein hochrangiger US-Beamter, nach fünfmonatigem Einsatz sei noch kein HIMARS-System zerstört worden. Bis Anfang Oktober 2022 lieferten die USA 20 Mehrfachraketenwerfer M142 HIMARS an die Ukraine; weitere 18 Einheiten wurden in Aussicht gestellt und sind mit Sicherheit zwischenzeitlich geliefert worden (Stand Dezember 2023).

227-mm-Mehrfachraketenwerfer M142 HIMARS.

122-mm-Mehrfachraketenwerfer RM-70

Mitte April 2022 wurde bekannt, dass die Tschechische Republik 20 Mehrfachraketenwerfer des Typs RM-70 aus der Langzeitlagerung genommen, überholt und an die Ukraine geliefert hatte. Parallel dazu bildeten die Tschechen ukrainische Soldaten am Gerät aus. Dadurch konnten die Werfer bereits am 10. und 12. Mai in ihren Einsatzraum verlegen, was Medien am 22. Mai berichteten. Der 122-mm-Mehrfachraketenwerfer RM-70 (Raketomet vzor 1970 – Raketenwerfermodell 1970) stellte eine tschechoslowakische Eigenentwicklung der ausgehenden 1960er-Jahre dar; die tschechoslowakischen Streitkräfte führten ihn 1971 ein. Er stand bis 2011 in Verwendung, worauf man die noch vorhandenen 60 Werfer einlagerte. Der RM-70 stellt eine Kombination aus dem Artillerieteil des sowjetischen Werfers

Technische Angaben RM-70	
Kaliber, mm	122
Raketen	40
Bedienung	6
Gewicht in Feuerstellung, t	33,7
Abmessungen, mm:	
Länge	8800
Breite	2500
Höhe	66
Raketengewicht, kg	66
Schussweite, km:	
maximal	20,5
minimal	8
Dauer einer Vollsalve, s	20
Nachladezeit, min	2
Motorleistung, PS	270
Höchstgeschwindigkeit, km/h	80
Fahrbereich, km	600

122-mm-Mehrfachraketenwerfer RM-70

Mehrfachraketenwerfer RM-70, Ansicht von vorne rechts.

BM-21 „Grad" (siehe dort) und dem Fahrgestell des geländegängigen tschechoslowakischen Lkw Tatra-813 dar. Wie der BM-21 umfasst der RM-70 eine selbstfahrende Abschussvorrichtung, ungelenkte Raketen, eine Feuerleitanlage und ein Transport- und Ladefahrzeug. Der Werfer ist nach dem klassischen Schema aufgebaut, wobei sich der Artillerieteil im hinteren Teil des Radfahrgestells befindet. An der Vorderseite des Fahrgestells befinden sich die gepanzerte Mannschaftskabine sowie Motor und Getriebe. Aufgrund der Länge des Fahrgestells war es möglich, die hydraulische Vorrichtung zum Nachladen des Werfers im Mittelteil unterzubringen. Die Artilleriesektion besteht aus einem Paket von 40 Abschussrohren auf Drehgestell, Richtvorrichtungen und zugehöriger Ausrüstung. Ihr Aufbau ist identisch mit dem des BM-21. Wie dieser verschießt der RM-70 ungelenkte Raketen mit Spreng-/Splittergefechtskopf M-210F (Länge 2,87 m, Gewicht 66 kg, Reichweite 20,5 km). Alle neuen, in Russland kürzlich für den BM-21 entwickelten Munitionsarten können ebenfalls verwendet werden. Ein signifikanter Unterschied zwischen dem RM-70 und seinem sowjetischen Gegenstück besteht in der verbesserten Feuer- und Nachladegeschwindigkeit: Lediglich zwei Minuten nach Abfeuern der ersten Salve kann der RM-70 bereits eine zweite Salve hinterher schicken und dann die Feuerstellung verlassen, bevor der Feind zurückschlägt. Diese Fähigkeit wird durch

Der 122-mm-Mehrfachraketenwerfer RM-70 ist in der Lage, 40 Raketen innerhalb von 20 Sekunden abzufeuern.

eine hydraulische Vorrichtung zum mechanischen Nachladen und ein offenes Transportgestell mit 40 Raketen erreicht. Dazu wird das leergeschossene Startgestell um 180° geschwenkt, auf 0° abgesenkt und vor die Heckseite der Raketen gesetzt, die dann hydraulisch in einem Rutsch eingeschoben werden. Alternativ lässt sich der Werfer in üblicher Weise manuell von einem Transport-Ladefahrzeug nachladen, was aber deutlich mehr Zeit frisst. Die Richtanlage entspricht der des BM-21. Als Zusatzbewaffnung dient ein 7,62-mm-Maschinengewehr auf dem Dach des Führerhauses. Die meisten RM-70 verwenden das Achtrad-Fahrgestell des allradgetriebenen Lkw Tatra-813 mit V12-Zylinder-Diesel Tatra T-930-3 mit einer Leistung von 270 PS. Die beiden vorderen Achsen sind lenkbar. Dank der Verwendung von Niederdruckreifen und der zentralen Reifendruckregelanlage besticht das Fahrzeug angesichts seiner Länge durch außergewöhnliche Geländegängigkeit. Er überwindet Anstiege bis 30°, 0,6 m hohe senkrechte Hindernisse und 1,5 m breite Gräben. Ohne Vorbereitungen durchwatet es bis zu 1,4 m tiefe Gewässer und erreicht auf befestigten Straßen eine Spitzengeschwindigkeit von 80 km/h. Zur weiteren Ausrüstung gehören ein Funkgerät, eine Feuerlösch- sowie eine ABC-Schutzanlage. Am Bug befindet sich ein Räumschild, mit dem eine Feuerstellung eingerichtet oder Hindernisse beseitigt werden können. Außerdem gibt es eine Seilwinde, mit der sich der BM-70 notfalls selbst aus dem Sumpf zieht wie weiland Münchhausen. Als 1983 der verbesserte Vierachser Tatra-815 erschien, nutzte man auch dessen Fahrgestell zum Bau des RM-70/85. Im Unterschied zum Vorgängermuster erhielt er eine ungepanzerte Kabine. Von der praktischen Seite aus betrachtet, macht die Lieferung von zwei Dutzend tschechischer RM-70 an die Ukraine nach Meinung von Experten kaum Sinn. Trotz all ihrer Vorzüge stellen sie zum einen ein weiteres neues System dar, das beherrscht werden will. Zum anderen benötigen die 30 bis 35 Jahre alten Werfer entsprechende Wartung, Instandsetzungseinrichtungen und Ersatzteile – alles zusätzliche Probleme, mit denen sich die neuen Nutzer herumschlagen müssen.

Das Tatra-Fahrwerk mit seinem unverwüstlichen Zentralrohrrahmen verleiht dem RM-70 selbst im schweren Gelände eine Ausnahmestellung. (Foto: Ralf Weinreich)

VON NATO-STAATEN GELIEFERTE PANZERFAHRZEUGE

Kampfpanzer und gepanzerte Fahrzeuge sieht auch die Führung der ukrainischen Streitkräfte wie die russische als Träger der Hauptschlagkraft der Bodentruppen an. Dieser Erkenntnis eingedenk stellen diese Fahrzeuge für beide Seiten bevorzugte Ziele dar. Die schweren russischen Panzerverluste zu Beginn des Feldzugs 2022 sind bekannt. Aber auch die Ukrainer machten bald schmerzvolle Erfahrungen: Auch ihre Panzer- und mechanisierten Brigaden wurden durch russische Waffen stark dezimiert. Es war nicht möglich, die Kampffähigkeit der Brigaden allein durch Instandsetzungsmaßnahmen oder durch den Einsatz ausgemusterter Fahrzeugtypen aufrecht zu erhalten bzw. wiederherzustellen. Gleich zu Beginn der russischen „Sonderoperation" zerstörten Luftangriffe die Werkstätten der Transportmaschinenfabrik in Charkiw, die Panzer instandsetzte, und Anfang März 2022 zerschlugen Raketen das Transportwerk in Schitormir, das Panzer und gepanzerte Kampffahrzeuge aus Lagerbeständen überholte. In dieser misslichen Lage erhielt die Ukraine Unterstützung aus osteuropäischen NATO-Staaten, die zahlreiche ex-sowjetische Panzertypen zur Verfügung stellten. Der Hauptvorteil dieser Lösung bestand darin, dass ukrainische Besatzungen diese Muster kannten und – bis vielleicht auf Einweisungen in einige Besonderheiten – keine besondere Ausbildung mehr durchlaufen mussten. Bereits am 5. April 2022

Im Kampf zerstörter ukrainischer Kampfpanzer T-64BW.

verließ ein erster Bahntransport mit 30 Kampfpanzern T-72 die Tschechische Republik in Richtung Ukraine. Zum größten Panzerlieferanten der Ukraine mauserte sich allerdings Polen, das mehrere Hundert Kampfpanzer T-72M1 sowie modernisierte RT-91 „Twardy" lieferte. Die westeuropäischen NATO-Staaten verfolgten zunächst eine vorsichtigere Politik in Bezug auf Panzerlieferungen, da sie eine Eskalation des Konflikts und russische Vergeltungsmaßnahmen befürchteten. Selbst die US-Amerikaner, welche die Ukrainer aus eigenen politischen, wirtschaftlichen und strategischen Interessen maßgeblich auf „Westkurs" gebracht hatten, weigerten sich zunächst, „Abrams"-Kampfpanzer zu liefern, weil „es sich um ein sehr anspruchsvolles Fahrzeug" handele, das entsprechende Ausbildung voraussetze und auch in der Wartung anspruchsvoll sei. Die Bundesrepublik war nur dann zur direkten Lieferung von „Leopard 2" bereit, wenn auch die Amerikaner „Abrams" schickten. Allerdings hatte man nichts dagegen, wenn andere Betreiber ihre „Leopard 2" an die Ukraine abgaben. Polen spielte auch hier eine Vorreiterrolle und erklärte sich bereit, einen Kompaniesatz solcher Panzer in

Kampfpanzer M1 „Abrams" in einem US-Panzerfahrzeuglager.

die Ukraine zu schicken. Anschließend wurde über die Anzahl der Panzer gesprochen, die ausreichen, um eine Panzerbrigade zu bilden (etwa 150). Dafür war jedoch die Genehmigung des Herstellerlandes

Ein Kampfpanzer „Leopard 2" der Bundeswehr wird für den Straßentransport auf einem Tieflader befestigt.

erforderlich. Es ist bemerkenswert, dass BRD-Außenministerin Anna-Lena Baerbock in einem Interview mit dem französischen Fernsehsender LCT im Januar 2023 auf die Frage, was passieren würde, wenn Polen seine „Leopard 2“ ohne deutsche Genehmigung liefern würde, sinngemäß antwortete: „Im Moment stellt sich diese Frage nicht, aber wenn wir gefragt würden, würden wir es nicht verhindern“. Der diplomatische Schlingerkurs war jedoch nicht von langer Dauer. Bereits am 26. Januar 2023 gab US-Präsident Biden die Entscheidung bekannt, einen Bataillonssatz M1 „Abrams“ (31 Stück) an die Ukraine zu liefern. Diese Entscheidung löste eine Kettenreaktion aus: BRD-Kanzler Scholz genehmigte die Lieferung von 14 „Leopard 2A6“ an die Ukraine und hob den Lieferstopp für deutsche Panzer auf. Damit waren andere Länder nicht mehr gebunden und konnten ebenfalls „Leoparden“ schicken. Am 25. Februar berichtete die *Ukraijinska Prawda* Ministerpräsident Schmygal und Verteidigungsminister Resnikow hätten die ersten vier aus Polen eingetroffene „Leopard 2“ besichtigt. Der Nachrichtensender *Sky News* berichtete am 9. Januar 2023, Großbritannien erwäge die Lieferung von Kampfpanzern „Challenger 2“ an die Ukraine. „Die Verhandlungen über die Lieferung einer Reihe von Kampfpanzern Challenger 2 der britischen Armee an die ukrainischen Streitkräfte laufen bereits seit mehreren Wochen“, so der Fernsehsender. Der französische Präsident Emmanuel Macron erklärte, seine Regierung erwäge, Kiew mit Kampfpanzern des Typs „Leclerc“ unterstützen zu wollen. „Nichts ist ausgeschlossen“, sagte Macron, wobei er darauf hinwies, dass ein solcher Schritt „mit den Verbündeten abgesprochen“ würde. Ende Januar 2023 erklärte der ukrainische Stabschef General Najew, die Ukraine beginne bereits mit der Aufstellung neuer Kampfpanzereinheiten, obwohl die Ausrüstung noch nicht eingetroffen sei.

Anders als Kampfpanzer waren zu diesem Zeitpunkt bereits Hunderte Schützenpanzer an die Ukraine geliefert worden. Bei genauerem Hinsehen handelte es sich dabei jedoch um veraltete Modelle aus Lagerbeständen. Es brachte den Lieferstaaten zumindest den Vorteil, veraltete Ausrüstung los werden zu können und kein Geld für deren Entsorgung ausgeben zu müssen.

Das Vereinigte Königreich lieferte veraltete gepanzerte Mannschaftstransportwagen AT-105 „Saxon“ an die Ukraine.

Mittlerer Kampfpanzer M-55 S

Das älteste Kampfpanzermuster, das im Rahmen der Militärhilfe an die Ukraine ging, stellt zweifellos der slowenische M-55 S dar. Gemäß dem im September 2022 zwischen der slowenischen und der bundesdeutschen Regierung geschlossenen Abkommen verpflichtete sich Slowenien, 28 M-55 S an die Ukraine zu liefern, während sich die BRD im Gegenzug verpflichtete, Slowenien 40 Einheiten moderner militärischer Fahrzeugausrüstung zu liefern. In Slowenien wurden Berichten zufolge mehr als 50 T-55, die die Slowenen von der jugoslawischen Volksarmee geerbt hatten, auf Standard M-55 S modernisiert. Der sowjetische T-55 wurde einst vom Konstruktionsbüro des Werks Nr. 183 auf der Grundlage des mittleren T-54B entwickelt und 1958 in den Dienst der Sowjetarmee gestellt. Das Projekt zur Modernisierung entwickelte die israelische Firma Elbit Systems für das slowenische Verteidigungsministerium und der slowenische Metallurgie- und Maschinenbaubetrieb STO in Ravna

Ein Trupp Kampfpanzer M-55 S im Gelände.

setzte es 1996 bis 2001 um. Die Arbeiten umfassten den Einbau der britischen 105-mm-Kanone L7A1 mit israelischer Munition als Ersatz für die sowjetische 100-mm-Kanone, der israelischen Reaktivpanzerung „Super Blazer", einer modernen Feuerleitanlage des slowenischen Unternehmens Fotona (ehemalige

Der slowenische Kampfpanzer M-55 S beruht auf dem sowjetischen T-55 und israelischer Bewaffnung.

Iskra-Fabrik in Ljubljana), moderner Kommunikations- und Überwachungsausrüstung, Wärmebild-Nachtsichtgeräten, Laserwarnsystem, israelischer Nebelmittelwurfanlage, Turm mit 12,7-mm-MG DSchKM, Feuerlöschanlage, hydraulischer Lenkung, Leistungserhöhung des Motors von 520 auf 600 PS und Ausstattung mit gummigepolsterten Gleisketten. Die Kanone L7A1 wurde in Israel unter britischer Lizenz hergestellt und verschießt ausschließlich israelische Munition. Der Munitionssatz des M-55 S enthält drei Sorten Unterkalibergeschosse mit Wolframlegierung „Hez-6", „Hez-7" oder, weniger wahrscheinlich, „Hez-10". Letzteres erschien in den 90er-Jahren und ob es zum Verkauf stand, ist nicht ganz klar. Die Durchschlagsleistung gegen Panzerstahl bei Auftreffwinkel 60° aus 2 km Entfernung wird wie folgt angegeben: „Hez-6" = 300–310 mm, „Hez-7" = etwa 380 mm, „Hez-10" = 450–470 mm. Die Frontpanzerung moderner russischer T-72B, T-72B3 und T-90A kann dem durchaus standhalten und auch die Verbundpanzerung des T-80BWM.

Bei älteren Ausführungen wie T-72A, T-80B oder T-62M sieht es anders aus. Das panzerbrechende Hohlladungs-Sprenggeschoss M152/3 (oder M152/6 mit Abstandszünder) setzt der M-55 S gegen leicht gepanzerte Ziele, Bunker, Feldbefestigungen und Infanterie ein. Seine Panzerdurchdringung liegt bei 350 mm. Die Wirkung von M152/3 mit Aufschlagzünder gegen Infanterie entspricht der 100-mm-Sprenggranate des T-55. Größere Splitterwirkung erzielt das mit Abstandszünder ausgestattete M152/6, das seinen Splittersegen nicht nach Aufschlag am Boden, sondern gießkannenartig von oben aus

Kampfpanzer M-55 S.

der Luft verteilt. Das Sprenggeschoss M156 mit 2,2-kg-Ladung kann gegen moderne Kampfpanzer nichts ausrichten, aber leicht gepanzerte Fahrzeuge zerstören. Elbit Systems bietet des Weiteren das Mehrzweckprojektil M110 mit programmierbarem Zünder an – Aufschlag, Abstand und Verzögerung. Mit Verzögerungs-Einstellung kann es bis zu zwei rund 200 mm dicke Stahlbetonwände durchschlagen, bevor es detoniert. Im Vergleich zum Grundmodell T-55 wurde die Feuerleitanlage des M-55 S grundlegend modernisiert. Es umfasst die Visier- und Beobachtungeinrichtungen von Kommandant und Richtschütze, zu denen ein digitaler ballistischer Rechner zur Flugbahnberechnung und eine Reihe von Sensoren gehören. Militärexperten gehen davon aus, dass der M-55 S kaum Überlebenschancen in einem Gefecht gegen russische T-72B3 und T-90M hat. In der Ukraine sind Panzergefechte jedoch eher selten; meist geht es gegen befestigte Stellungen oder in Gebäuden verschanzte Gegner. Unter diesen Bedingungen kann der M-55 S sein Potenzial durchaus ausschöpfen. Wahrscheinlich der Grund, weshalb die slowenischen M-55 S nicht ukrainischen Panzer- und mechanisierten Brigaden, sondern ausschließlich der 47. Sturmbrigade zugeteilt wurden.

Technische Angaben M-55 S	
Besatzung	4
Gefechtsgewicht, t	38
Abmessungen, mm:	
Länge Fahrgestell	6040
Länge Turm 12 Uhr	über 9000
Breite	3270
Höhe	2400
Bewaffnung, mm:	
Kanone	105
Maschinengewehr	2 x 7,62; 1 x 12,7
Kampfbeladung, Schuss:	
Kanone	30–35
Maschinengewehr	3500 x 7,62, 200 x 12,7
Motorleistung, PS	600
Höchstgeschwindigkeit, km/h	50
Fahrbereich, km	580

Kampfpanzer T-72M/M1

Bei den Kampfpanzern T-72M und T-72M1, die osteuropäische NATO-Staaten an die Ukraine lieferten, handelt es sich um Exportversionen des 1973 bei den sowjetischen Streitkräften eingeführten T-72 (siehe dort). Die Nachfrage nach diesem Panzertyp war so groß, dass sowjetische Planer Ende der 1970er-Jahre beschlossen, die Produktion von Exportversionen des T-72M und des T-72S1 in Polen und der Tschechoslowakei zu organisieren. Dank des Technologietransfers aus der UdSSR konnten die Tschechoslowakei 1981 und Polen 1982 die Fertigung aufnehmen und bald T-72 exportieren. In den 80er-Jahren erhielt etwa die deutsche Nationale Volksarmee insgesamt 549 T-72; weitere 138 bzw. 334 gingen an Ungarn bzw. Bulgarien. Darüber hinaus wurden etwa 1700 Panzer an Länder im Nahen und Mittleren Osten geliefert. Was die Hersteller selbst anbelangt, so verfügte die Tschechoslowakei 1991 über 897 T-72 und T-72M/M1-Modifikationen, während Polen 757 Einheiten besaß. Es gelang den Herstellerstaaten, dieses Arsenal teilweise zu erhalten – und jüngst die Ukraine daraus zu beliefern.

Technische Angaben T-72M	
Besatzung	3
Gefechtsgewicht, t	41,5
Abmessungen, mm:	
Länge Fahrgestell	6860
Länge Turm 12 Uhr	9530
Breite	3590
Höhe	2190
Bewaffnung, mm:	
Kanone	125
Maschinengewehr	1 x 7,62; 1 x 12,7
Kampfbeladung, Schuss:	
Kanone	44
Maschinengewehr	2000 x 7,62, 300 x 12,7
Motorleistung, PS	780
Höchstgeschwindigkeit, km/h	60
Fahrbereich, km	500

Kampfpanzer T-72A der NVA, Grundmodell für zahlreiche Modifikationen.

Kampfpanzer T-72 A der polnischen Armee während einer Übung.

Im Unterschied zu sowjetischen T-72 erhielten die T-72M und T-72M1 einen vereinfachten Panzerschutz. Insbesondere der Turm verfügt über keinen kombinierten Panzerschutz, sondern ausschließlich über eine 410 mm dicke Stahlgusspanzerung. Zum besseren Schutz gegen Hohlladungen versah man die Türme der T-72M1 mit Einsätzen aus Silikatmaterial (so genannte Sandstäbe), womit die Widerstandsfähigkeit der Turmfronten auf 490–500 mm stieg. Die obere Bugfront der Wanne erhielt eine Schichtpanzerung aus einer 60 mm dicken Stahlaußenplatte, zwei 105 mm dicken Glas-Textolith-Platten und einer 50 mm dicken hinteren Stahlplatte. Da diese Panzerung nicht sehr wirksam ist, beträgt der Widerstand gegen Unterkalibergeschosse an der Stirn des T-72M etwa 335–340 mm. Beim T-72M1 sieht es etwas besser aus. Zum Schutz gegen neuere Unterkaliber- und Hohlladungsgranaten im NATO-Kaliber 105 mm erhielten die meisten dieser T-72 eine zusätzliche 16-mm-Stahlplatte an der oberen Wannenfront. Damit soll der Panzerschutz 400–405 mm gegen Unterkalibergeschosse und 490 mm gegen Hohlladungsgeschosse betragen. Gegen Unterkalibergranaten und Rohrraketen moderner russischer Panzer nützt dies allerdings wenig, was sich bei den Kämpfen in der Ukraine mehrfach bestätigt hat.

T-72M1 Panzer, Vorderansicht.

T-72M4 – die tschechische Modifikation des T-72.

Kampfpanzer RT-91 „Twardy"

Technische Angaben RT-91 „Twardy"	
Besatzung	3
Gefechtsgewicht, t	45,3
Abmessungen, mm:	
Länge Fahrgestell	6860
Länge Rohr 12 Uhr	9530
Breite	3590
Höhe	2190
Bewaffnung, mm:	
Kanone	125
Maschinengewehr	1 x 7,62; 1 x 12,7
Kampfbeladung, Schuss:	
Kanone	36
Maschinengewehr	1250 x 7,62; 300 x 12,7
Motorleistung, PS	850
Höchstgeschwindigkeit, km/h	60
Fahrbereich, km	480

Am 25. Juli 2022 erklärte der Leiter des ukrainischen Präsidialamtes, Jermak, die ersten polnischen Kampfpanzer RT-91 „Twardy" seien bereits in der Ukraine eingetroffen. Insgesamt sei die Lieferung von 200 Stück geplant. Der RT-91 „Twardy" (der Harte) wurde Anfang 1991 vom Konstruktionsbüro des Kombinats BUMAR entwickelt. In den 1980er Jahren stellte das Unternehmen unter sowjetischer Lizenz T-72 her, so dass es nicht überrascht, dass der RT-91 eine modernisierte Version des T-72M1 (siehe oben) darstellt. Er unterscheidet sich vor allem im Schutzniveau, der Feuerleitanlage, dem Motor und Ausrüstungsteilen. Der Schutz des „Twardy" gegen Hohlladungsgeschosse wurde durch den Einbau der vom polnischen militärtechnischen Institut entwickelten Reaktivpanzerung ERAWA verbessert. ERAWA besteht aus 394 Sprengstoffplatten, die beim Auftreffen von Granaten, Panzerfäusten oder Lenkflugkörpern detonieren. ERAWA deckt etwa 9 qm der Panzeroberfläche ab. Als Besonderheit liegen die ERAWA-Platten sehr eng nebeneinander, praktisch ohne Zwischenräume, während es bei sowjetischen (russischen) Panzern Zwischenräume von manchmal 10–15 mm gibt, was den Reaktivschutz erheblich verringert. Ferner erhielt der RT-91 „Twardy" die in Polen entwickelte Feuerleitanlage „Drawa", die ein PCD-Tagvisier und das passive Nachtsichtgerät PCN A des Richtschützen (oder ein israelisches Nachtsicht-Wärmebildgerät ELOP TES), das kombinierte passive Tag- und Nachtzielgerät POD-72 des Kommandanten, einen elektronischen Flugbahnrechner, einen Laserentfernungsmesser und ein System von Sensoren für externe Informationen umfasst, die vom Rechner zur Aufbereitung der Daten für den Abschuss verwendet werden (Zielgeschwindigkeit, atmosphärische Parameter usw.). Der Panzerkommandant verfügt außerdem über das Überwachungsgerät US-DK-1, das den Zustand der wichtigsten Systeme auf einem Monitor anzeigt. Der Fahrer erhielt ein passives Nachtsichtgerät „Radomka". Das höhere Gefechtsgewicht des modernisierten Panzers zwang die Konstrukteure zum Einbau eines leistungsstärkeren 12-Zylinder-Dieselmotors

S12U, einer modernisierten Abart des sowjetischen W-46-6, der im PZL-Wola-Werk in Warschau in Lizenz hergestellt wurde. Die Leistung des S12U beträgt 850 PS. Vor kurzem wurde für den RT-91 ein noch leistungsstärkerer S-1000-Motor (1000 PS) mit einem durch Abgasenergie angetriebenen Kompressor entwickelt. Die Ausführung mit dem S-1000-Motor erhielt die Bezeichnung PT-91A, die Befehlspanzerversion mit zusätzlicher Funkausrüstung und Ladegerät die Bezeichnung PT-91A1. Die Kommunikationsausstattung des Kampfpanzers wurde durch Einbau des sowjetisch-russischen „Absaz"-Systems aufgerüstet. Polen wollte die RT-91 in zwei Chargen an die Ukraine liefern. Das erste Los bestand aus 37 Fahrzeugen, von denen zwölf unmittelbar an Fronteinheiten in der Region Charkiw gingen, wo heftige Kämpfe tobten. Im September wurde bekannt, dass alle zwölf „Twardy" zerstört worden waren. Zur gleichen Zeit, zwischen Juli und September 2022, gingen Informationen über die Zerstörung weiterer Panzer der ersten Charge ein. Seit September 2022 wurden keine RT-91 mehr in ukrainischen Einheiten gesichtet. Die übrigen 200 Panzer, die Polen versprochen hatte, haben die Ukrainer offensichtlich nicht erhalten. Die polnische Regierung hatte nämlich erwartet, für die an die Ukraine gelieferten RT-91 deutsche „Leopard 2" zu erhalten. Berlin weigerte sich jedoch, die Fahrzeuge in der gleichen Menge zu erstatten, so dass Polen einige bereits in Grenznähe befindliche RT-91 wieder zurückbeorderte.

Kampfpanzer RT-91 „Twardy".

Kampfpanzer RT-91 „Twardy", Ansicht von vorne rechts.

Kampfpanzer RT-91 „Twardy" bei einer Übung.

„Twardy" beim Durchwaten eines Schlammtümpels.

Kampfpanzer „Leopard 2“

Am 24. Februar 2023 fand auf dem Truppenübungsplatz Jaworiw in der Region Lemberg eine Zeremonie zur Übergabe der ersten vier „Leopard-2A4“ der polnischen Streitkräfte an die Ukraine statt, und zwar an die 4. Panzerbrigade. Daran nahmen der polnische Premierminister M. Morawiecki, der ukrainische Premierminister D. Schmygal sowie der ukrainische Verteidigungsminister A. Resnikow teil. Die „Leoparden“ waren auf Anhängern angeliefert worden. Dies war der Beginn der Umsetzung des Beschlusses der polnischen Regierung vom 11. Januar 2023, 14 „Leopard 2A4“ in die Ukraine zu überführen. Die Übergabe aller Panzer sollte bis Ende März 2023 abgeschlossen sein. So weit bekannt, lieferten NATO-Staaten in der ersten Phase 2023 zwei Bataillonssätze (62 Fahrzeuge) an die Ukraine, von denen eines aus „Leopard-2A6“ und das andere aus „Leopard-2A4“ bestand. Die Entwicklung des „Leopard 2“ begann 1970 in der Bundesrepublik Deutschland, nachdem die Arbeiten an der Entwicklung des bundesdeutsch-US-amerikanischen Gemeinschaftsprojekts MBT-70 eingestellt worden waren. Nach erfolgreicher Erprobung des Musters 1977, u .a auf dem Aberdeen Proving Ground in den USA, beschloss das bundesdeutsche Verteidigungsministerium, es unter der Bezeichnung „Leopard 2A“ in Dienst zu stellen. An die Industrie erging der Auftrag zur Herstellung von insgesamt 1800 Panzern. Im Oktober 1979 begann Krauss-Maffei in München mit der Montage eines Fertigungsloses von 30 Fahrzeugen. Der erste Serienpanzer wurde am 25. Oktober 1979 der Bundeswehr übergeben. Der „Leopard 2A“ folgt dem bei Kampfpanzern allgemein üblichen Aufbau: Fahrer vorn in der Wanne, Kampfraum mit Drehturm in der Mitte, Motor und Getriebe im Heck. Der Kampfraum beherbergt drei Besatzungsmitglieder: den Richtschützen (rechts der Kanone), den Ladeschützen (links der Kanone) und den Kommandanten (über dem Richtschützen nach hinten versetzt). Wanne und Turm sind geschweißt. Die obere Frontplatte weist einen großen Neigungswinkel zur Vertikalen auf, was zusammen mit der Verwendung einer mehrlagigen Abstandspanzerung vom britischen „Chobham“-Typ (geschottete Mehrschichtpanzerung) ausreichend Schutz gegen panzerbrechende Unterkalibergranaten und Lenkflugkörper bietet. Dach, Seiten und Boden sind hingegen nur mit 20–70 mm dicken Panzerplatten versehen, was den Schutz vor seitlichem Beschuss bzw. von oben deutlich nivelliert. Einen gewissen zusätzlichen Schutz vor Hohlladungsmunition bieten jedoch die Seitenschürzen aus Stahl und verstärktem Gummi

„Leopard 2A5“ der Bundeswehr.

Kampfpanzer „Leopard 2A5" der Bundeswehr bei einer Übung.

(die vorderen schweren Kettenblenden sind Teil der Frontpanzerung). Die Hauptbewaffnung bildet die von Rheinmetall entwickelten 120-mm-Glattrohrkanone Rh-M-120. Die Kanone mit Rohrlänge L/46,7 wiegt bei 5,6 m Länge 3,7 t und verfügt über eine Waffenstabilisierungsanlage in zwei Ebenen. Sie wird in bewährter Manier händisch geladen. Die Richt- und Turmtriebe funktionieren elektrohydraulisch.

Die Kampfbeladung besteht aus 42 teilverbrennbaren Treibladungshülsen mit Unterkaliber- bzw. Mehrzweckgeschossen. Die Hülsenböden kann der Ladeschütze über eine linksseitige Luke entsorgen. Die Feuerleitanlage von Krupp-Atlas-Elektronik besteht aus dem Laserentfernungsmesser EMES-15 mit eingebautem Wärmebildkanal, dem PERI-R17 Panorama-Periskopvisier/Beobachtungsgerät des

Technische Angaben „Leopard 2"	
Besatzung	4
Gefechtsgewicht, t	55,15–63,00
Abmessungen, mm:	
Länge Fahrgestell	7722
Länge Rohr 12 Uhr	9668
Breite	3700
Höhe	2480
Bewaffnung, mm:	
Kanone	120
Maschinengewehr	2 x 7,62
Kampfbeladung, Schuss:	
Kanone	42
Maschinengewehr	4750
Motorleistung, PS	1500
Höchstgeschwindigkeit, km/h	72
Fahrbereich, km	550

Kampfpanzer „Leopard 2A5“ der Bundeswehr beim Durchwaten eines Flachgewässers.

Kommandanten, der Zieloptik FERO-Z18 für den Richtschützen, einem Flugbahnrechner und dem elektrohydraulisch angetriebener Doppelebenen-Waffenstabilisator (beim „Leopard 2“ sind nicht die Bordkanone, sondern die leichteren Zielgeräte primär stabilisiert, die Waffe wird nachgeführt und feuert bei Übereinstimmung). Diese Elemente gewährleisten eine rasche Zielaufklärung und -erkennung während der Fahrt bei Tag und bei Nacht und eine sehr hohe Ersttrefferwahrscheinlichkeit auch auf große Entfernungen, weshalb der „Leopard 2“ – auch aufgrund weiterer Eigenschaften – als einer der weltbesten Kampfpanzer gilt. Die Zweitbewaffnung besteht aus einem koaxialen 7,62-mm-Maschinengewehr und einem Fla-MG desselben Kalibers an der Ladeschützenluke. Für den Antrieb sorgt ein wassergekühlter V12-Vielstoffmotor mit Abgaslader MTU MB 837 ka-501 mit 1500 PS, der den „Leo“ auf bis zu 72 km/h beschleunigt. Angeflanscht ein hydromechanisches Schalt-, Wende- und Lenkgetriebe (Renk-Automatikgetriebe HSW/L-354 /3) mit vier Vorwärts- und zwei Rückwärtsgängen. Das Getriebe verfügt über ein Differential, das ein Wenden bzw. Drehen mit ausgewähltem Radius in jedem Gang ermöglicht. So kann sich der „Leopard 2° binnen 10 Sekunden um die eigene Achse drehen. Kombinierte Bremsen sorgen dafür, dass der Panzer selbst bei Höchstgeschwindigkeit binnen 3,6 Sekunden zum Stehen kommt. Das drehstabgefederte Laufwerk besteht aus sieben Doppellaufrollen und vier Stützrollen je Seite, Antriebsrad hinten, Leitrad vorn. Die Verbindergleisketten verfügen über auswechselbare Kettenpolster. Der „Leopard 2“ erklettert bis zu 1,15 m hohe senkrechte Hindernisse, überschreitet bis zu 3 m breite Gräben und bewältigt Steigungen bis 30°. Dank seiner Tiefwat- und Unterwasserausrüstung kann er bis zu 4 m tiefe Gewässer durchfahren. Die an die Ukraine gelieferten „Leopard 2A4“ verfügen über eine verstärkte Panzerung mit Wolfram- und Titaneinlagen zwischen der äußeren und inneren Stahlpanzerung. Die Form des Turms wurde (im Vergleich zur Vorgängerausführung) geändert und ein verbesserter Flugbahnrechner eingebaut. Die „Leopard 2A5“ zeichnen sich u. a. durch ihre Reaktivpanzermodule an Turm- und Wanne, zusätzlichen Splitterschutz, elektrischer Waffenstabilisierung und verbesserter Feuerleitanlage aus. Das Panoramavisier des Kommandanten verfügt über ein eingebautes Wärmebildgerät und der Laserentfernungsmesser des Richtschützen über einen verbesserten Prozessor. Im Vergleich etwa mit dem US-amerikanischen „Abrams“ bietet der „Leopard 2“ im Ukraine-Einsatz deutliche logistische und wartungstechnische Vorteile; d. h. sein Betrieb ist wesentlich weniger aufwändig. Besonders hervorgehoben seien die Instandsetzungsmöglichkeiten unter Feldbedingungen. Grundsätzlich ist jeder Kampfpanzer nur so gut wie seine Besatzung, sein technisches Personal und seine taktische-operative Führung im Gefecht durch übergeordnete Stellen. Jeder Kampfpanzer, sei er noch so gut bewaffnet, ausgerüstet und geschützt, verfügt über Schwachstellen. Dies ist beim „Leopard 2“ nicht anders. Der russische Staatspräsident Putin bemerkte nach Bekanntwerden der Lieferungen an die Ukraine, dass „auch der Leopard brenne“. Die Ereignisse gaben ihm Recht: von den über 70 an die Ukraine gelieferten „Leopard 2“ sind bis Ende 2023 rund drei Viertel durch Abschuss und technische Schäden ausgefallen. Einige konnten russische Truppen weitgehend intakt erbeuten.

Kampfpanzer M1A1 „Abrams“

Im Januar 2023 kündigte US-Präsident Biden entgegen früheren Aussagen an, jetzt doch 31 Kampfpanzer M1 „Abrams“ an die Ukraine liefern zu wollen. In der zweiten Märzhälfte 2023 wurde bekannt, dass es sich dabei um die Ausführung M1A1 handelte und nicht um die zuvor zugesagte fortschrittlichere Version M1A2. Ungefähr zur selben Zeit gab Hersteller General Dynamics Land Systems bekannt, das Unternehmen habe vom US-Militär einen Auftrag über 27,1 Millionen Dollar für die Lieferung von M1A1-Panzern an die Ukraine erhalten. Der Vertrag sollte bis zum 23. September 2023 abgeschlossen werden. Der Kampfpanzer M1 „Abrams“ wurde in den 1970er-Jahren vom US-Unternehmen Chrysler Defence entwickelt; das erste Serienfahrzeug lief im Februar 1980 vom Band. Bis Ende 1985 waren 3236 Fahrzeuge produziert, 1986–1990 jährlich 840 Stück für die US Army gefertigt, und 1991–1992 eine Serie von 691 Fahrzeugen für das US Marine Corps aufgelegt. Die Einteilung des „Abrams“ entspricht dem üblichen Schema mit Fahrer vorn, Kampfraum mit Drehturm und dreiköpfiger Kampfbesatzung in der Mitte, Motor/Getriebe im Heck. Wanne und Turm sind in Schweißkonstruktion ausgeführt, wobei im vorderen Bereich eine mehrschichtige Schottpanzerung im britischen „Chobham“-Stil Verwendung fand. Bei geschlossener Luke nimmt der Fahrer eine halb liegende Position ein, weshalb die obere Frontplatte in einem großen Winkel zur Senkrechten positioniert werden konnte, was die Anfälligkeit gegen panzerbrechende Geschosse deutlich minderte. Der Fahrer steuert über eine motorradähnliche Lenksäule, die mit dem Automatikgetriebe verbunden ist. Der „Abrams“ M1 erhielt die 105-mm-Kanone M68E1 (modifizierte britische L7); der M1A1 die 120-mm-Glattrohrkanone M256, ein lizenzierter Nachbau der deutschen 120-mm-Kanone von Rheinmetall, beide waffenstabilisiert und mit Rauchabsauger. Rechts der Kanone sitzt der Richtschütze, hinter ihm in erhöhter Position der Kommandant, und rechts der Ladeschütze. Der Großteil der Munition lagert in einem abgeschotteten Teil des Turmhecks (44 von insgesamt 55 Schuss). Die Zusatzbewaff-

Technische Angaben M1A1 „Abrams“	
Besatzung	4
Gefechtsgewicht, t	57,15
Abmessungen, mm:	
Länge Fahrgestell	7918
Länge Turm 12 Uhr	9828
Breite	3657
Höhe	2438
Bewaffnung, mm:	
Kanone	120
Maschinengewehr	2x7,62; 1x12,7
Kampfbeladung, Schuss:	
Kanone	40
Maschinengewehr	12.400 x 7,62, 1000 x 12,7
Motorleistung, PS	1500
Höchstgeschwindigkeit, km/h	66,7
Fahrbereich, km	465

Kampfpanzer M1A1 „Abrams“ mit Minenräumvorrichtung.

nung besteht aus einem koaxialen 7,62-mm-Maschinengewehr, einem zweiten MG gleichen Kalibers vor der Ladeluke und einem schweren 12,7-mm-MG an der Kommandantenluke. Die Nebelmittelwurfanlage befindet sich rechts und links an den Turmseiten. Der M1 „Abrams“ erhielt eine recht fortschrittliche Feuerleitanlage, die Erstschusstreffer auf rund 1800 m bei 40 km/h Fahrt ermöglicht. Eine Besonderheit des M1 „Abrams“ ist sein Gasturbinenantrieb, der hier erstmals im westlichen Panzerbau serienmäßig zum Einbau kam. Die Gasturbine Textron Lycoming AGT-1500 entwickelt eine maximale Leistung von 1500 PS bei 3000 U/min. Das multikraftstofffähige Triebwerk lässt sich überdies mit Paraffin, Diesel oder Benzin betreiben und soll etwa 1800 Stunden ohne Überholung laufen, also 2 bis 3 Mal länger als ein Dieselmotor gleicher Leistung (so weit die Theorie; die Praxis im Feldeinsatz sieht etwas anders aus). Das hydromechanische Automatikgetriebe X-1100-3B bildet eine Einheit mit dem Motor und verfügt über vier Vorwärts- und zwei Rückwärtsgänge. Die Verwendung dieses Fahr- und Lenkgetriebes ermöglicht eine stufenlose Einstellung des Wenderadius. Das Laufwerk zeigt auf jeder Seite sieben gummierte Lauf- und zwei Stützrollen, Antriebsrad hinten, Leitrad vorn. Der „Abrams“ rollt auf vollgummierten Verbinderketten. Die hohe Leistungsdichte (bis zu 28 PS/t) gewährleistet eine hohe Mobilität des Panzers. Bei der Straßenfahrt erreicht er Geschwindigkeiten von bis zu 72 km/h, und aus dem Stand heraus in 6,2 Sekunden eine Geschwindigkeit von 30 km/h. Die Ausführung M1A1 ist das Ergebnis von drei Phasen der M1-Modernisierung zwischen 1984 und 1988. Der M1A1 unterscheidet sich vom M1 vor allem durch seine höhere Feuerkraft und einen verbesserten Panzerschutz. Wie oben erwähnt, wurde die Feuerkraft durch Einbau der 120-mm-Glattrohrkanone M256 (Rheinmetall-Lizenz) erhöht, die auch den deutschen „Leopard 2“ bewaffnet. Sie verschießt zwei Geschosstypen: das panzerbrechende Unterkalibergeschoss M827 mit Penetrator aus Wolfram oder abgereichertem Uran, sowie das Mehrzweckgeschoss M830 (Hohlladung und Splitterwirkung). Die Hülsen mit Stahlboden sind teilverbrennbar. Aufgrund der Größe des Verschlussblocks und der Geschosse wurde die Kampfbeladung auf 40 Schuss reduziert, die in einem speziellen gepanzerten Abteil untergebracht sind. Auch die Feuerleitanlage wurde verbessert. So erhielt der M1A1-Kommandant ein neues Panorama-Wärmebildgerät, einen Laserent-

Kampfpanzer M1A1 „Abrams“

„Abrams"-Kampfpanzer werden über lange Strecken auf Tiefladern transportiert.

fernungsmesser und einem verbesserten Ballistikrechner, der mit dem Wärmebildgerät zusammenarbeitet. Man darf annehmen, dass die Amerikaner so manches beim „Leopard 2" abkupferten, der den „Abrams" bei internationalen Panzerschießwettbewerben regelmäßig auf die hinteren Plätze verwies. Zur Verbesserung des Panzerschutzes brachten die Amerikaner Einschlüsse von abgereichertem Uran in die Frontpanzerung von Wanne und Turm ein (Medienberichten zufolge enthält die Panzerung der „ukrainischen" Panzer kein Uran). Russischen Panzerfachleuten zufolge wird das Auftauchen eines „Abrams"-Bataillons an der ukrainischen Front keine weitreichenden Auswirkungen haben. Gleichzeitig bewerten sie diesen Panzer als gut geschütztes Fahrzeug mit fortschrittlicher Feuerleitanlage und starker Bewaffnung, was sowohl für die 120-mm- als auch für die 105-mm-Kanone gilt. Wie die Golfkriege erwiesen, hatte auch Letztere keine Probleme mit frühen sowjetischen T-72- und T-62-Versionen. Zu den Nachteilen des „Abrams" zählen das hohe Gefechtsgewicht, dem – wie beim „Leopard 2" – die meisten ukrainischen Brücken im ländlichen Bereich nicht standhalten können, der hohe Treibstoffverbrauch und die Notwendigkeit einer gründlichen regelmäßigen Wartung, ohne die das Gasturbinentriebwerk unweigerlich ausfällt.

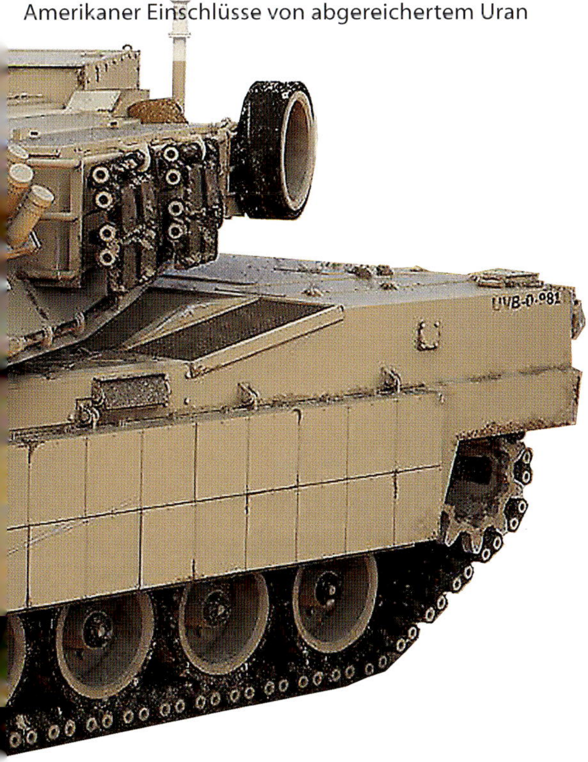

Kampfpanzer M1A1 „Abrams" des US-Heeres.

Kampfpanzer „Challenger 2“

Am 13. Januar 2023 kündigte der britische Premierminister Rishi Sunak die Absicht seiner Regierung an, ein Los von 14 Kampfpanzern „Challenger 2“ (nach anderen Quellen 12 Fahrzeuge) an die Ukraine zu liefern. Wenig später wurde die Lieferung weiterer Panzer des Typs vereinbart. Der „Challenger 2“ wurde von der britischen Firma Vickers Defence Systems in den 1980er-Jahren als Nachfolger des „Chieftain“ entwickelt und nach langwierigen Vergleichen mit anderen Kampfpanzertypen schließlich im Juni 1991 vom britischen Heer übernommen. Auf die ersten Serienfahrzeuge mussten die Royal Scots Dragoon Guards, die als erster Panzerverband den „Challenger 2“ erhalten sollten, aber noch bis zum 25. Juli 1994 warten. Die Gesamtproduktion sah den Bau von insgesamt 384 „Challenger 2“ vor. Der Aufbau entspricht dem üblichen Schema, wobei der Fahrer entlang der Längsachse und halb liegend untergebracht ist. Ein Teil der Munition befindet sich zu beiden Seiten seines Sitzes. Wanne und Turm sind geschweißt und mit „Chobham“-Sonderschichtpanzerung einschließlich Keramikelementen versehen. Aufgrund der hohen Härte dieser Elemente ist die Panzerung sowohl gegen Hohlladungen als auch gegen kinetische Geschosse sehr widerstandsfähig. Die Hauptbewaffnung des Panzers besteht aus der 120-mm-Hochdruck-Zugrohrkanone L30 im Drehturm. Die Kanone ist in zwei Ebenen stabilisiert und mit einem Rauchabsauger sowie einem wärmeisolierenden Mantel versehen. Sie verschießt händisch geladene Granatpatronen u .a. mit Unterkalibergeschossen APFSDS-T mit abgereichertem Uran. Die Kampfbeladung umfasst 52 Schuss. Der Vorteil der gezogenen Kanone liegt in der gegenüber Glattrohrgeschützen höheren Schussweite (bis 9000 m); ihre Nachteil in der geringeren Mündungsgeschwindigkeit, so dass die Geschosse bei moderner Schicht- und Reaktivpanzerung ihre Schwierigkeiten haben. Die Feuerleitanlage besteht im Wesentlichen aus einem Flugbahnrechner von General Dynamics Canada (ein verbesserter Nach-

Technische Angaben „Challenger 2“	
Besatzung	4
Gefechtsgewicht, t	62,5
Abmessungen, mm:	
Länge Fahrgestell	8327
Länge Rohr 12 Uhr	11.550
Breite	3520
Höhe	2490
Bewaffnung, mm:	
Kanone	120
Maschinengewehr	2 x 7,62
Kampfbeladung, Schuss:	
Kanone	52
Maschinengewehr	4000
Motorleistung, PS	1500
Höchstgeschwindigkeit, km/h	56
Fahrbereich, km	500

Kampfpanzer „Challenger 2“.

bau des M1A1 „Abrams“, der u. a. Datenaustausch in Echtzeit ermöglicht), einem stabilisierten VS 580-Kommandantenvisier mit 360°-Sichtwinkel der französischen Firma SFIM (ähnlich des französischen „Leclerc“) und einem stabilisierten Hauptvisier für den Richtschützen mit Laserentfernungsmesser und Wärmebildgerät derselben Firma. Das Wärmebildvisier II (TOGS II) bietet Nachtsicht. Das Wärmebild wird sowohl auf dem Visier als auch auf den Monitoren des Richtschützen und des Kommandanten angezeigt. Der Richtschütze verfügt über eine stabilisierte Optik mit Laserentfernungsmesser und einer Reichweite von 200 m bis 10 km. Der Fahrersitz ist mit einem passiven Fahrerperiskop mit Bildverstärker (PDP) von Thales Optronics für Nachtfahrten und einer Wärmebild-Rückfahrkamera ausgestattet. Die Zweitbewaffnung bilden zwei 7,62-mm-Maschinengewehre; eines koaxial neben der Kanone, das andere als Fla-MG auf dem Turmdach. Eine Nebelmittelwurfanlage mit je fünf Wurfbechern findet sich an der Turmfront links und rechts des Geschützes. Im Motor-/Getrieberaum sorgt ein deutscher 12-Zylinder-Viertakt-Diesel MTU MB 883 ka-500 für eine Leistung von 1500 PS. Links daneben ein Hilfsdiesel Coventry Clymex H30 mit 37 PS zum Anlassen des Hauptmotors, zum Antrieb des elektrischen Generators, zum Aufwärmen und Aufladen der Batterien. Beide Motoren nutzen eine gemeinsame Flüssigkeitskühlung, die einen zuverlässigen Betrieb bei Umgebungstemperaturen bis +52°C gewährleistet. Auch das Renk-Getriebe HWSL-295TM stammt aus deutscher Produktion, so dass man sich so langsam fragt, was bei diesem Panzer überhaupt

Kampfpanzer „Challenger 2“, Rückansicht. Zusätzliche Kraftstofftanks sind zu sehen.

Die hohe Feuerkraft des Kampfpanzers „Challenger 2“ wird durch eine 120-mm-Kanone mit gezogenem Lauf gewährleistet.

noch britisch ist… Zur weiteren Ausstattung zählen eine Filter-Lüftungsanlage, eine automatische Feuerlöschanlage und eine Klimaanlage, so dass der „Challenger 2" unter verschiedensten klimatischen Bedingungen operieren kann. Für die Besatzungen wurden neue Schutzhelme und – falls es grimmig kalt werden sollte – elektrisch beheizbare Overalls entwickelt, die von den Batterien des Panzers gespeist werden. Am 28. März 2023 gaben die Engländer die Lieferung erster „Challenger 2" an die Ukraine bekannt. Mit ihnen trafen ukrainische Besatzungen ein, die drüben auf der Insel mehrere Wochen lang am „Challenger 2" ausgebildet worden waren. So weit bekannt, erhielt die Ukraine bis Frühsommer 2023 vierzehn der 28 versprochenen „Challenger 2". Hinzu kamen mehrere MTW „Bulldog" und Artillerie. Militärexperten weisen darauf hin, dass der „Challenger 2" eine Reihe von Merkmalen aufweist, die seinen Einsatz an der ukrainischen Front nicht gerade erleichtern. So beträgt das Gefechtsgewicht stolze 62,5 t, was dem Befahren der meisten ukrainischen Straßenbrücken zumindest eine spannende Würze verleiht, und auch die Wartung und die Munitionsversorgung dürften ihre Schwierigkeiten mit sich bringen. Die Russen schätzen den „Challenger 2" als ernstzunehmenden Gegner ein, der schwieriger zu bekämpfen sein dürfte als etwa die frühen „Leopard 2"-Modelle. Auf der anderen Seite ist der russische T-90M deutlich leichter und deshalb auf dem Gefechtsfeld viel beweglicher sowie ausdauernder auf dem Marsch. Die Kanone des T-90M hat ein etwas größeres Kaliber und kann ein breiteres Munitionsspektrum sowie Lenkflugkörper verschießen, ganz abgesehen von der höheren Feuergeschwindigkeit dank Ladeautomat. Am Ende aller Gefechtstage wird man sehen.

Um eine schnelle Verlegung des „Challenger" zu ermöglichen, finden die Straßentransporte auf schweren Tiefladern statt. Hier eine Zugmaschine Oskosh M1017 (8 x 8) mit einem Auflieger HETS M1000.

Kampfpanzer AMX-56 „Leclerc“

Im Januar 2023 beauftragte der französische Präsident Macron seinen Verteidigungsminister, die Frage der Lieferung von Kampfpanzern AMX-56 „Leclerc“ an die Ukraine zu prüfen. Zugleich nannte der französische Staatschef drei Bedingungen, unter denen eine solche Lieferung erfolgen könnte:

- Verlegung von Panzern in die Ukraine sollte nicht zur Eskalation des Konflikts führen;
- die Lieferung sollte eine echte und wirksame Unterstützung für die Ukraine sein;
- die Lieferung von Panzern an die Ukraine darf die französischen Verteidigungskapazitäten nicht schwächen.

Der Kampfpanzer „Lecberc“ wurde ab 1978 vom französischen GIAT-Konzern entwickelt. Die Konstrukteure sollten dabei Feuerkraft, Panzerschutz und Mobilität optimal kombinieren. Erste Prototypen lagen 1989 vor, die Serienfertigung begann 1991. Die Zahl der bislang (2023) gebauten „Leclerc“ wird auf 876 geschätzt. Das Fahrzeug zeigt den typischen Aufbau moderner Kampfpanzer mit Drehturm in der Mitte und Motor/Getriebe im Heck. Wanne und Turm sind geschweißt und die Front weist eine Mehrschichtpanzerung aus Stahlplatten verschiedener Härte, Keramik und Kevlar auf. Diese Art Mehrschichtpanzerung wurde erstmals beim israelischen Kampfpanzer „Merkava“ verwendet (die Mehrschichtpanzerung an sich beim sowjetrussischen T-64, siehe dort), und ermöglicht Reparaturen durch einfachen Austausch beschädigter Module. Außerdem lässt sich der Panzerschutz durch Einbau von Modulen neuer Bauart verbessern. Neben der Verstärkung der Frontpanzerung schenkten die Franzosen auch der Zusatzpanzerung von Wannenboden und Turmdach große Aufmerksamkeit, um diese empfindlichen Stellen vor Minen oder Beschuss von oben zu stärken. Wannenseiten und Laufwerk weisen Schürzen auf, die im

Kampfpanzer AMX-56 „Leclerc", Rückansicht.

Kampfpanzer AMX-56 „Leclerc".

vorderen Bugteil zu „Panzerkästen" verstärkt sind. Bei der Hauptbewaffnung handelt es sich um eine 120-mm-Glattrohrkanone CN 120-26 mit Mündungskollimator, die mit Kaliberlänge L/52 fast 1 m länger ist als die L/44-Rohre von „Leopard 2" und M1A1 „Abrams". Die Kanone ist auf zwei Ebenen stabilisiert und erhielt einen wärmeisolierenden Rohrmantel, aber keinen Rauchabsauger – die Pulvergase im Rohr werden nach dem Schuss mit Druckluft ausgeblasen. Ein weiteres Charakteristikum des Geschützes ist sein von Crezeau-Loire konstruierter Ladeautomat, der eine Feuerfolge von bis zu 12 Schuss pro Minute erlaubt. Der Lader machte den Ladeschützen überflüssig. Der „Leclerc" verschießt hauptsächlich ein panzerbrechendes Unterkalibergeschoss sowie ein Hohlladungs-Sprenggeschoss aus teilverbrennbaren Hülsen. Er kann sowohl Munition französischer Bauart als auch NATO-Standardmunition 120 mm verwenden. Aufgrund des beim Abschuss entstehenden Gasdrucks von 15.000 Atmosphären und der großen Rohrlänge wird das panzerbrechende Unterkalibergeschoss auf eine Mündungsgeschwindigkeit von 1750 m/s beschleunigt. Der „Leclerc" wird manchmal als „Panzer mit Gehirn" bezeichnet, was er seinem seinerzeit grundlegend neuen Niveau der Computerisierung verdankt. Alle

„Leclerc"-Kolonne auf dem Marsch; wahrscheinlich seinerzeit im Irak.

elektronischen Anlagen bilden ein „Panzerinformations- und Kontrollsystem" (TICS), dessen Informationen Multifunktionsmonitore anzeigen. Die Elektronik steuert Getriebe, Motor, Bewaffnung und andere Komponenten, zeichnet Störungen auf und informiert die Besatzung darüber. Dank der rechnergestützten Feuerleitanlage kann der „Leclerc" mit Unterkalibergeschossen innerhalb 60 Sekunden auf bis zu 2000 m sechs verschiedene Panzerziele mit 95-prozentiger Trefferwahrscheinlichkeit bekämpfen. Mit Hohlladungsgeschossen verringert sich die Kampfentfernung auf 1500 m. Im Heck sorgt ein V8-Dieselmotor VD V8X-1500 von SACEM für 1500 PS Leistung, angeflanscht ein hydromechanisches Automatikgetriebe ESM-500 mit fünf Vorwärts- und zwei Rückwärtsgängen. Der 53,5 t schwere „Leclerc" beschleunigt in 5,5 Sekunden auf 32 km/h. Der Austausch des Motor-/Getriebeblocks nimmt bei eingespielter Mannschaft etwa 30 Minuten in Anspruch. Die hydropneumatische Federung des Laufwerks sorgt für hohe Laufruhe in unwegsamem Gelände. Das Laufwerk mit gummigepolsterter Verbinderkette zeigt sechs Laufrollen und mehrere Stützrollen je Seite, Antriebsrad hinten, Leitrad vorn. Der „Leclerc" bewältigt Steigungen bis 30°, bis zu 1,25 m hohe senkrechte Hindernisse und bis zu 3 m breite Gräben. Ohne Vorbereitung durchwatet er bis zu 1 m tiefe Gewässer. Aufgrund seiner vielen Elektronik und seiner modernen Ausstattung benötigt der „Leclerc" aber auch erhebliche technische und materielle Unterstützung im Betrieb. Die Wartung erfordert einen Wust an Fachpersonal. So werden beispielsweise die 13 von Frankreich in Rumänien „zur Sicherung der NATO-Ostflanke" eingesetzten „Leclerc" von 200 Spezialisten und zwei gepanzerten Wartungsfahrzeugen betreut. Mindestens ebenso viel technisches Personal werden auch die für die Ukraine vorgesehenen 10 bis 20 „Leclerc" benötigen. Es reicht eben nicht nur, Kampffahrzeuge zu schicken, denn jeder moderne Kampfpanzer zieht automatisch einen langen technischen Rattenschwanz hinter sich her, sofern man ihn auf Dauer einsatzfähig halten will. Die Lieferung weiterer „Leclerc" scheint derzeit ausgeschlossen, da das französische Heer insgesamt nur über 226 Stück verfügt, von denen 135 in Einsatzverbänden stehen und der Rest Ausbildungszwecken dient.

Technische Angaben AMX-56 „Leclerc"	
Besatzung	3
Gefechtsgewicht, t	54,6
Abmessungen, mm: **Länge Fahrgestell** **Länge Turm 12 Uhr** **Breite** **Höhe**	 6880 9870 3710 2923
Bewaffnung, mm: **Kanone** **Maschinengewehr**	 120 1 x 7,62; 1 x 12,7
Kampfbeladung, Schuss: **Kanone** **Maschinengewehr**	 40 2000 x 7,62; 800 x 12,7
Motorleistung, PS	1500
Höchstgeschwindigkeit, km/h	71
Fahrbereich, km	550

Der Kampfpanzer AMX-56 „Leclerc“ verfügt trotz seines hohen Gefechtsgewichts über eine hohe Geländegängigkeit.

Radspähpanzer AMX-10RC

Im Januar 2023 kündigte der französische Präsident Macron seine Absicht an, der Ukraine Sechrad-Spähpanzer des Typs AMX-10RS zu liefern. Im März teilte der französische Verteidigungsminister Sébastien Lecornu anwesenden Journalisten vor einer Sitzung des Verteidigungsausschusses der Nationalversammlung mit, eine erste Charge von 14 Fahrzeugen sei bereits in der Ukraine eingetroffen und auf dem Weg ins Kampfgebiet. Lecornu nannte jedoch nicht die Anzahl der insgesamt für die Ukraine vorgesehenen AMX-10RC. Der Typ wurde ab 1970 als amphibischer Sechsrad-Spähpanzer entwickelt und 1981 vom französischen Heer unter der Bezeichnung AMX-10RC übernommen, wobei RC für Roue et Canon – Radgeschütz – steht. Als erster Verband erhielt das 2. Husarenregiment den neuen Spähpanzer und auch das 1. Kavallerieregiment der Fremdenlegion zählte zu den Empfängern. Bis 1994 wurden insgesamt 445 AMX-10RC produziert, von denen 325 an die französischen Streitkräfte gingen und der Rest nach Marokko und Katar exportiert wurde. Das Fahrerabteil befindet sich im Bug, der Kampfraum mit Drehturm in der Mitte und das Motor-/Getriebeabteil im Heck. Wanne und Turm bestehen aus geschweißten Aluminiumpanzerplatten, welche die vierköpfige Besatzung vor Handwaffengeschossen und Granatsplittern schützen. Der Fahrer im Bug verfügt über drei Winkelspiegel, Kommandant, Richtschütze und Ladeschütze sitzen im Drehturm des Kampfraums, der die gezogene 105-mm-Niederdruckkanone F2 L/48 von GIAT aufnimmt, die panzerbrechende Unterkalibergeschosse, Hohlladungen und Sprenggranaten verschießt. Das Hohlladungsgeschoss kann bis zu 500 mm Panzerstahl durchschmelzen, während das eigens für die Kanone entwickelte, pfeilartige Unterkalibergeschoss mit Treibkäfig selbst bei seiner hohen Mündungsgeschwindigkeit (1400 m/s) aufgrund der geringen Masse nur 150 mm Panzerstahl bei Auftreffwinkel 60° durchschlägt. Die SOTAS-Feuerleitanlage erlaubt den Einsatz auch bei eingeschränkter Sicht. Sie umfasst die Zieloptik M-504 des Richtschützen, die Kommandantenoptik M-389, einen elektronischen Schussbahnrechner und das Gerät M-553, das in Verbindung mit dem Laserentfernungsmesser M-550 Abweichungen von der Visierlinie korrigiert. Für Nachteinsätze benutzt der AMX-10RC das Wärmebildgerät DIVT 13 LLLTV. Nach französischen Angaben bietet die Feuerleitanlage eine hohe Ersttrefferwahrscheinlichkeit binnen 10 Sekunden nach Zielerfassung. Ein wesentlicher Nachteil der Bordkanone ist die fehlende Waffenstabilisierung. Grundsätzlich sei angemerkt, dass Spähpanzer hauptsächlich Aufklärungsaufgaben übernehmen und überlegenem Feind ausweichen sollen; feindliche Kampfpanzer bekämpfen sie daher nur in Ausnahmefällen. Was aber nicht ausschließt, dass sie zur direkten Feuerunterstützung von Infanterie und damit zur Bekämpfung feindlicher Panzerfahrzeuge eingesetzt werden können. Bei den Franzosen spielte dieser Gedanke bei der Entwicklung des AMX-10RC sicher mit, da sie sich als frühere Kolonialmacht mit entsprechenden Allüren und Interessen regelmäßig in Afrika engagier(t)en, wo Radpanzer ein wesentlich größeres Einsatzspektrum abdecken als etwa in Europa und sich als schnelle Unterstützungsfahrzeuge mit starker Kanonenbewaffnung und großem Fahr-

Radpanzer AMX-10RC.

Französische Infanteristen gehen im Schutz eines Radspähpanzers AMX-10RC vor.

bereich durchaus bewährten. Die Zusatzbewaffnung besteht aus einem koaxialen 7,62-mm-Maschinengewehr; eine Nebelmittelwurfanlage an den Turmseiten gehört zum Standard. In den ersten Produktionsserien des AMX-10RC wurden noch schweizerische Achtzylinder-Dieselmotoren HS-115 von Hispano Suiza mit einer Leistung von 260 PS verbaut, die später leistungsstärkere Diesel 6F-11SX der Firma Baudouin (280 PS) ablösten. Beim allradgetriebenen 6 × 6-Fahrwerk mit hydropneumatischer Federung lässt sich die Bodenfreiheit bei Bedarf von 0,6 auf 0,2 m verstellen. Der Spähpanzer bringt es auf bis zu 85 km/h Straßengeschwindigkeit, überwindet bis zu 0,7 m hohe senkrechte Hindernisse und 1,65 m breite Gräben. Dank zweier Wasserstrahlantriebe durchschwimmt er ohne vorherige Vorbereitung Gewässer mit bis zu 7,2 km/h. Bei der Modernisierung 2005–2010 erhielten die Spähwagen eine aufgesetzte Zusatzpanzerung, was ihr Gefechtsgewicht von 15,8 t auf 17,2 t erhöhte und ihnen die Schwimmfähigkeit nahm. Einige AMX-10RC erhielten sogar einen erhöhten Minenschutz, was eine weitere Gewichtszunahme auf 22 t nach sich zog. Weitere Verbesserungen betrafen den Einbau einer neuen Wärmebildkamera, einer modernen Funkausstattung und eines Informationssystems SIT-VI, mit dem sich Informationen mit ebenso ausgerüsteten Fahrzeugen austauschen lassen. Diese Fahrzeuge erhielten die Bezeichnung AMX-10RCR, wobei das zweite „R" für Rénové (erneuert) steht. Insgesamt wurden 256 Radpanzer modernisiert.
Die an die Ukraine gelieferten Fahrzeuge gehörten höchstwahrscheinlich zur Kategorie AMX-10RCR.
Wie bereits erwähnt, ist der AMX-10RC/RCR nicht zur Bekämpfung feindlicher Kampfpanzer bestimmt, was nahezu selbstmörderisch wäre. Als Unterstützungsfahrzeug für die motorisierte Infanterie kann der Spähpanzer mit 105-mm-Kanone aber sicherlich einige Trümpfe ausspielen.

Technische Angaben AMX-10RC	
Besatzung	4
Gefechtsgewicht, t	15,88
Abmessungen, mm:	
Länge Fahrgestell (Turm 12 Uhr)	6357 (9150)
Breite	2950
Höhe	2215
Bewaffnung, mm:	
Kanone	105
Maschinengewehr	7,62
Kampfbeladung, Schuss:	
Kanone	38
Maschinengewehr	4000
Motorleistung, PS	280
Höchstgeschwindigkeit, km/h	85
Schwimmend	7,2
Fahrbereich, km	1000

Aufmunitionieren eines Radspähpanzers AMX-10RC. Die Kampfbeladung besteht aus 38 Granatpatronen 105 mm.

Kettenschützenpanzer PbV-501

Im April 2022 gab BRD-Verteidigungsministerin Christine Lambrecht ihre Zustimmung zur Lieferung von 58 ex-schwedischen Schützenpanzern PbV-501 an die Ukraine, die Schweden zuerst an die NVA und dann an ein tschechisches Unternehmen verkauft hatte. Bei diesen Fahrzeugen handelt es sich ursprünglich um in den 1980er-Jahren in der Tschechoslowakei für die Nationale Volksarmee der DDR hergestellte Schützenpanzer des sowjetischen Typs BMP-1. Nach der deutschen Wiedervereinigung wurden die BMP-1 zuerst der Bundeswehr übergeben und dann nach Schweden verkauft. Schweden kam so in den Genuss von insgesamt 433 BMP-1, von denen es 350 bei den eigenen Streitkräften in Dienst stellte und 83 zur Ersatzteilgewinnung nutzte. Da die BMP-1 den Anforderungen der schwedischen Panzergrenadiere nicht vollständig entsprachen, fiel der Beschluss, sie zu modernisieren. Den Auftrag dazu erhielt das tschechische Unternehmen VOP-026; die modernisierten Fahrzeuge trugen fortan die schwedische Bezeichnung Pansarbandvagn 501 (gepanzertes Kettenfahrzeug 501), kurz PbV-501. Es unterscheidet sich vom alten BMP-1 wie folgt:

Technische Angaben PbV-501	
Besatzung	3 + 8
Gefechtsgewicht, t	12,6
Abmessungen, mm:	
Länge	6460
Breite	2940
Höhe	1881
Bewaffnung, mm:	
Kanone	73
Maschinengewehr	7,62
Kampfbeladung, Schuss:	
Kanone	40
Maschinengewehr	2000
Motorleistung, PS	300
Höchstgeschwindigkeit, km/h	65
schwimmend	7–8
Fahrbereich, km	600

- Die Abschussvorrichtungen für Panzerabwehrraketen 9K11 „Maljutka“ über der 73-mm-Kanone und die Lenkeinheit des Komplexes wurden entfernt.
- Der Einbau von Sicherheitssystemen verhinderte den Einsatz der Kanone bei offenen Luken.
- Asbestbestandteile bestimmter Bauteile

Schützenpanzer PbV-501, Ansicht von vorne links.

Schützenpanzer PbV-501,
Heckansicht.

(Bremsbeläge, Hauptkupplungsbeläge, Dichtungen und Isolierungen) wurden entfernt und durch unschädliches Material ersetzt.

- Installation einer neuen FCKW-freien Brandmelde- und Feuerlöschanlage, die sich manuell oder automatisch betreiben lässt.
- Anpassung der Außenbeleuchtung, einschließlich Blinkleuchten, an NATO-Normen; dazu der Steckdosen für externe Inbetriebnahme, Aufladen der Batterien usw.
- Anpassung des Tarnsystems an NATO-Normen.
- Unterbringung der Batterien in einem verschlossenen Kasten mit Außenbelüftung.
- Installation von Schutzabdeckungen für die Beobachtungsgeräte.
- Anbringen neuer Steighilfen, Griffe und rutschfester Beläge, damit sich die Besatzung sicher auf der Wanne bewegen kann.
- Anbau von Halterungen für schwedische Waffen, einschließlich Sturmgewehren, Maschinengewehren und Munition.
- Einbau einer Standheizung.

Schützenpanzer PbV-501.

Schützentrupp beim Aufsitzen auf den PbV-501.

- Verbesserter Abgasauslass.
- Neue Funkausstattung.

Das schwedische Heer fand für die mit viel Aufwand und Geld restaurierten PbV-501 nur kurze Zeit Verwendung und mottete sie bereits in den 2000er-Jahren wieder ein (wieder ein interessantes Beispiel zum Umgang mit Steuergeldern). Im Jahr 2008 erwarb die tschechische Firma VOP-026 alle eingelagerten PbV-501 und verkaufte davon einige Fahrzeuge über das Unternehmen Excalibur Army an die irakischen Streitkräfte. Interessanter Weise hatte der Irak 2007 bereits 110 BMP-1 von der Ukraine beschafft. Im Juli 2022 veröffentlichte das Kommando der ukrainischen 67. Gebirgsbrigade ein Foto des ersten durch russische Waffen zerstörten PbV-501.

Kettenschützenpanzer M2 „Bradley“

Anfang Januar 2023 kündigten die USA ein neues großes Militärhilfepaket für die Ukraine an, das erstmals auch 50 Schützenpanzer des Typs „Bradley“ enthielt. Später sagten die Amerikaner weitere Lieferungen zu, wonach sich die Zahl der „Bradley“-Schützenpanzer auf 100 Einheiten erhöhen sollte. Ende Februar 2023 verlautbarten ukrainische Medien, das erste mit „Bradley“-Schützenpanzern ausgerüstete ukrainische Bataillon habe seine Ausbildung auf einem US-amerikanischen Militärstützpunkt in Deutschland abgeschlossen. Zur Geschichte: Die Entwicklung des Schützenpanzers mündete 1972 im Prototyp XM-723. Nach der Erprobung und notwendigen Konstruktionsänderungen ging das Fahrzeug als M2 „Bradley“ in Serie. Bis 1997 erhielten die US-Streitkräfte insgesamt 4640 Stück und 2018 verfügte das US-Heer über 2500 M2 „Bradley“ und an die 2000 weitere in Lagern. Das Schema des M2 beruht auf der üblichen Auslegung von Kettenschützenpanzern mit Motor-/Getriebeabteil im Bug und dem Kampfraum nebst Drehturm dahinter. Darin sitzen Kommandant und Richtschütze, die restlichen sechs Mann im Kampfraum und der Fahrer im Bug links des Motors. Wanne und Turm bestehen aus einer Aluminiumpanzerung, vorn und an den Wannenseiten verstärkt durch eine Stahl-Aluminium-Mehrschichtpanzerung, wobei der Zwischenraum zwischen den Platten mit Polyurethanschaum gefüllt ist. Der Wannenboden ist mit minenresistenten Stahlplatten verstärkt. Am Bug befindet sich ein Schwallschild, denn der „Bradley“ kann schwimmen (nur erste Baulose). Die Frontpanzerung des „Bradley“ sollen panzerbrechenden 30-mm-Granaten der russischen Geschütze 2A42 (BMP-2) und 2A72

Schützenpanzer M2 „Bradley“.

Technische Angaben M2A1 „Bradley“	
Besatzung	3 + 6
Gefechtsgewicht, t	22,6
Abmessungen, mm	
Länge	6450
Breite	3200
Höhe	2565
Bewaffnung, mm	
Kanone	25
Maschinengewehr	7,62
PzAbw-Lenkwaffe	TOW
Kampfbeladung, Schuss	
Kanone	900
Maschinengewehr	2200
PzAbw-Lenkwaffe	7
Motorleistung, PS	500
Höchstgeschwindigkeit, km/h	66

(BMP-3) auf 1500 m nicht durchschlagen können. Mit an Sicherheit grenzender Wahrscheinlichkeit ist davon auszugehen, dass in der Ukraine Fahrzeuge mit Reaktivpanzerung BRAT (Bradley Reactive Armor Tile) zum Einsatz kommen, die aus 96 an Wanne und Turm angebrachten Ziegeln besteht, was die Widerstandsfähigkeit gegen Hohlladungswaffen deutlich erhöht. Die Eigenbewaffnung des M2 „Bradley“ besteht aus einer stabilisierten 25-mm-Maschinenkanone M242 „Bushmaster“. Die Turmwaffe verfügt über zwei Zuführer für panzerbrechende und Sprenggranaten und kann sowohl Einzelschüsse als auch Salven mit einer Kadenz von 100 oder 200 S/min abgeben. Die panzerbrechenden Geschosse durchschlagen Berichten zufolge 66 mm Panzerstahl auf 1000 m. Insofern kann die 25-mm-Kanone M242 russische BMP-1 und BMP-2 auf praktisch jede Kampfentfernung und aus jedem Winkel außer Gefecht setzen. Unterkalibergeschosse M919 mit abgereicherten Urankernen können sogar über 70 mm homogene Panzerung durchschlagen. Neben der Kanone befindet sich ein koaxiales 7,62-mm-Maschinengewehr M240; eine Nebelmittelwurfanlage mit je vier Bechern ist links und rechts des Geschützes an der Turmfront angeordnet. Speziell zur Bekämpfung feindlicher Kampfpanzer erhielt der M2 ein Abschussgestell für zwei Panzerabwehrraketen TOW an der linken Turmseite. Zum Abfeuern wird die Abschussvorrichtung elektrisch in eine horizontale Position abgeklappt. Der TOW-Abschuss erfolgt nur aus dem Stand, wobei der Richtschütze die Rakete steuert, indem er das Fadenkreuz auf dem Ziel hält. Während der Operation „Desert Storm“ – dem Irakkrieg 1991 – zerstörten M2 „Bradley“ mit TOW-Raketen mehr gegnerische Fahrzeuge als „Abrams“-Kampfpanzer. Die Feuerleitanlage umfasst ein kombiniertes Tag-Nacht-Visier des Richtschützen für Geschütz und MG, das mit dem Beobachtungsgerät des Kommandanten verbunden ist. Im Kampfraum stehen der Besatzung neben der persönlichen Bewaffnung sechs verkürzte 5,56-mm-Sturmgewehre M231 ohne Schulterstützen zum Feuern aus den Schießluken an den Seiten und am Heck zur Verfügung (nur Unterdrückungsfeuer, ein genaues Zielen ist nicht möglich). Beim abgesessenen Kampf führt der sechsköpfige Schützentrupp die üblichen

Schützenpanzer M2 „Bradley“, Seitenansicht.

Schützenpanzer M2 „Bradley“ beim Feuern mit der 25-mm-Kanone.

Handwaffen; dazu üblicherweise ein 7,62-mm-MG M60 und drei leichte Panzerfäuste M-72A2. Beim Motor handelt es sich um einen 8-Zylinder Cummins-Diesel VTA-903T, der eine Höchstleistung von 500 PS bei 2600 U/min entwickelt. Der Motor ist mit dem hydromechanischen Getriebe HMPT-500 gekoppelt, das die Übersetzung und die Motorleistung automatisch regelt. Das drehstabgefederte Laufwerk mit hydraulischen Stoßdämpfern weist je Seite sechs gummibereifte Lauf- und drei Stützrollen auf; Antriebsrad vorn, Leitrad hinten. Die Kette verfügt über auswechselbare Gummipolster. Das günstige spezifische Leistungsgewicht (21,3 PS/t), der relativ geringe Bodendruck (0,52 kg/cm2) und der lange Hub der Laufrollen (356 mm) verleihen dem Schützenpanzer gute Fahr- und Geländeeigenschaften. Die Straßenhöchstgeschwindigkeit liegt bei 66 km/h, der Fahrbereich bei 480 km. Die Fahrzeuge der ersten Bauserien konnten Wasserhindernisse noch schwimmend überwinden. Aufgrund verstärkter Panzerungen und erhöhtem Gewicht ging bei späteren Losen die Schwimmfähigkeit verloren. Interessant ein Vergleich von M2 und BMP-3. Letzterer verfügt über eine leistungsfähigere Rohrbewaffnung, die aus einer 100-mm-Kanone (die auch lasergelenkte Geschosse verschießen kann) und einer koaxialen 30-mm-Maschinenkanone besteht. Man geht davon aus, dass die Frontpanzerung des BMP-3 einer 25-mm-Granate der M2 standhält (Urankernmunition M919 ausgenommen). Der 100-mm-Kanone des BMP-3 wird der „Bradley“ kaum trotzen können und auch die 30-mm-MK wird ihm gefährlich. Auch bei Beweglichkeit und Geländegängigkeit lässt sich eine Überlegenheit des BMP-3 feststellen. Die spezifische Leistung des BMP-3 beträgt 26,7 PS/t, die des „Bradley“ 21,7 PS/t. Wie bereits mehrfach erwähnt, stellt die Beweglichkeit auf dem Gefechtsfeld einer der wichtigsten Überlebensfaktoren an der ukrainischen Front dar. Bezüglich der Fahreigenschaften hat der „Bradley“ mit seinem Automatikgetriebe die Nase vorn. Im BMP-3 muss der Fahrer manuell schalten, allerdings ohne Kupplungspedal. Außerdem punktet der „Bradley“ mit einem ergonomischeren Kampfraum mit Heckklappe, da der Motor im Bug untergebracht ist.

Der Schützentrupp des „Bradley“ sitzt über die Heckrampe auf und ab.

Reaktiviert: Große Mengen des „Marder 1A3" waren schon dem Verfall preisgegeben. Doch nun…

Schützenpanzer „Marder 1A3"

Die grundsätzliche Entscheidung, deutsche Schützenpanzer „Marder" an die Ukraine zu liefern, fiel am 5. Januar 2023 anlässlich eines Telefongesprächs zwischen Bundeskanzler Olaf Scholz und US-Präsident Joe Biden. Dies teilten das Bundesverteidigungsministerium und der Rheinmetall-Konzern später mit. Berlin sagte außerdem zu, ukrainische Besatzungen am „Marder" auszubilden. Die Ausbildung sollte zwischen vier und acht Wochen in Anspruch nehmen und an der Panzertruppenschule der Bundeswehr Munster in der Lüneburger Heide stattfinden. Die Lieferung der „Marder" erfolgte dann in drei Losen zu je 20 Fahrzeugen. Das bislang letzte, dritte Los ging im September 2023 an die Ukraine ab, womit sich die Zahl der gelieferten Fahrzeuge auf 60 erhöhte. Der Kettenschützenpanzer „Marder" wurde von der Rheinmetall AG in den 1960er-Jahren entwickelt. Das erste Vorserienfahrzeug lief 1969 vom Band, die offizielle Einführung bei der Bundeswehr erfolgte 1970 und die Fertigung bei Rheinstahl und MaK lief bis 1975. Insgesamt wurden fast dreitausend „Marder" gebaut. Zum Zeitpunkt seiner Einführung galt der „Marder" als bester Kettenschützenpanzer weltweit, vor allem in Bezug auf Schutz, Geländegängigkeit und Bewaffnung. Bis 2011 wurde der Typ mehrfach nachgerüstet. Die letzte Modifikation trug die Bezeichnung „Marder 1A5A1", und die gängigste Ausführung A3 – die auch an die Ukraine geliefert wurde – erschien 1989 bis 1998. Die Kampfwertsteigerung zum „Marder 1A3" umfasste u. a. Verbesserungen an der Wanne und am Turm. Die 45 mm dicke Grundpanzerung aus mehreren Sorten gewalzten Panzerstahls erhielt beim 1A3 eine Zusatzpanzerung aus 8 bis 15 mm starken Stahlplatten, die schockgedämpft und flächenbündig auf Gummielementen lagern. Hinzu kamen zusätzliche

Schützenpanzer „Marder 1A3" der Bundeswehr. (Foto: Ralf Weinreich)

seitliche Staukästen. Daneben musste das Laufwerk verstärkt werden, da die gesamten Zusätze das Gefechtsgewicht um fast 6 t auf 35 t erhöhten. Die Zahl der Grenadiere im Kampfraum sank von sieben auf sechs bzw. nur fünf, wenn das Abschussgerät für die Panzerabwehrlenkwaffe „MILAN" samt Nachlade-Lenkflugkörper mitgeführt wird. Der sechsköpfige Schützentrupp sitzt über die hydraulische Heckrampe auf und ab bzw. notfalls über drei Luken im Wannendach. Die seitlichen Kugelblenden zum Einsatz von Handwaffen entfielen wegen der Staukästen; mit Sturmgewehr, Maschinengewehr oder Granatpistole können die Grenadiere jedoch aus den drei Dachluken wirken. Auf das fernbedienbare Heck-MG hatte schon der „Marder 1A2" in den 1980er-Jahren verzichtet. Die Hauptwaffe bildet die scheitellafettierte 20-mm-Maschinenkanone MK 20 Rh 202 mit einer Kadenz von 1030 S/min im Drehturm nebst seitlichem 7,62-mm-Maschinengewehr MG3 (beim 1A3 auf die linke Seite verlegt) mit Plätzen für Kommandant und Richtschützen. Die MK 20 verfügt über einen Doppelgurtzuführer für Spreng- bzw. panzerbrechende Hartkernpatronen 20 mm x 139, womit sich gepanzerte und ungepanzerte Ziele auf bis zu 2000 m bekämpfen lassen. Die

Technische Angaben „Marder 1A3"	
Besatzung	3 + 6
Gefechtsgewicht, t	36
Abmessungen, mm	
Länge	6790
Breite	3240
Höhe	2950
Bewaffnung, mm	
Kanone	20
Maschinengewehr	7,62
PzAbw-Lenkwaffe	MILAN
Kampfbeladung, Schuss	
Kanone	1250
Maschinengewehr	2500
PzAbw-Lenkwaffe	bis zu 7
Motorleistung, PS	600
Höchstgeschwindigkeit, km/h	65

„Marder 1A3" der Bundeswehr.

Hartkerngranate durchschlägt auf 1000 m 44 mm Panzerstahl, auf 1500 m noch 20 mm. Die Kampfbeladung umfasst 1250 Schuss für die MK und 2500 Schuss für das MG. Zusätzlich lässt sich rechts am Turm die Abschussvorrichtung für Lenkflugkörper MILAN anbringen, mit der sich im Halt Panzerziele bis auf 2000 m (MILAN ER: 3000 m) bekämpfen lassen. Zum Richten nutzen Kommandant und Richtschütze je ein Periskopvisier mit zwei- und sechsfacher Vergrößerung sowie ein gemeinsames Wärmebildgerät. Der Fahrer beobachtet über drei Winkelspiegel (mit Waschanlage) und ggf. über ein Restlichtverstärkergerät, das sich gegen den mittleren Winkelspiegel tauschen lässt. Der Fahrersitz befindet sich links des Motor-/Getrieberaums mit 600 PS starkem MTU-Vielstoffdiesel Daimler-Benz MB 833 Ea-500 samt hydromechanischem Schalt-,

In der Ukraine abgeschossener Schützenpanzer „Marder".

Wende- und Lenkgetriebe HSWL 194 von Renk, der dem „Marder 1A3" eine Straßen-Höchstgeschwindigkeit von 65 km/h verleiht. Er überwindet bis zu 2,5 m breite Gräben sowie 1 m hohe senkrechte Hindernisse und durchwatet 1,5 m tiefe Gewässer (mit Vorbereitung 2 m). Der Fahrbereich liegt bei 520 km. Interessant die Beurteilung des „Marder" durch einen ukrainischen Offizier, der im Raum Saporoschje in russische Gefangenschaft geraten war. Er hatte die „Marder"-Ausbildung auf einem deutschen Truppenübungsplatz durchlaufen. Nach seinen Angaben eignen sich die Waffenhalterungen im Kampfraum nicht für Kalaschnikow-Sturmgewehre. „Wir sind mit unseren Sturmgewehren aufgesessen und stellten fest, dass sie nicht in die Halterungen passen. So mussten wir sie entweder festhalten oder über die Knie legen." Ohnehin hätten die deutschen Ausbilder den Schwerpunkt auf die Ausbildung der Fahrer gelegt, während den Infanteristen „nur beigebracht wurde, wie man in den Marder steigt". Der ukrainische Offizier betonte auch, dass der „Marder" auf rutschigen Wegen „schwimme" und für die ukrainischen Bodenverhältnisse im Herbst und Frühjahr wegen des hohen Gefechtsgewichts und der vergleichsweise schmalen Ketten weniger geeignet sei. Außerdem müsse das Fahrzeug regelmäßig gewartet werden, sonst versage es. Nach Angaben des Offiziers fand die Ausbildung in Deutschland außerdem auf „Mardern" der vierten Generation [1A5] statt, während die ukrainischen Streitkräfte bekanntlich eine ältere Version [1A3] erhielten.

Vom „Marder"-Nachfolger „Puma" hielten die in aller Welt nach Waffen rufenden Ukrainer im Übrigen wohlweislich Abstand. Auch in Kiew weiß man, dass dieser mit Elektronik überfrachtete Schützenpanzer trotz langjähriger Erprobung noch immer an Kinderkrankheiten leidet und längst nicht einsatztauglich ist. Und selbst wenn, wären redliche ukrainische Panzergrenadiere mit dem „fahrenden Computer" hoffnungslos überfordert…

Gepanzerter Mannschaftstransportwagen AT-105 „Saxon"

Anfang Februar 2015 erklärte der Sekretär des ukrainischen Nationalen Sicherheitsrats Turtschynow, 20 gepanzerte Fahrzeuge des Typs AT-105 „Saxon" aus britischer Produktion seien an ukrainische Verbände geliefert worden und weitere 55 Fahrzeuge würden in naher Zukunft erwartet. Der gepanzerte Mannschaftstransportwagen „Saxon" wurde in den frühen 1970er-Jahren von der britischen Firma GKN Sankey entwickelt. Die ursprüngliche 4 x 2-Version des AT-100 war für den polizeilichen Einsatz in städtischen Gebieten gedacht. Die 4 x 4-Ausführung AT-104 war die Geländeversion. Eine Variante mit der Bezeichnung AT-105 wurde 1983 bei der Infanterie in Dienst gestellt. Am 1. Juni 2006 standen 590 Fahrzeuge dieses Typs bei den britischen Streitkräften in Verwendung. Der gepanzerte Mannschaftstransportwagen AT-105 „Saxon" wirkt für ein modernes Gefechtsfahrzeug ziemlich altbacken und erinnert eher an ein Panzerauto der 1920er-Jahre. Die Konstrukteure nutzten praktisch keine Möglichkeit, die Panzerung geschossabweisend schräg anzuordnen, fast alle Panzerplatten der geschweißten Wanne stehen nahezu senkrecht. Aus diesem Grund schützt die Panzerung nur gegen Geschosse des Kalibers 7,62 mm. Weiters fällt das Fahrgestell des Lkw Bedford ins Auge, dessen Führerhaus man panzerte und dahinter das ebenfalls gepanzerte Truppenabteil anschloss. In dessen Dach ordnete man vorn ein

Technische Angaben AT-105 „Saxon"	
Besatzung	2 + 8
Gefechtsgewicht, t	11,6
Abmessungen, mm:	
Länge	5169
Breite	2489
Höhe	2626
Bewaffnung, mm:	
Maschinengewehr	7,62
Kampfbeladung, Schuss:	2600
Motorleistung, PS	160–162
Höchstgeschwindigkeit, km/h	96
Fahrbereich, km	480

Gepanzerter Mannschaftstransportwagen AT-105 „Saxon".

Einmann-Türmchen mit 7,62-mm-MG an, das sowohl Boden- als auch Luftziele beschießen kann. Kugelsichere Fensterluken dienen dem Kommandanten als Ausblick. Einige Varianten erhielten statt des MG-Türmchens einen Rundturm mit 20-mm-Maschinenkanone und koaxialem 7,62-mm-Maschinengewehr. Das Truppenabteil bietet Platz für acht Soldaten in Gefechtsausrüstung, die ihre Handwaffen aus seitlichen, mit Klappen verschließbaren Schießluken einsetzen können. Über den Schießscharten befinden sich Beobachtungsluken aus kugelsicherem Glas. Die Besatzung sitzt über seitliche Mitteltüren bzw. Dachluken auf und ab. Als Antrieb verwendet der „Saxon" den 6-Zylinder-Diesel Bedford 500 (164 PS) oder den Cummins 6VT (160 PS) sowie ein hydromechanisches Automatikgetriebe. Auf befestigten Straßen erreicht der MTW bis zu 96 km/h. Er überwindet bis zu 0,41 hohe senkrechte Hindernisse und bis zu 1,12 m breite Gräben. Zur Ausrüstung gehören Funk, eine Klima- und eine ABC-Schutzanlage. Das britische Militär zeigte sich vom AT-105 nicht gerade begeistert. Der ehemalige Stabschef General Richard Dannatt äußerte, das Fahrzeug sei für Kampfeinsatze unbrauchbar und sogar gefährlich für seine Insassen. „Das sind völlig nutzlose halbgepanzerte Lastwagen, die nicht an der Front eingesetzt werden können", so Dannatt. „Es gibt nichts Unmoralischeres, als die Übergabe dieser Fahrzeuge als 'gute Nachricht' für die Ukrainer darzustellen. Großbritannien hat diese Fahrzeuge an die Ukraine geliefert und damit eine 'großzügige Geste' der Unterstützung gezeigt. Das ukrainische Militärpersonal, das diese Fahrzeuge einsetzt, begibt sich in ständige Gefahr." Ein britischer Offizier, der den „Saxon" aus eigener Erfahrung kennt, schrieb auf forums.spacebattles.com: „Der gepanzerte Mannschaftstransportwagen Saxon sieht aus wie Mist, und das ist er auch. Das Beste, was man sagen kann, ist, dass es besser ist, darin zu fahren, als zu Fuß zu gehen, und dass er einen vor Regen schützt." Die 20 „Saxon", die am 11. Februar 2015 im Hafen von Odessa ausgeladen wurden, kamen zur 25. Luftlandebrigade und zur 79. und 95. luftbeweglichen Brigade, die sie am 3. und 4. Juni 2015 während der Kämpfe um das Dorf Marjinka zum ersten Mal unter Gefechtsbedingungen einsetzten. Seitdem werden regelmäßig Fotos von beschädigten Fahrzeugen dieses Typs im Internet veröffentlicht.

Gepanzerter Mannschaftstransportwagen AT-105 „Saxon", Seitenansicht.

AT-105 „Saxon" als Sanitätsfahrzeug.

Gepanzerter MTW AT-105 „Saxon" bei einer Übung.

Gepanzerter Mannschaftstransportwagen „Bushmaster"

Im Jahr 2022 übergab Australien 90 gepanzerte Mannschaftstransporter „Bushmaster" an die ukrainischen Streitkräfte. Dieser MTW, auch als geschütztes Radfahrzeug bezeichnet, wurde in den späten 1980er-Jahren von der australischen Firma ADI im Rahmen eines Wettbewerbs der australischen Streitkräfte für ein leichtes gepanzertes Fahrzeug zum Transport von Infanterie und Nutzlast über lange Strecken entwickelt, war aber nicht für Gefechtseinsätze vorgesehen. Der Prototyp des „Bushmaster" lag 1996 vor und durchlief 1998 zusammen mit konkurrierenden Fahrzeugmustern die Vergleichserprobung, aus der er als Sieger hervorging. Das Australian Defence Forces Command erteilte darauf ADI den Erstauftrag über die Lieferung von 370 MTW. Mit Folgeaufträgen belief sich die Gesamtzahl der gebauten „Bushmaster" auf 1200 Fahrzeuge. Das Motor-/Getriebeabteil des „Bushmaster" ist im schnauzenförmigen Bug der aus Panzerplatten geschweißten Wanne untergebracht. Fahrer- und Truppenraum sind verbunden; der Zugang erfolgt über hintere Seitentüren oder die fünf Dachluken. Der V-förmige Boden schützt die Insassen vor Minen und Sprengfallen. Nach Herstellerangaben widersteht der „Bushmaster" einer Explosion von bis zu 9,5 kg TNT, ohne dass seine Insassen lebensgefährliche Verletzungen davontragen. Hingegen beschränkt sich der standardmäßige ballistische Schutz auf Geschosse des Kalibers 7,62 mm. Da der „Bushmaster" nicht für den aktiven Gefechtseinsatz entwickelt wurde, erhielt er nur eine Abwehrbewaffnung in Gestalt eines 7,62-mm- oder 12,7-mm-MG vor der vorderen Dachluke

Technische Angaben „Bushmaster"	
Besatzung	1 + 9–10
Gefechtsgewicht, t	15,4
Abmessungen, mm:	
Länge	7087
Breite	2500
Höhe	2650
Bewaffnung, mm:	
Maschinengewehr	7,62
Kampfbeladung, Schuss:	2600
Motorleistung, PS	300
Höchstgeschwindigkeit, km/h	100–120
Fahrbereich, km	800–1000

Gepanzerter Mannschaftstransportwagen „Bushmaster".

Gepanzerter MTW „Bushmaster“, Vorderansicht.

in einem Türmchen. Dieses lässt sich durch ferngesteuerte Aufbauten mit Maschinengewehr oder 40-mm-Maschinengranatwerfer nach NATO-Standard ersetzen. Es besteht auch die Möglichkeit zur Installation von Panzerabwehrraketen. Trotz seiner 15,4 t Gefechtsgewicht ist der Zweiachser recht wendig und schnell. Dies ist vor allem auf den Einbau eines Caterpillar-Turbolader-Dieselmotors mit 7,2 l Hubraum und 300 PS zurückzuführen, der dem „Bushmaster“ eine Höchstgeschwindigkeit von 100 km/h verleiht. Der Fahrbereich auf Straßen beträgt 800 km. Die Einzelradaufhängung, der Allradantrieb und die große Bodenfreiheit (470 mm) verleihen dem MTW hohe Geländegängigkeit. Sein geräumiges Innenvolumen und die Nutzlastkapazität von bis zu 4 t ermöglichen die Unterbringung einer neunköpfigen Truppe samt Ausrüstung, Munition, Proviant und Treibstoff für drei Tage. Im Frühjahr 2022 trafen die „Bushmaster“ an Bord von Transportflugzeugen in der Ukraine ein. Ukrainische Militärexperten hoben die hohe Beweglichkeit und den guten Minenschutz der Fahrzeuge hervor, kritisierten aber ihre leichte Entflammbarkeit sowie die schwache Panzerung, die zwar 5,45-mm- und 7,62-mm-Geschossen widersteht, aber von 12,7-mm-Projektilen durchschlagen wird. Gemäß diesen Experten eignet sich der „Bushmaster“ am besten als Mörserträger, d .h. für die eingangs geschilderte Taktik des „fahrenden Granatwerfers".

MTW „Bushmaster“, Heckansicht.

Gepanzerte Mannschaftstransportwagen „Bushmaster“. Gut zu erkennen die Hecktüren zum Auf- und Absitzen.

Gepanzerter Mannschaftstransportwagen M113

Am 13. April 2022 schnürte Washington ein weiteres Paket von US-Hilfen für die Ukraine. Auf der Liste standen unter anderem 200 gepanzerte Mannschaftstransportwagen M113. Diese sollten die ukrainischen Verluste an entsprechenden Fahrzeugen während der russischen Invasion im Februar großteils ausgleichen. Einige andere NATO-Staaten schlossen sich den US-Lieferungen von M113 an, wodurch sich die Zahl der ukrainischen M113 auf 346 erhöhte. Die Entwicklung des gepanzerten Mannschaftstransporters begann 1956 bei FMC, ein erster Prototyp lag 1957 vor und die Serienfertigung lief 1961 an. Zweifellos eine Erfolgsgeschichte, denn der M113 entwickelte sich in den folgenden Jahrzehnten zu dem in größter Stückzahl gebauten MTW der westlichen Welt. Zu seinen Charakteristika zählen die geschlossene Wanne aus geschweißten, bis zu 45 mm dicken Aluminiumlegierungsplatten und die senkrechten Seitenwände. Sie bietet besseren Schutz vor Handwaffengeschossen und Granatsplittern als die Panzerungen sämtlicher russischer BTR und BMP, der BMP-3 vielleicht ausgenommen. Im Allgemeinen machen Leichtmetalllegierungen bis zu 40 % des Fahrzeug-Gesamtgewichts aus. Der Aufbau des M113 ist für modernere gepanzerte Ketten-MTW fast schon traditionell geworden. Der vordere Teil der Wanne enthält links das Fahrer- und rechts das Motor-/Getriebeabteil. Den mittleren und hinteren Teil der Wanne nimmt der Truppenraum/Transportraum ein mit Sitzplätzen für bis zu elf Soldaten, die über die Heckrampe schnell auf- und absitzen können. Außerdem gibt es eine Notausstiegsluke sowie eine große Dachluke. Da der M113 nach Angaben des US-Militärs nur zum geschützten Personentransport aufs Gefechtsfeld ausgelegt war, verzichtete man auf seitliche Schießluken. Die Standardbewaffnung besteht aus dem klassischen 12,7-mm-Browning-Maschinengewehr M2HB, des-

Gepanzerter Mannschaftstransportwagen M113.

MTW M113, Heckansicht. Die Kampfraumbesatzung sitzt über die große Rampe oder die eingelassene Tür auf und ab.

Technische Angaben M113	
Besatzung	2 + 11
Gefechtsgewicht, t	14,02
Abmessungen, mm:	
Länge	5300
Breite	3040
Höhe	1850
Bewaffnung, mm	1 x 12,7
Kampfbeladung, Schuss	2000
Motorleistung, PS	275
Höchstgeschwindigkeit, km/h	66
Fahrbereich, km	483

sen Grundkonstruktion über ein Jahrhundert alt ist. Eine immer noch wirksame Waffe, dem 14,5-mm-MG KPWT russischer Schützenpanzer aber in vielerlei Hinsicht unterlegen, vor allem auf größere Entfernungen. Als Antrieb erhielten die M113 der ersten Bauserien einen wassergekühlten Chrysler-Benzinmotor 75M mit einer Höchstleistung von 209 PS bei 4000 U/min; angeflanscht ein Verteilergetriebe und ein hydromechanischen Sechsganggetriebe TX-200 von General Motors. Das Aggregat ist auf Gummistützen am Wannenboden montiert und lässt sich dank der Schnellkupplungen für Öl-, Kraftstoff- und Hydraulikleitungen rasch demontieren. Das Ketten-

Die Standardbewaffnung des M113 bildet das 12,7-mm-Maschinengewehr M2.

laufwerk verfügt über eine individuelle Torsionsstabfederung. Auf jeder Seite weist es fünf Doppellaufrollen mit Aluminiumscheiben auf; Antriebsrad vorn, Leitrad hinten. Die erste und fünfte Laufrolle ist mit hydraulischen Stoßdämpfern versehen. Die Stahlgleiskette verfügt über Kettenpolster. Der M113 überwindet Steigungen bis 31°, bis zu 1,7 m breite Gräben und bis zu 0,6 m hohe senkrechte Hindernisse. Der niedrige spezifische Bodendruck von 0,5 kgf/cm gewährleistet gute Geländegängigkeit auch auf weichem Untergrund, was der M113 unter anderem. vielfach im Vietnamkrieg unter Beweis stellen konnte. Wasserhindernisse überwindet er schwimmend mit bis 5,8 km/h; der Antrieb erfolgt durch die Ketten. Seit seiner Indienststellung von über einem halben Jahrhundert durchlief der M113 mehrere Verbesserungen:

- M113A1 (1964 von der US-Armee übernommen) mit 6-Zylinder-Dieselmotor 6V-53 von General Motors und neuem Getriebe TX-100 mit automatischer Schaltung und Drehmomentwandler. Hinzu kamen größere Kraftstofftanks, was zusammen mit der Umstellung auf Diesel den Fahrbereich auf 483 km ausdehnte.
- M113A2 (ab 1979 gebaut) mit verbesserter Motorkühlanlage und verbessertem Laufwerk. Der dynamische Hub der Stützrollen wurde auf 228 mm vergrößert, Stoßdämpfer wurden nicht nur an der ersten und letzten Aufhängungseinheit, sondern auch an der zweiten (je Seite) installiert. Die US-Streitkräfte ließen 5300 M113 und 12.700 M113A1 auf Standard A2 bringen.
- M113A3 (eingeführt 1986). Diese Modifikation mit verbesserter Panzerung und Manövrierfähigkeit gilt als Standardausführung. Eine modulare Panzerung wurde an Bug und Wannenseiten und als Splitterschutz Verbundmaterial an Seiten und Dach des Truppenabteils angebracht (Anti-Shrapnel-Piercing). Die neue Panzerung bot jetzt auch Schutz gegen 14,5-mm-Geschosse. Das Turm-MG erhielt einen Schutzschild. Als neuer Antrieb kam der 6V-53T-Motor mit 275 PS bei 2800 U/min und weiterentwickeltem hydromechanischem Getriebe X-200-4 zum Einbau. Die an die Ukraine gelieferten M113 haben die dortigen ex-sowjetischen BTR und BMP weitgehend ersetzt und sich zum wichtigsten gepanzerten Transportfahrzeug der ukrainischen Infanterie gemausert. Bei Gefechtseinsätzen hat sich das Fahrzeug recht gut bewährt, insbesondere bei Unternehmungen, bei denen M113-Angriffsgruppen mit Artillerie- und Panzerunterstützung vorgingen. Der M113 befördert im Truppenraum elf Soldaten und bietet einen besseren Schutz vor Kugeln und Splittern als die ukrainischen BMP-1 und 2 sowie die alten BTR-60/70/80. Außerdem scheinen die senkrechten Seitenwände und die Kastenform des M113 keine wesentlichen Nachteile zu bringen, wohingegen die niedrige Silhouette des BMP und seine Seitenpanzerung im Gefecht keinen echten Schutz bieten. Gleichzeitig weisen die Aluminiumwanne und die teilweise aus Aluminium gefertigten Elemente der Aufhängung und des Fahrwerks eine beachtliche Langlebigkeit auf – trotz ihres Alters sind die ukrainischen M113 gut erhalten, was bei den ex-sowjetischen Modellen nur unter idealen Lagerbedingungen der Fall ist.

Der gepanzerte Mannschaftstransportwagen M113 verfügt über eine ausgezeichnete Geländegängigkeit, stößt im ukrainischen Schlamm aber manchmal an seine Grenzen.

Gepanzerter Mannschaftstransportwagen YPR-765 PRI

Beim YPR-765PRI handelt es sich um eine holländische Weiterentwicklung des M113. Mitte April 2022 erklärten die Niederlande ihre Bereitschaft, eine Anzahl dieser gepanzerter Mannschaftstransportwagen an die Ukraine zu liefern, die sich ausgemustert in Langzeitlagerung befanden. Westlichen Medien zufolge planten die Holländer die Lieferung von 40–50 Fahrzeugen, während ukrainische Quellen 300 Einheiten nannten. Gemäß einem zwischen den Niederlanden und der Ukraine unterzeichneten Abkommen organisierten die Niederlande die Lieferung und bildeten innerhalb weniger Wochen die ersten Besatzungen aus. Mitte Mai tauchten Fotos von YPR-765 PRI auf, die an Gefechten in der Ostukraine teilnahmen. Die Geschichte dieses gepanzerten MTW begann 1967, als das US-Verteidigungsministerium der Firma FMC, bekannt für ihren MTW M113, den Auftrag zur Weiterentwicklung erteilte. Drei Jahre darauf wurden zwei Prototypen mit der Bezeichnung XM-765 vorgestellt, die allerdings nicht das Interesse der US-Armee, sondern der niederländischen Streitkräfte fanden. 1975 begannen die Holländer mit der Lizenzfertigung einer modifizierten Version des XM-765 unter der Bezeichnung YPR-765 PRI; 1982 und 1989 nahmen auch Belgien und die Türkei die Fertigung auf. 1990 besaßen die niederländischen Streitkräfte bereits 1600 YPR-765 PRI, Belgien 514, die Türkei 1698 und die Philippinen 45. Wie beim M113 ist die Wanne aus Aluminiumpanzerblechen geschweißt; zur Erhöhung des Schutzes erhielt auch der Turm eine entsprechende Panzerung. Im Bug befinden sich der Fahrersitz links; Motor und Getriebe rechts. Der Kommandant sitzt im Kampfraum (auf der linken Seite, direkt hinter dem Fahrer) und beobachtet über eine Luke mit Winkelspiegeln. Daneben ein geschlossener Einmannturm mit 25-mm-Maschinenkanone KBA-25 von Oerlikon-Bührle (Rheinmetall) und

Technische Angaben YPR-765 PRI	
Besatzung	3 + 7
Gefechtsgewicht, t	13,7
Abmessungen, mm:	
Länge	5250
Breite	2820
Höhe	2620
Bewaffnung, mm	
Maschinengewehr	12,7
Kampfbeladung, Schuss	1840
Motorleistung, PS	265
Höchstgeschwindigkeit, km/h	60
schwimmend	6,3
Fahrbereich, km	490

Gepanzerter Mannschaftstransportwagen YPR-765.

Gepanzerter Mannschaftstransportwagen YPR-765, Seitenansicht.

7,62-mm-Maschinengewehr FN MAG. Bemerkenswerter Weise lieferten die Holländer den YPR-765 PRI nicht als Schützenpanzer an die Ukraine, sondern als gepanzerten Mannschaftstransporter, bei dem die Kanonenbewaffnung durch ein 12,7-mm-Maschinengewehr in einem kleinen, nach oben offenen Turm ersetzt wurde. Einige Fahrzeuge kamen ohne jegliche Bewaffnung, weshalb die Ukrainer ein Kalaschnikow-Sturmgewehr oder -Maschinengewehr montierten. Der Kampfraum nimmt sieben Infanteristen in Gefechtsausrüstung auf, die mit ihren Handwaffen aus vier Schießblenden an den Wannenseiten wirken können. Zum besseren Schutz sind die Panzerplatten der Wanne im hinteren Bereich abgeschrägt. Der Zugang erfolgt über eine Heckrampe bzw. notfalls über eine große Dachluke. Als Triebwerk erhielt der YPR-765PRI einen 6-Zylinder-Vielstoff-Diesel 6V-53T von Detroit Diesel mit 265 PS bei 2800 U/min; angeflanscht ein hydromechanisches Automatikgetriebe TH-100-1A mit drei Vorwärtsgängen und einen Rückwärtsgang. Das Laufwerk des YPR-765 PRI entspricht im Großen und Ganzen dem des M113 (siehe dort). Bei 13,7 t Gefechtsgewicht entwickelt das Fahrzeug einen spezifischen Bodendruck von 0,67 kg/cm2. Es bewältigt Steigungen bis 30°, erklettert senkrechte Hindernisse bis 0,63 m und überschreitet bis zu 1,63 m breite Gräben. Auch der YPR-765 PRI kann schwimmen, und zwar mit bis zu 6,3 km/h mit Kettenvortrieb. Zur Standardausstattung gehören Funk, eine ABC-Schutz- und eine Feuerlöschanlage sowie eine Nebelmittelwurfanlage mit sechs Bechern an der Wannenfront. Viele der an die Ukraine gelieferten YPR-765 PRI fielen bereits Anfang Juni aus. Russische Einheiten erbeuteten verlassene Fahrzeuge ohne sichtbare Schäden. Einige hatten sich einfach in sumpfigem Boden festgefahren. Bald tauchten auch Fotos von MTW mit Beschussschäden auf und Bilder, die ex-holländische YPR-765 PRI bei der Gegenoffensive auf Cherson zeigten.

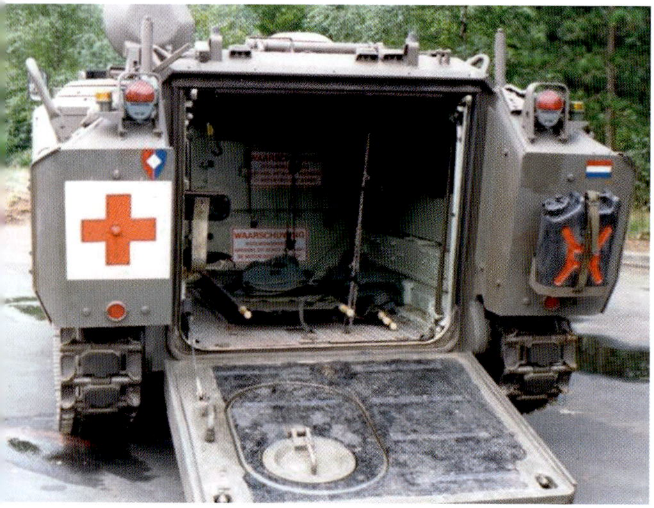

Sanitätsversion YPR-765 mit geöffneter Heckrampe.

Gepanzerter Mannschaftstransportwagen FV103 „Spartan"

Ende April 2022 übergab Großbritannien 35 gepanzerte Mannschaftstransportwagen FV103 „Spartan" an die Ukraine. Der „Spartan" (nicht zu verwechseln mit dem ukrainischen geschützten Fahrzeug gleichen Namens; siehe dort) war als Teil einer Familie mit Ketten-MTW, Spähpanzern, Mörserträgern, Raketen-Jagdpanzern usw. entwickelt und 1978 beim britischen Heer eingeführt worden. Die ursprüngliche Entwicklung der Firma Alvis sah den FV103 „Spartan" in erster Linie als Gefechtsfahrzeug für Luftlande- und Aufklärungseinheiten vor, weshalb Baugruppen des Kettenspähpanzers FV101 „Scorpion" verwendet wurden. Die MTW wurden 1995 ausgemustert und eingelagert. Die Besatzung besteht aus Kommandant, Fahrer (im Bug vorn links), dem MG-Schützen und vier weiteren Soldaten im Kampfraum. Wie beim „Scorpion" wurde die Wanne des „Spartan" aus Aluminiumpanzerplatten geschweißt, aber einige Änderungen an der Konstruktion vorgenommen. Das Motorabteil fiel 130 mm kürzer und etwas höher aus, wodurch sich das Truppenabteil vergrößern ließ. Die Form des Wannenhecks wurde geändert und eine große Tür zum Auf- und Absitzen des Schützentrupps eingebaut. An der Innenseite der Tür sind Wassertanks und ein Teil der Munition untergebracht. Der vordere Teil des Truppenraums verfügt über ein Beobachtungstürmchen mit 7,62-mm-MG, das der Kommandant aus dem Kampfraum bedient. Der Kommandant

Technische Angaben FV103 „Spartan"	
Besatzung	3 + 4
Gefechtsgewicht, t	8,17
Abmessungen, mm:	
Länge	5125
Breite	2242
Höhe	2260
Bewaffnung, mm	
Maschinengewehr	7,62
Kampfbeladung, Schuss	2600
Motorleistung, PS	195
Höchstgeschwindigkeit, km/h	87
Schwimmend	6,4
Fahrbereich, km	640

Gepanzerter Mannschaftstransportwagen FV103 „Spartan".

Blick auf die geöffnete Heckklappe des FV103 „Spartan".

FV103 „Spartan" in der ukrainischen Armee.

beobachtet über eine Tag-Optik mit achtfacher Vergrößerung und mehrere Winkelspiegel rund um den Turm; bei Nacht über ein Nachtsichtgerät, womit er Fahrzeuge bis auf 600 m erkennen kann. Darüber hinaus verfügt der „Spartan" über vier Winkelspiegel an den Wannenseiten und zwei am Heck; natürlich gibt es auch Winkelspiegel für den Fahrer. Das Motor-/Getriebeabteil beherbergt einen 6-Zylinder-Benzinmotor Jaguar J60, dessen Leistung von den serienmäßigen 265 PS auf 195 PS gedrosselt wurde. Bei einigen Fahrzeugen wurde er durch einen Cummins-Dieselmotor mit 190 PS ersetzt. Zum Antriebsstrang gehören ein Planetengetriebe und ein Differential-Lenk- und Wendegetriebe mit sieben Vorwärts- und Rückwärtsgängen und verschiedenen Wendekreisen (3,05 m im 1. Gang und 47,8 Meter im 7. Gang). Das torsionsgefederte Laufwerk verfügt über hydraulische Stoßdämpfer an den vorderen und hinteren Laufrollen (insgesamt 5 je Seite). Damit überwindet der „Spartan" Steigungen bis 31°, bis zu 2 m breite Gräben und bis zu 0,5 m hohe senkrechte Hindernisse; die Wattiefe ohne Vorbereitung beträgt 1 m. Mit Vorbereitung durchschwimmt das Fahrzeug mit Kettenvortrieb Wasserhindernisse mit bis zu 6,4 km/h. Die Straßen-Höchstgeschwindigkeit beträgt 87 km/h. Ukrainische FV103 „Spartan" erschienen im Juli 2022 im Kampfraum Bachmut. Sie trafen auf Tiefladern ein, je zwei Fahrzeuge pro Anhänger. Aufgrund ihrer geringen Anzahl und ihrer begrenzten Fähigkeiten konnten sie keinen nennenswerten Einfluss auf den Verlauf der Kampfhandlungen nehmen. Die ukrainischen Besatzungen schätzten die hohe Beweglichkeit und den guten Panzerschutz der FV103 „Spartan", bemängelten jedoch Schwachstellen bei Motor und Getriebe.

Zwei FV103 „Spartan" finden auf einem Tieflader Platz.

Gepanzerter Mannschaftstransportwagen Renault VAB

Die französische Zeitung *Le Parisien* meldete am 28. Juni 2022, Frankreich beabsichtige, der Ukraine 60 gepanzerte Mannschaftstransporter Renault VAB aus Lagerbeständen zu liefern. Der gepanzerte Rad-MTW Renault VAB ist das wichtigste gepanzerte Fahrzeug der motorisierten französischen Infanterie. Renault stellte erste Prototypen mit 4 × 4- und 6 × 6-Radanordnung (bei gleicher Wannenlänge) 1972 vor. 1976 fiel der Beschluss, ein 4 × 4-Fahrzeug in Serie zu bauen, das die Bezeichnung VAB erhielt (Véhicule de l´Avant Blindé, in etwa: gepanzertes Fahrzeug für vordere Einsätze, gepanzertes Gefechtsfahrzeug). Das 6 × 6-Fahrzeug wurde zu einem Radschützenpanzer weiterentwickelt und unter der Bezeichnung VAB-VCI exportiert. Bis 1995 baute Renault etwa 5000 VAB, von denen 4300 an die französischen Streitkräfte gingen und der Rest in den Export. Die geschlossene, geschweißte Wanne des VAB bietet Schutz gegen Handwaffengeschosse und kleinkalibrige Granatsplitter. Fahrer und Kommandant sitzen im Bug. Im mittleren Teil der Wanne befindet sich das Triebwerk, dahinter der Truppenraum für 10 Infanteristen in Gefechtsausrüstung mit zwei Hecktüren und Schießluken an den Seiten. Bei Bedarf kann er als Transportabteil bis zu 2000 kg Fracht aufnehmen. Die Standardbewaffnung besteht aus einem 7,62-mm- oder 12,7-mm-Maschinengewehr; alternativ aus einer Maschinenkanone oder einem Maschinengranatwerfer. Der Renault VAB erhielt einen 6-Zylinder-Turbodiesel Renault MIDS06.20.45 mit 220 PS (die ersten Serienfahrzeuge fuhren mit MAN-Motoren gleicher Leistung). Der Motor ist über einen Drehmomentwandler mit einem Fünfgang-Getriebe verbunden. Das 4 x 4-Radfahrwerk verfügt über eine unabhängige Drehstabfederung mit hydraulischen Stoßdämpfern. Alle vier Räder sind angetrieben, die Vorderräder lenkbar. Dank der Verwendung von Rädern mit großem

Gepanzerter Mannschaftstransportwagen VAB, zweiachsige Standardversion mit 12,7-mm-Maschinengewehr

Technische Angaben Renault VAB	
Besatzung	2 + 10
Gefechtsgewicht, t	13
Abmessungen, mm:	
Länge	5980
Breite	2490
Höhe	2060
Bewaffnung, mm	
Maschinengewehr	7,62 oder 12,7
Kampfbeladung, Schuss	400
Motorleistung, PS	200
Höchstgeschwindigkeit, km/h	92
schwimmend	7
Fahrbereich, km	1000

Durchmesser, einer Reifendruckregelanlage sowie eines leistungsstarken Motors verfügt der VAB über gute Geländegängigkeit; überwindet 0,5 m hohe senkrechte Hindernisse sowie 1 m breite Gräben und durchschwimmt Gewässer ohne Vorbereitung dank Wasserstrahlantrieben mit 7 km/h. Die Ukraine stellte die VAB Ende August 2022 bei motorisierten Schützenverbänden in Dienst und setzte sie im Raum Cherson zusammen mit anderer westlicher Ausrüstung sowie ex-sowjetischen BTR und BMP ein. Ukrainische Militärexperten haben eine hohe Meinung von den gepanzerten MTW. So wurde beispielsweise Ende Oktober 2022 in der Nähe des Dorfes Dawydow Brod in der Region Cherson das Fahrwerk eines VAB bei einer Minenexplosion weggesprengt, aber die gepanzerte Wanne hielt ihr stand und rettete das Leben der Insassen. Den sonstigen Schutz stufen die Ukrainer hingegen als unzureichend ein, da er nur gegen panzerbrechende 7,62-mm-Geschosse schützt. Beschädigte VAB wurden aus verschiedenen Gründen nicht geborgen. Die Chance, dass geborgene Schadfahrzeuge im

Gepanzerter Mannschaftstransportwagen VAB 6x6, dreiachsige Version mit ferngesteuertem Kampfmodul.

Gepanzerter Mannschaftstransportwagen VAB, Rückansicht.

Der VAB hat eine ausgezeichnete Geländegängigkeit.

Hinterland repariert werden, ist wegen des Mangels an Ersatzteilen und technischem Personal in der Ukraine sowieso eher gering – wobei beschädigte VAB durchaus als Ersatzteilspender dienen.

Radschützenpanzer ACSV „Super Bison“

Während des NATO-Gipfels vom 29.–30. Juni 2022 in Madrid verlautbarte der kanadische Premierminister Justin Trudeau, Kanada arbeite mit der Ukraine an einem Abkommen über die Lieferung von 39 Armored Combat Support Vehicle (ACSV, Kampfunterstützungsfahrzeug) des Typs 8×8. (Hinweis: je nach Bewaffnung kann es sich bei ACSV um Mannschaftstransporter oder Schützenpanzer handeln. Aufgrund der 25-mm-Kanone des „Super Bison“ haben wir uns hier für „Radschützenpanzer“ entschieden). Ukrainischen Medien zufolge trafen die ersten ACSV Ende Oktober ein. Sie kamen sofort auf Übungsplätze, wo ukrainische Besatzungen unter strenger Geheimhaltung an ihnen ausgebildet wurden. Im Januar 2023 rückten Fahrzeuge und Besatzungen an die Front. Interessanter Weise handelte es sich bei den kanadischen ACSV „Super Bison“ um Neufahrzeuge Baujahr 2022, denn die meisten Rüstungshilfen für die Ukraine bestehen sonst meist aus älteren oder bereits ausgemusterten Fahrzeugmodellen. Das kanadische Heer hatte jüngst erst selbst mit der Umstellung auf diese Fahrzeuge begonnen. Im Jahr 2019 bestellte es 360 Fahrzeuge für umgerechnet 2 Milliarden Dollar. Gebaut wird der Typ von der kanadischen Abteilung des US-Unternehmens General Dynamics. Er stellt eine Weiterentwicklung des Light Armored Vehicle (Leicht gepanzertes Fahrzeug) LAV III „Bison“ dar, bei dem es sich wiederum um einen lizenzierten Nachbau des „Piranha III“ der Schweizer Firma MOWAG handelt. In den 2010er-Jahren wandelte sich das LAV III zum LAV 6 ACSV „Super Bison“ mit neuer Federung, leistungsfähigerem Triebwerk, stärkerer Panzerung sowie digitaler Elektronik. Auch die Abmessungen des Fahrzeugs wuchsen erheblich. Das Grundschema blieb: Motor-/Getriebe und Fahrer (links) im Bug, dahinter der Kampfraum mit Drehturm und 25-mm-Maschinenkanone M242 „Bushmaster“ plus 7,62-mm-Maschinengewehr (Kampfbeladung 210 und 420 Schuss), die Arbeitsplätze von Kommandant und Richtschütze.

Im Kampfraum finden insgesamt sechs Soldaten in Gefechtausrüstung Platz. Kommandant und Richtschütze verfügen über eine moderne digitale Feuerleitanlage, Laserentfernungsmesser, optische Geräten und Wärmebildkamera. Vorn an den Turmseiten befinden sich je vier Wurfbecher der

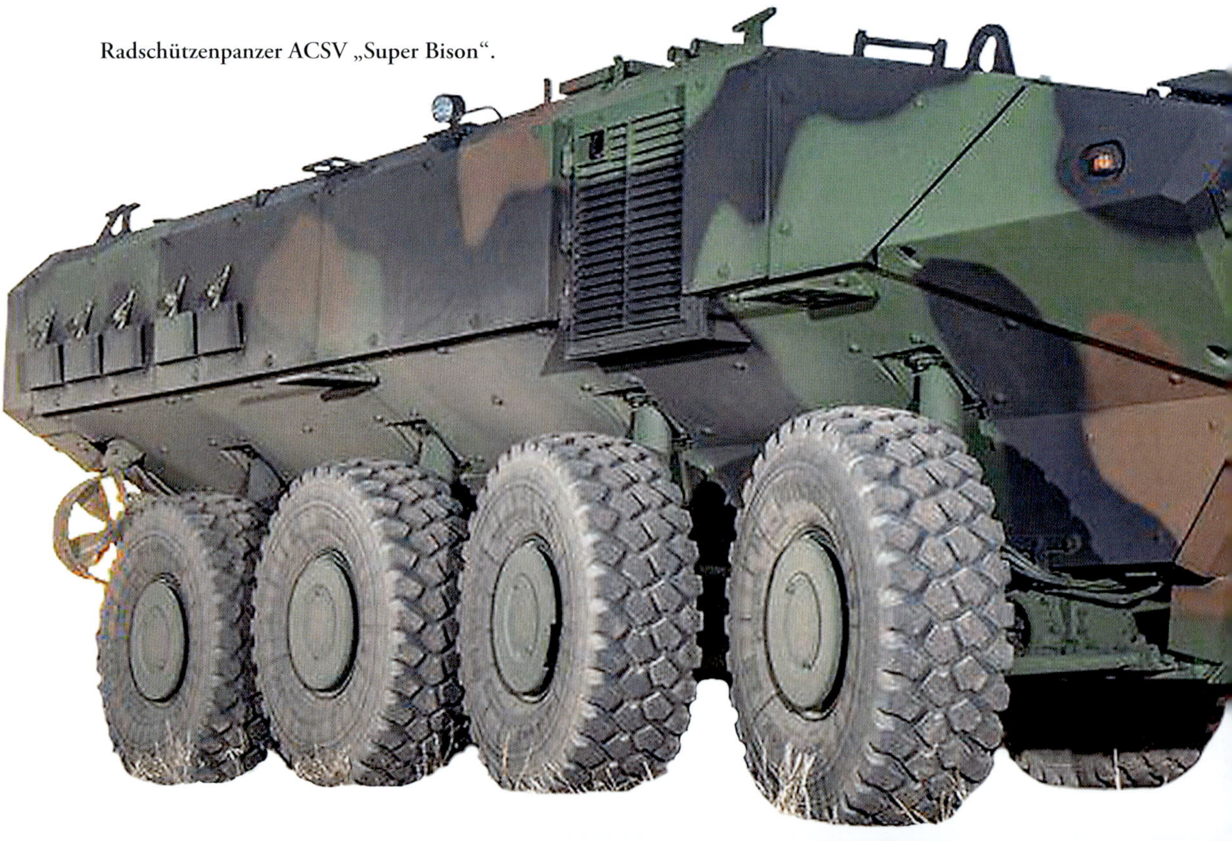

Radschützenpanzer ACSV „Super Bison“.

ACSV, Ansicht von vorne rechts.

Nebelmittelanlage. Aus vier seitlichen Schießblenden kann die Kampfraumbesatzung ihre Handwaffen einsetzen. Sie sitzt über zwei große Heckluken bzw. notfalls über die beiden Dachluken auf und ab. Die verstärkte Wannenpanzerung des „Super Bison" schützt vor panzerbrechenden 30-mm-Geschossen und der V-förmige Boden vor Minen. Das Fahrzeug verfügt außerdem über Anlagen gegen Wärmebild- und Radaraufklärung in Gestalt z. B. von Laserstrahlsensoren. Außerdem besteht die Möglichkeit zum Einbau eines aktives Abwehrsystems, das Geschosse im Anflug zerstören soll. Im Motor-/Getriebeabteil arbeiten ein Dieselmotor Caterpillar C9 mit 450 PS und ein automatischen 7-Gang-Getriebe von ZF. Das 8 x 8-Radfahrwerk verfügt über Einzelaufhängung, die Vorderräder sind mit Schrauben-, die Hinterräder mit Drehstabfedern gefedert. Der ACSV „Super Bison" erreicht eine Straßenhöchstgeschwindigkeit von 100 km/h. Er überwindet Steigungen bis zu 31° bergauf und 17° bergab, bis zu 0,6 m hohe senkrechte Hindernisse und bis zu 2 m breite Gräben. Auch schwimmen kann er mit bis zu 10 km/h, der Antrieb erfolgt über zwei seitliche Heckpropeller. Generell gilt der ACSV „Super Bison" als um ein Vielfaches effektiver als das, was die russische Armee derzeit an vergleichbaren Gegenstücken ex-sowjetischer Konstruktion verwendet, und seien sie modernisiert. Außer als Radschützenpanzer lässt sich der „Super Bison" für verschiedene andere Zwecke auslegen, z. B. als Mannschaftstransporter mit leichter Bewaffnung oder als Sanitäts-, Instandsetzungs- oder Führungsfahrzeug.

Technische Angaben ACSV „Super Bison"	
Besatzung	3 + 6
Gefechtsgewicht, t	28,5
Bewaffnung, mm	
Kanone	25
Maschinengewehr	7,62
Kampfbeladung, Schuss	
Kanone	210
Maschinengewehr	420
Motorleistung, PS	450
Höchstgeschwindigkeit, km/h	100
Schwimmend	10
Fahrbereich, km	600

Schützenpanzer-Ausführung mit 25-mm-Kanone.

Gepanzerter Mannschaftstransportwagen Sisu XA-180

Ende September 2022 veröffentlichten ukrainische Medien Berichte über den Einsatz finnischer gepanzerter Mannschaftstransporter Sisu XA-180. Bald wurde bekannt, dass mindestens zwei Fahrzeuge dieses Typs zerstört worden waren. Interessanter Weise tauchen diese Fahrzeuge in keinen Lieferungen von Ländern auf, die sie eingeführt haben. Die Zahl der Sisu XA-180, ihre Ausführungen und andere Merkmale blieben ebenfalls unbekannt. Die Spuren weisen zunächst nach Finnland, wo die Firma Sisu Auto (deren Rüstungsabteilung später von Patria Oy übernommen wurde) in den 1970er-Jahren den gepanzerten Mannschaftstransportwagen XA-180 entwickelte. Ende 1983 führte das finnische Heer das Fahrzeug nach erfolgreicher Erprobung ein. Im selben Jahr wurde ein Vertrag über die Lieferung des ersten Bauloses unterzeichnet: 150 Einheiten für die finnische Armee und 9 Einheiten für das schwedische Kontingent der UN-Friedenstruppen. Insgesamt stellte Sisu etwa 1000 Fahrzeuge her, die außer Finnland auch die Streitkräfte Schwedens, Norwegens, der Niederlande, Irlands, Estlands und Österreichs beschafften. In Aussehen und Entwurf ähnelt der XA-180 dem deutschen Transportpanzer „Fuchs". Im Bug der aus Stahlpanzerplatten geschweißten Wanne sitzen Fahrer (links) und Kommandant, die durch verschließbare Front- und Seitenfenster beobachten und über Seitentüren auf- und absitzen. Der Zugang zum Kampfraum für zehn Infanteristen in Gefechtsausrüstung erfolgt über eine Doppeltür im Heck bzw. im Notfall über zwei Luken im Wannenboden. Über drei Schießluken je Seite – plus Beobachtungsluken darüber – kann die Kampfraumbesatzung mit Handwaffen wirken. Die Hauptbewaffnung der meisten XA-180 besteht aus einem 7,62-mm-Maschinengewehr an der Luke im Dach des Truppenraums. Einige Fahrzeuge erhielten ein 12,7-mm-MG DSchKM oder NSW. Eine Nebelmittelwurfanlage zu je drei Bechern links und rechts am Bug nebelt den MTW bei Bedarf ein. Das Motor-/Getriebeabteil zwischen der ersten und zweiten

Gepanzerter Mannschaftstransportwagen SISU.

Achse vor dem Kampfraum beherbergt einen 6-Zylinder-Turbodiesel 611 DSBJA der finnischen Firma Valmet mit 240 PS. Das Getriebe ist mechanisch, das Schaltgetriebe halbautomatisch mit vier Gängen. Das mit Blattfedern und Stoßdämpfern versehene 6 x 6-Fahrwerk verfügt über eine Reifendruckregelanlage. Der XA-180 bringt es auf der Straße auf bis zu 100 km/h und zeigt eine hohe Geländegängigkeit. Was aber wäre ein finnischer MTW, der im „Land der 1000 Seen" nicht schwimmen könnte? Und so quert der XA-180 Gewässer mit Hilfe zweier Heckpropeller mit bis zu 10 km/h. Zur allgemeinen Ausstattung gehören Funk, eine Heiz- und eine Feuerlöschanlage. Noch zu erwähnen, dass das Fahrgestell des XA-180 einer ganzen Familie gepanzerter MTW als Grundlage diente.

Technische Angaben Sisu XA-180	
Besatzung	2 + 10
Gefechtsgewicht, t	15
Abmessungen, mm:	
Länge	7350
Breite	2900
Höhe	2300
Bewaffnung, mm	
Maschinengewehr	7,62
Kampfbeladung, Schuss	2000
Motorleistung, PS	240
Höchstgeschwindigkeit, km/h	100
schwimmend	10
Fahrbereich, km	800

Gepanzerter Mannschaftstransportwagen SISU, linke Seitenansicht.

Mannschaftstransportwagen SISU, Vorderansicht.

Unterbringung von Infanteristen im gepanzerten Mannschaftstransportwagen SISU.

Gepanzerter Mannschaftstransportwagen „Husky" TSV

Technische Angaben „Husky" TSV	
Besatzung	2 + 4
Gefechtsgewicht, t	6
Abmessungen, mm: Länge Breite Höhe	 6400 2500 2400
Bewaffnung, mm Maschinengewehr	 12,7
Kampfbeladung, Schuss	800
Motorleistung, PS	340
Höchstgeschwindigkeit, km/h	130
Fahrbereich, km	400

Im April 2022 wurde bekannt, dass das britische Verteidigungsministerium bis zu 120 eingemottete Mannschaftstransporter in die Ukraine verlegen wolle. Etwas später kam heraus, dass es sich um dreiachsige „Mastiff", geschützte Lkw „Wolfhound" und leichte „Husky" TSV handeln solle (TSV = Tactical Support Vehicle; Gefechts-Unterstützungsfahrzeug). Die Lieferung der „Husky" TSV leiteten die Engländer relativ schnell in die Wege. Bereits am 10. und 11. Juni veröffentlichten ukrainische Medien Fotos, die ihren Gefechtseinsatz im Raum Saporischschja (Saporoschje) bestätigten. Der „Husky" stellt keine britische, sondern eine US-amerikanische Entwicklung des Unternehmen Navistar International Corporation dar, das ihn auch herstellt. Die Grundausführung MXT-MVA (Military Extreme Truck – Military Version Armoured; in etwa: Miliär-Lkw hoher Geländegängigkeit – gepanzerte Militärausführung) wurde erstmals 2006 auf einem Kongress der Association of the US Army vorgestellt. Das Fahrzeug verfügt über ein hohes Maß an ballistischem und Minenschutz und wurde von den britischen Streitkräften als Ersatz

Gepanzertes Fahrzeug „Husky" TSV.

für die in Afghanistan eingesetzten geschützten Geländewagen Typ Land Rover beschafft. Im Rahmen eines im April 2009 ab-geschlossenen Vertrags sollte Navistar 262 modernisierte Fahrzeugs für die Engländer bauen, die sie als „Husky" TSV übernahmen. Ein Folgeauftrag aus dem Jahr 2010 sah weitere 89 Fahrzeuge vor, so dass die Streitkräfte Albions nach Erfüllung der beiden Verträge im Jahr 2012 über 351 „Husky" TSV verfügten. Das leicht gepanzerte Radfahrzeug baut auf einem zweiachsigen 4 x 4-Fahrgestell auf und entspricht weitestgehend dem Nutzfahrzeug International MXT, einem leichten zivilen Lkw mit charakteristischer Haubenschnauze, unter der Motor und Getriebe lagern. Das erweiterte Führerhaus nimmt die sechsköpfige Besatzung auf und auf der Ladefläche dahinter lassen sich Ausrüstung und Güter verstauen. Die Bewaffnung besteht aus einem auf dem Dach montierten fernbedienbaren Maschinengewehr (Kaliber bis 12,7 mm); wobei die

„Husky" TSV, Seitenansicht.

Besatzung zusätzlich mit Handwaffen aus Schießluken wirken kann. Der starke Rahmen des „Husky" ist in der Lage, zusätzliche Panzerung zu tragen und gleichzeitig die Beweglichkeit und die Nutzlastkapazität zu erhalten. Die modulare Panzerung stammt vom israelischen Unternehmen Plasan Sasa und umfasst zwei austauschbare Sätze Panzerplatten. Für den Antrieb des „Husky" sorgt ein 340-PS-V8-Dieselmotor MaxxForce D6.0L von Navistar, der ihm eine Höchstgeschwindigkeit von 130 km/h verleiht. Der leichte MTW überwindet Steigungen bis 40° und durchwatet bis zu 0,76 m tiefe Gewässer. Die Hutchinson-Räder weisen „Runflat"-Einsätze und Michelin-Radialreifen der Größe 395/85R20 mit zentraler Reifenfüllanlage auf. Mit einem Gefechtsgewicht von lediglich 6 t kann der „Husky" in Bereichen agieren, die für schwerere Fahrzeuge nicht zugänglich sind, und dabei größere Nutzlasten als leichtere Fahrzeuge befördern. In Afghanistan hatte sich das Fahrzeug als recht zuverlässig erwiesen und guten Schutz gegen Minen und Sprengfallen geboten. Ob der Ukraine-Einsatz ebenso erfolgreich verlaufen wird, steht noch aus. Tatsächlich wurde der „Husky" in erster Linie für Konflikte mit geringer Intensität und den Einsatz gegen irreguläre Kräfte geschaffen, nicht für taktische Gefechtsaufgaben, bei denen die Gegenseite schwere Waffen einsetzt.

Im Raum Cherson zerstörter „Husky" TSV.

Geschütztes Fahrzeug ATF „Dingo"

Die Lieferung bundesdeutscher „Allschutz-Transport-Fahrzeuge" (ATF) „Dingo" an die Ukraine wurde seit etwa Frühjahr 2022 diskutiert. Mitte September 2022 gab das Bundesverteidigungsministerium schließlich bekannt, dass es von den 250 ATF „Dingo" der Bundeswehr 50 Fahrzeuge für die Ukraine abzweigen wolle. Anfang Oktober 2022 wurde bekannt, dass 100 ukrainische Soldaten im Ausbildungszentrum Wildflecken in Unterfranken an den Fahrzeugen geschult wurden. Die ATF „Dingo" wurden in mehrere Lieferchargen aufgeteilt. Die ersten 30 Fahrzeuge trafen im Oktober/November 2022 in der Ukraine ein. Erstmals öffentlich präsentiert wurden mehrere „Dingo" am 21. November anlässlich der Feierlichkeiten zum „Tag der Luftlandetruppen". Das geschützte Fahrzeug ATF „Dingo" – man könnte auch von einem Rad-MTW sprechen – wurde in der ersten Hälfte der 1990er-Jahre von Krauss-Maffei-Wegmann (KMW) entwickelt, gebaut und 2003 von der Bundeswehr übernommen. Nach Abschluss der Arbeiten an der Erstausführung des „Dingo" begann KMW bereits mit der Modernisierung zum „Dingo 2". Dieser durchlief 2003–2004 die Erprobung und gelangte bald zur Truppe, wo er das Vorgängermodell ablöste. Diesmal gingen größere Staatsaufträge ein; insgesamt fertigte KMW mehrere hundert „Dingo 2", die außer an die Bundeswehr auch an die Bundespolizei und Sondereinsatzkräfte gingen. Es handelte sich um die üblichen ATF sowie um gesondert ausgestattete Führungs-, Aufklärungs-, Sanitäts- und Funkfahrzeuge. Auch das Ausland zeigte Interesse; acht Staaten beschafften individuell ausgerüstete „Dingo 2" oder erhielten sie als Rüstungshilfe geschenkt. Ende 2022 verfügte die Bundeswehr über 250 „Dingo 2" und die Bundespolizei über etwa 120–150. Grundsätzlich handelt es sich beim „Dingo" um ein leicht gepanzertes zweiachsiges Fahrzeug mit Allradantrieb, das sich entweder für den geschützten Personentransport oder – je nach Ausrüstung – für andere militärische und polizeiliche Aufgaben einsetzen lässt. Beide „Dingo"-Ausführungen sind modular aufgebaut, wobei die Baugruppen nur über das Fahrgestell miteinander verbunden und beweglich gelagert sind. Die geschweißte Wanne mit gepanzertem Führerhaus und Kampfraum wird als „Schutz-„ oder „Sicherheitszelle" bezeichnet, der Stauraum im Heck ist als teilgepanzerte Lade-

Technische Angaben ATF „Dingo"	
Besatzung	2 + 6
Gefechtsgewicht, t	8
Abmessungen, mm:	
Länge	5400
Breite	2300
Höhe	2380
Bewaffnung, mm	
Maschinengewehr	7,62
Kampfbeladung, Schuss	3000
Motorleistung, PS	235
Höchstgeschwindigkeit, km/h	90
Fahrbereich, km	1000

Geschütztes Fahrzeug ATF „Dingo".

Geschütztes Fahrzeug ATF „Dingo“, Vorderansicht.

plattform ausgebildet. Die Panzerung entspricht NATO-Schutzklasse III; die „Schutzzelle“ schützt die Insassen gegen 7,62-mm-Geschosse und der Boden dank „Minendeflektor“ vor Explosionen von bis zu 8 kg TNT. Die „Schutzzelle“ verfügt über doppelte Panzerungselemente – Hauptpanzerung plus Überkopfpanzerung sowie zusätzliche Panzerungsteile. Die Besatzung sitzt über vier Seitentüren auf und ab bzw. über eine Doppeltür am Heck (sofern kein Stauraum angebaut). Die Bewaffnung des „Dingo“ in der Grundausführung besteht aus einer ferngesteuerten Waffenstation mit 7,62-mm-Maschinengewehr auf dem Dach. Alternativ lassen sich ein schweres Maschinengewehr, ein Maschinengranatwerfer oder Lenkraketen installieren. Einige Bundeswehr-„Dingo“ wurden mit fortschrittlichen Waffenmodulen kampfwertgesteigert. Zur Vereinfachung der Fertigung baut der „Dingo“ auf Unimog-Fahrgestellen auf – die Erstausführung auf dem S5000, die modernisierte Version auf dem U5000. Sie verfügen über 215–235 PS leistende Dieselmotoren und Getriebe mit Kraftübertragung auf alle vier Räder. Die Höchstgeschwindigkeit liegt bei 90 km/h und der Fahrbereich bei mindestens 1000 km. Die Ukrainer stellten den „Dingo“ bei den Luftlandetruppen in Dienst, die ihn aufgrund des Mangels an gepanzerten Fahrzeugen nicht nur für Transport-, sondern auch für Unterstützungsaufgaben im Gefecht einsetzen.

Geschütztes Fahrzeug ATF „Dingo“, Rückansicht.

Geschütztes Fahrzeug ATF „Dingo“, ausgerüstet mit einem Minenräumgerät.

Gepanzertes Mehrzweckfahrzeug HMMWV M998

Die ukrainischen Streitkräfte verfügen über mehr als 1200 US-amerikanische gepanzerte Vierrad-Fahrzeuge HMMWV M998. Der Typ wurde von American Motors General im Rahmen des vom US-Heer ins Leben gerufenen Wettbewerbs HMMWV (High Mobility Multipurpose Wheeled Vehicle, Geländegängiges Mehrzweck-Radfahrzeug) entwickelt. Als Konkurrenten von AM General traten Chrysler und Teledyne Continentals auf. Die Wettbewerbsbedingungen verlangten ein Fahrzeug mit hoher Geländetauglichkeit, Beweglichkeit, Zuverlässigkeit und Wirtschaftlichkeit. Es sollte die neuesten Errungenschaften der Automobiltechnik, einen Dieselmotor, ein Automatikgetriebe und die Möglichkeit zum Anbau eines Panzerschutzes vereinen. Darüber hinaus sollte es zur Massenproduktion taugen, d. h. Bauteile und Baugruppen von Serienfahrzeugen verwenden. Als Sieger ging AM General hervor und im November 1982 stellten die US-Streitkräfte das Fahrzeug unter der Bezeichnung M998 offiziell in Dienst. Seit Beginn der Serienfertigung 1984 stellte AM General über 150.000 M998 in verschiedenen Ausführungen her. Der Entwurf stellt eine eigentümliche Synthese aus einem leichten geländegängigen Lkw und einem Straßenfahrzeug dar. Die Karosserie besteht aus hochfesten Aluminiumlegierungen und verfügt über einen tragenden Rahmen mit Längsträgern aus Baustahl-Kastenprofilen. Als Motor gelangte ein luftgekühlter V8-Diesel GM62L von General Motors zum Einbau; maximale Leistung 152 PS bei 3600 U/min. Das automatische Dreigang-Getriebe Turbo Hydra-Matic 400 von Allison ist mit einem Drehmomentwandler ausgestattet. Das Verteilergetriebe verfügt über zwei Gänge und einen permanenten Antrieb beider Achsen. Alle vier Räder werden angetrieben und haben eine Einzelradaufhängung. Diese Aufhängung in Kombination mit der Verwendung

Technische Angaben HMMWV M998	
Besatzung	1 + 4
Gefechtsgewicht, t	3,43
Abmessungen, mm:	
Länge	4570
Breite	2150
Höhe	1750
Motorleistung, PS	152
Höchstgeschwindigkeit, km/h	105
Fahrbereich, km	560

Mehrzweckfahrzeug HMMWW M998.

geeigneter Untersetzungen ermöglichte es, den Wannenboden absolut eben zu gestalten und die Höhe des Fahrzeugs zu verringern. Die Bodenfreiheit von 406 mm entspricht der eines Lkw. Gebremst wird über eine hydraulische Bremsanlage mit Kraftunterstützung. Die Räder sind mit breiten 36×12,5 Goodyear Rangler Niederdruck-Geländereifen ausgestattet. Mit einem geplatzten/zerschossenen Reifen kann der M998 Berichten zufolge noch bis zu 50 km zurücklegen bei einer Geschwindigkeit von etwa 50 km/h. Die Straßenhöchstgeschwindigkeit liegt ansonsten bei 105 km/h. Im Gelände bewältigt der M998 Steigungen bis zu 31°, erklettert bis zu 0,4 m hohe senkrechte Hindernisse, überschreitet bis zu 0,56 m breite Gräben und durchwatet bis zu 0,76 m tiefe Gewässer. Mit Spezialausrüstung kann er bis zu 1,5 m tiefwaten. Das Fahrzeug zieht auf Straßen bis zu 1,5 t Anhangelast; Im Gelände bis 1,3 t. Es entstanden 15 in Serie gebaute Grundvarianten des Typs; acht davon bewaffnet. Zur Standardbewaffnung gehören das 7,62-mm-Maschinengewehr M60 und das 12,7-mm-Maschinengewehr M2HB, das Flugabwehrraketensystem „Stinger", die PzAbw-Lenkraketen „Hellfire" oder TOW, die 25-mm-Maschinenkanone M242 oder der 40-mm-Maschinengranatwerfer Mk.19. In Anbetracht der Verwendung des Fahrzeugs in Kampfeinsätzen hat American Motors General eine Reihe von ballistischen Panzerungen entwickelt, die Besatzung und Hauptbaugruppen vor Handwaffenbeschuss und Granatsplittern schützen. Neben den bewaffneten Varianten wurden u. a. ein Transport-, ein Sanitäts- und ein Funkfahrzeug entwickelt. Die Erfahrung mit dem Einsatz von HMMWV M998 verschiedener Modifikationen durch das ukrainische Militär erlaubt es, sie als schnelle und zuverlässige Fahrzeuge zu bewerten, die sich durch hohe Geländegängigkeit auszeichnen. Zu den Nachteilen zählen der relativ schwache Schutz gegen Minen und Beschuss. Die Ukrainer stellten weiters fest, dass die schlechte Qualität ihres Kraftstoffs die Funktion der Kraftstoffanlage beeinträchtigt und einen häufigen Austausch der Filter erfordert. Wartung und Instandsetzung sind wegen Ersatzteilmangel generell schwierig. Diese Situation wird dadurch verschärft, dass die Ukraine mit gebrauchten Fahrzeugen beliefert wurde, die zum Teil einen hohen Abnutzungsgrad aufweisen.

Mehrzweckfahrzeug HMMWW, Ambulanzversion.

Ein HMMWW mit TOW-Werfer M220.

Ein HMMWW M1151 mit Zusatzpanzerung Frag-6.

Gepanzertes Mehrzweckfahrzeug MaxxPro M1224

Im August 2022 lieferten die USA 40 Mehrzweckfahrzeuge des Typs International MaxxPro M1224 an die Ukraine, wobei sich das Gesamtvolumen auf 200–240 Einheiten belaufen sollte. Das Fahrzeug wurde von International Military and Government LLC (IMG), einer Abteilung von Navistar International, in Zusammenarbeit mit der israelischen Firma Plasan Sasa nach dem MRAP-Konzept (Mine Resistant Ambush Protected; Minen-widerstehend und Hinterhalt-geschützt) entwickelt. Ende Dezember 2007 erhielt Navistar International den Erstauftrag über die Lieferung von 4471 Fahrzeugen an das US-Marineinfanteriekorps. Bislang wurden rund 9000 Fahrzeuge gefertigt. Unter der langen Schnauze des MaxxPro M1224 befinden sich Motor und Getriebe, dahinter in einer gepanzerten Kapsel mit V-förmigem Boden das Führerhaus und der Kampfraum. Nach Herstellerangaben wurde das Fahrzeug unter weitgehender Verwendung standardisierter und leicht verfügbarer Bauteile konzipiert, um eine schnelle Wartung und Instandsetzung zu gewährleisten. Die gepanzerte Wanne wird von Schrauben zusammengehalten und nicht wie bei anderen MRAP-Fahrzeugen von Schweißnähten, so dass sie sich im Feld leicht durch Teileaustausch reparieren lässt. Die von Plasan Sasa entwickelte Kapsel oder Schutzzelle soll gegen Handwaffengeschosse schützen, nähere Angaben zur Schutzklasse fehlen jedoch. Fährt das Fahrzeug auf eine Mine, lenken schräge Bodenplatten Druckwelle und Splitter seitlich nach oben ab. Das MaxxPro soll bis zu 7 kg TNT widerstehen. Einige Ausführungen erhielten zusätzliche Schutzgitter gegen Hohlladungen. Die Besatzung sitzt über Seitentüren und über eine hydraulische Heckrampe auf und ab. Auf dem Dach der Wanne ist ein offener Waffenturm aufgebaut, der sich mit einem 12,7-mm-Maschinengewehr oder einem 40-mm-Maschinengranatwerfer bestücken lässt. Für den Antrieb sorgt ein 4-Zylinder-Dieselmotor International WorkStar 7000 mit 330 PS; angeflanscht ein Fünfgang-Automatikgetriebe Allison 3000. Einzelradaufhängung und

International MaxxPro Panzerfahrzeug.

Panzerfahrzeug International MaxxPro, Ansicht von vorne rechts.

doppelte hydraulische Teleskopstoßdämpfer sorgen für angenehme Fahreigenschaften ebenso wie ABS und zentrale Reifendruckregelanlage. Die pneumatische Bremsanlage arbeitet mit doppeltem Kreislauf. Die Höchstgeschwindigkeit auf befestigten Straßen beträgt 105 km/h und der Fahrbereich 800 km. Das relativ hohe Gefechtsgewicht von bis zu 13,5 t beeinträchtigt die Geländetauglichkeit des Zweiachsers, und aufgrund seines hohen Schwerpunkts besteht die latente Gefahr des Umkippens auf Schrägungen. Der MaxxPro ist in mehreren Ausführungen als Transporter, Instandsetzung-, Führungs-, Sanitäts- oder Aufklärungsfahrzeug sowie in drei Größen erhältlich: Kategorie 1 MRAP I (MaxxPro), Kategorie 2 MRAP I (MaxxPro XL) und Kategorie 3 MRAP II (MaxxPro Plus). Alle drei Varianten bauen auf einem Einheitsfahrgestell auf. Der M55A MaxxPro Plus M55A (erstmals am 16. Juni 2008 vorgestellt) verfügt über eine höhere Motorleistung und Nutzlastkapazität sowie über die Keramikpanzerung Frag Kit 6,

Technische Angaben MaxxPro M1224	
Besatzung	2 + 6–10
Gefechtsgewicht, t	12,6–13,5
Abmessungen, mm:	
Länge	7200
Breite	2155
Höhe	3048
Bewaffnung, mm	1 x 7,62
Kampfbeladung, Schuss	2200
Motorleistung, PS	330
Höchstgeschwindigkeit, km/h	105
Fahrbereich, km	800

Dieser MaxxPro lief auf eine russische Mine, wobei die Besatzung nur leichte Verletzungen erlitt.

die das Fahrzeug vor Sprengfallen besser schützt. Außerdem besitzt er eine Anlage zur Erkennung und Deaktivierung von Sprengkörpern. Die an die Ukraine gelieferten MaxxPro gingen hauptsächlich an die Luftlandebrigaden. Ukrainische Medien haben bereits Fotos von beschädigten Fahrzeugen veröffentlicht. Eine Aufnahme zeigt die Auswirkung einer Minendetonation, die das Motorabteil und die Vorderachse praktisch umdrehte. Doch genau dafür ist die Front des gepanzerten Fahrzeugs ausgelegt, indem der Bug die Wucht der Detonation aufnimmt oder sie abfedert, während der dahinter liegende abgekapselte Bereich mit der Besatzung nahezu unversehrt bleibt.

VON NATO-STAATEN GELIEFERTE FLUGABWEHRSYSTEME

Die Bekämpfung von Flugzielen ist Aufgabe der ukrainischen Flugabwehr und der mit Fliegerfäusten und Flugabwehrwaffen ausgerüsteten Soldaten, Fahrzeuge und Einheiten aller Waffengattungen. Neben dieser Flugabwehr gibt es die so genannten Luftverteidigungskräfte, die für den strategischen Schutz des Luftraums und wichtiger Infrastrukturen auf dem Territorium des Landes sorgen. Den Flugabwehrtruppen einschließlich der Fliegerabwehr aller Truppen obliegt hingegen die taktische Luftabwehr auf dem Gefechtsfeld. Vor der russischen Invasion verfügten die Luftverteidigungskräfte des Landes über etwa 250 Boden-Luft-Raketensysteme (SAM) des Typs S-300 verschiedener Ausführungen, 72 des Typs „Buk-M1" sowie eine Reihe von „Tor" und S-125 „Petschora". Mit Luft-Luft-Raketen bewaffnete Su-27- und MiG-29-Jagdstaffeln arbeiteten mit den Flugabwehrraketenverbänden zusammen. Luftziele wurden von Radaren erfasst. Zur Luftabwehrbewaffnung der Bodentruppen gehörten die selbstfahrenden Flugabwehrsysteme „Osa-AKM", „Schilka", „Tunguska", „Strela-10" sowie die tragbaren Flugabwehrraketensysteme (MANPADS, Fliegerfäuste) „Strela" und „Igla". In den ersten drei Tagen ihrer „militärischen Sonderoperation" führten die russischen Luft- und Raketenkräfte massive Schläge gegen ukrainische Haupt- und Reserveflugplätze, Radarstationen, Führungs- und Kommunikationszentren durch. Beim ersten Schlag wurde ein Netz von Radaranlagen zerstört, wodurch die zusammenhängende Radarüberwachung der Ukraine unterbrochen wurde und ein Informationsvakuum über die Luftlage entstand. Durch diese Angriffe wurde die ukrainische Luftverteidigung dezentralisiert, so dass sie nicht mehr in der Lage war, als einheitliches System zu agieren und reagieren. Als zweiter Schlag wurden Nebenflugplätze angegriffen; Start- und Landebahnen, Rollbahnen, Waffen- und Treibstoffdepots ebenso zerstört wie abgestellte Flugzeuge. Auch strategische Treibstoff- und Schmierstofflager sowie Flugzeugwaffendepots flogen in die Luft. Es lassen sich mindestens vier Angriffswellen ausmachen. Unter dem Strich konnte die russische Luftwaffe die meisten Radarstationen und Militärflugplätze lahmlegen, mindestens die Hälfte der ukrainischen Luftstreitkräfte am Boden und in der Luft vernichten sowie die wichtigsten Kommando- und Führungszentren der Luftverteidigung, weitere Leitstellen und Einrichtungen zerschlagen. Daraufhin begann die Jagd auf Flugabwehrraketensysteme, die ununterbrochen im Gange war. In den ersten Tagen wurde mehr als die Hälfte davon zerstört. Zunächst versuchten die ukrainischen Streitkräfte noch, ihre militärischen, rückwärtigen, industriellen und politischen Einrichtungen zu schützen, und verloren täglich Boden-Luft-Raketensysteme und Flugzeuge, da jene Räume, in denen das Auftauchen ukrainischer Flugzeuge vorhersehbar war, unter nahezu vollständiger russischer Luftherrschaft standen, was die ukrainischen Kampfflugzeuge zu vergleichsweise leichten Zielen machte. Doch innerhalb von zwei Monaten änderten die Ukrainer die Taktik und drehten den Spieß mit Hilfe der NATO unter Führung der Vereinigten Staaten um. Mit anderen Worten: die Amerikaner und ihre Verbündeten übernahmen die ukrainische Luftraumüberwachung fast vollständig und warfen ihr ganzes Potenzial in die Waage. Dazu gehörten AWACS-Überwachungsflugzeuge, die rund um die Uhr entlang der ukrainischen West- und Südgrenzen patrouillierten, schwere Aufklärungsdrohnen, Aufklärungssatelliten, Funkabhörmittel, mit deren Hilfe die Amerikaner das russische Luftverteidigungssystem und die Aktionen der Luftwaffe aufdeckten und die ausgewerteten Informationen an die ukrainische Luftabwehr bzw. -verteidigung übermittelten. Mit diesen von langer Hand vorbereiteten Unterstützungsmaßnahmen erhielt die Ukraine ein stabiles und leistungsfähiges Luftverteidigungs-Informationssystem: Sobald irgendwo in Grenznähe oder dahinter ein russisches Flugzeug abhob, wurde es von US-amerikanischen AWACS-Flugzeugen oder Aufklärungssatelliten erfasst und an die US-Kommandozentralen übermittelt, die diese Information über automatisierte Systeme sofort an die entsprechenden ukrainischen Stellen weiterleiteten. Diese US- und NATO-Aufklärungskapazitäten bilden noch heute die Grundlage der ukrainischen Luftverteidigung. Interessant die Taktik der ukrainischen Luftverteidigungskräfte bezüglich des Raketeneinsatzes. Sie beruht auf der Vorleistung durch die US-Luftraumüberwachung, die Bewegungen russischer Flugzeuge und Drohnen verfolgt. Sobald sich diese Flugobjekte über Gebieten befinden, in denen bestimmte ukrainische Luftabwehrsysteme in Alarmbereitschaft stehen, erhalten diese von der Luftraumüberwachung Höhe, Geschwindigkeit, Entfernung und fast immer die Art des Objekts mitgeteilt. So kann die Luftverteidigung/Luftabwehr

Flugabwehrpanzer „Gepard“ bei einer Vorführung von Waffen und Gerät. (Foto: Ralf Weinreich)

in dem Moment übernehmen, in dem sich die Ziele in Reichweite befinden. In kürzester Zeit wird die Radarsuche eingeschaltet, das Ziel erfasst und die Raketen abgeschossen, worauf die Raketenträger sofort die Stellung wechseln. Es ist praktisch unmöglich, Flugabwehrraketen zu entdecken, bevor sie aktiviert werden und ihrerseits Signale aussenden. Gleichzeitig sind die Positionen solcher „Hinterhalte“ sorgfältig getarnt und durch Sicherungseinheiten abgeschirmt. All dies hat die Fähigkeit, ukrainische Luftabwehrraketen am Boden zu entdecken, für die russische Seite stark eingeschränkt, zumal die Raketen weit über das ukrainische Hoheitsgebiet verstreut sind. Allerdings wissen auch die Russen, dass sie an Orten Stellung beziehen, die besonderen Schutz erfordern, als da sind z. B. Anflugschneisen im Bereich von Brücken, Kreuzungen, Industrieanlagen des militärisch-industriellen Komplexes und anderen strategisch wichtigen Standorten. Direkt über dem Gefechtsfeld, wo russische Kampfflugzeuge und Hubschrauber operieren, setzten die Ukrainer selbstfahrende Luftabwehrsysteme und tragbare Boden-Luft-Raketen (Fliegerfäuste) ein. Die Summe aller Maßnahmen führte schließlich dazu, dass es den ukrainischen Luftabwehrkräften gelang, die russischen Flugzeuge am Boden „festzunageln". Eine paradoxe Situation: Eine der stärksten Luftstreitkräfte der Welt wurde gezwungen, Hilfsfunktionen zu übernehmen, hauptsächlich zur direkten Erdkampfunterstützung auf dem Gefechtsfeld. Und dies zum Beispiel mit der teuren Su-34, die eigentlich für ganz andere Aufgaben ausgelegt ist. Die russische Luftwaffe ist derzeit nicht in der Lage, Ziele in der Tiefe des ukrainischen Raumes anzugreifen; Raketeneinsätze stehen dagegen auf einem anderen Blatt. Die Lage für die russischen Fliegerkräfte wurde durch die Lieferung westlicher Luftabwehrsysteme an die Ukraine noch schwieriger. So haben die ukrainischen Luftverteidigungskräfte folgende Systeme erhalten:

- Kurzstrecken-Lenkflugkörper IRIS-T aus der BRD
- Kurz-/Mittelstrecken-Luftabwehrraketen NASAMS 2 aus den USA
- Kurzstrecken-Flugabwehrraketen US MIM-23 „Hawk“ aus Spanien
- Kurzstrecken-Flugabwehrraketen „Crotale“ aus Frankreich
- Flugabwehrpanzer „Gepard“ aus der BRD
- Flaraketenpanzer „Stormer“ mit „Starstreak“-Raketen aus Großbritannien
- Fliegerfäuste „Stinger“ aus den USA
- Fliegerfäuste „Starstreak“ aus Großbritannien
- Fliegerfäuste „Mistral“ aus Frankreich
- Fliegerfäuste „Grom“ und „Piorun“ aus Polen
- Anti-Drohnen-Raketen „Vampire“ aus den USA

Der Ukraine und der USA/NATO geht es mittlerweile nicht mehr nur um die Lieferung von Flugabwehrraketen, sondern um die Schaffung eines Gesamtsystems, in dem die verschiedenen Untersysteme mit Kommando- und Kommunikationszentren verbunden sind und sich untereinander austauschen können. Dieses System würde Raketen mit kurzer Reichweite und niederer Höhe, mittlerer Reichweite und mittlerer Höhe sowie mit großer Reichweite und großer Höhe samt den dazu gehörenden Radaren umfassen.

Fliegerfaust FIM-92 „Stinger“

2022 erhielten die ukrainischen Streitkräfte an die 2400 tragbare Luftabwehrsysteme (MANPADS, Man Portable Air Defense System) – sprich Fliegerfäuste – FIM-92 „Stinger“ aus NATO-Ländern. Die meisten spendierten die Amerikaner, nämlich über 1400. Die BRD lieferte 500 und die Niederlande 200; den Rest Italien, Litauen und Lettland. Die „Stinger“ (Stachel, Stich) wurde in den späten 1960er- und frühen 1970er-Jahren bei der US-Firma General Dynamics entwickelt und 1981 bei US-Heer und US-Marineinfanteriekorps in Dienst gestellt. Derzeit verwenden die Armeen von mehr als 30 Ländern diese Fliegerfaust, von der über 70.000 hergestellt wurden. Die Anlage besteht aus einer Abschussvorrichtung, einer Lenkrakete in einem Transport- und Abschussbehälter und einer elektronischen Identifizierungseinheit AN/PPX-1. Die Abschussvorrichtung umfasst ein optisches Visier zur visuellen Erkennung und Verfolgung eines Luftziels sowie zur ungefähren Bestimmung der Zielentfernung, die Abschussvorrichtung an sich, die Stromversorgungs- und Kühleinheit mit elektrischer Batterie und einen Tank mit flüssigem Argon. Bei der Vorbereitung zum Schuss wird die Abschussvorrichtung am Transport- und Abschussbehälter befestigt. Beim Behälter handelt es sich um ein Glasfaserrohr, das den herrmetisch verschlossenen Flugkörper Kaliber 70 mm enthält und als Startrohr dient. Von der FIM-92 „Stinger“ entstanden mehrere Modifikationen, die sich hauptsächlich in ihren Zielsuchköpfen und Zündern unterscheiden. In der Regel handelt es sich um einen Infrarot-Zielsuchkopf mit Lenksystem, einen 3 kg schweren Splitter-Gefechtskopf mit Aufschlags- bzw. Verzögerungszünder, sowie einem zweistufigen Feststoff-Raketentriebwerk. Der in zwei Frequenzbereichen arbeitende Zielsuchkopf reagiert sowohl auf infrarote als auch auf ultraviolette Strahlung und ist in der Lage, Scheinziele (künstliche Wärmequellen wie Infrarotfackeln) von tatsächlichen Flugzielen zu unterscheiden. Ein Sicherheitsmechanismus sorgt dafür, dass sich der Flugkörper im Falle eines Fehlschusses 17 Sekunden nach dem Start selbst zerstört. Bei mit Verzögerungszündern ausgerüsteten „Stinger“ detoniert die Ladung erst im Rumpf eines Flugzeugs oder Hubschraubers. Die zweiköpfige Bedienung bewegt sich in der Regel in einem Geländewagen, der

Technische Angaben FIM „Stinger“	
Gewicht, kg	15,1
Gewicht der Rakete, kg	10
Gewicht des Gefechtskopfes, kg	3
Typ des Gefechtskopfes	Splitter
Leitsystem	Infrarot GSN
Einsatzschussweite, m:	
Maximal	4800
Minimal	300
Zielerfassungshöhe, m:	
Maximal	3000
Minimal	50
Bedienung	2

Tragbares Flugabwehrsystem „Stinger“.

Tragbares Flugabwehrsystem „Stinger“ in Kampfstellung.

weitere sechs Startrohre mit Raketen aufnimmt. Der Kommandant des Fahrzeugs erhält Informationen über die Luftlage über ein Fernanzeigegerät mit Bildschirm vom FAADS-1-Erkennungsradar. In Ermangelung einer zentralen Zielmarkierung arbeiten die „Stinger“-Trupps unabhängig. Der Abschussvorgang umfasst die Vorbereitungen für den Abschuss, die Zielerfassung und -verfolgung mit dem optischen Visier, die Zielidentifizierung und -erfassung durch den IR-Zielsuchkopf und den Raketenstart. Die Wahrscheinlichkeit, mit einer einzigen Rakete ein Ziel zu treffen, liegt bei der „Stinger-92A“ bei 0,3–0,5. Das ukrainische Militär lobt die „Stinger“ in den höchsten Tönen. Sie ist einfach zu bedienen, leicht und erfordert keine routinemäßige Wartung. Da der Zielsuchkopf keine Funkwellen aussendet, ist es für den Feind schwierig, die Rakete im Flug zu entdecken. Zudem funktioniert das System nach dem Prinzip „schießen und vergessen“, d. h. nach dem Start kann der Schütze in Deckung gehen. Die Bewaffnung der Ukrainer mit jeder Menge Fliegerfäusten „Stinger“ nahm erheblichen Einfluss auf den Verlauf des russischen Angriffs 2022 und zwang die russischen Fliegerkräfte, ihre Aktivitäten aufgrund hoher Abschussrisiken stark einzuschränken bzw. Raketen und Drohnen zu überlassen.

Abschuss einer „Stinger“-Rakete.

Startgerät LM „Starstreak“ für drei Fliegerfäuste.

Fliegerfaust „Starstreak“

Anfang März 2022 wurde bekannt, dass Großbritannien seine Streitkräfte um eine Anzahl Fliegerfäuste „Starstreak“ erleichtern und diese den Ukrainern zur Verfügung stellen wolle. Im April berichteten ukrainische Medien, die „Starstreak“ seien an die Ukraine geliefert worden. Es tauchten erste Fotos auf, die den Einsatz dieser Fliegerfaust gegen russische Flugzeuge und Hubschrauber zeigen. Die Geburtsstunde von „Starstreak“ (Sternschnuppe) schlug Mitte der 1980er-Jahre, als das britische Verteidigungsministerium das Rüstungsunternehmen Shorts Missile Systems mit der Entwicklung und Herstellung eines tragbaren Flugabwehrraketensystems beauftragte. Gesagt, getan, aber es dauerte ein bisschen und die britischen Streitkräfte mussten sich mit der Indienststellung von „Starstreak“ letztlich bis zum 1. September 1997 gedulden. Dafür bekamen sie gleich drei Hauptausführungen: eine tragbare Fliegerfaust (SL), ein leichtes Startgerät für drei Raketen (LML) und eine selbstfahrende Startvorrichtung auf gepanzertem „Stormer“-Fahrgestell (SP). Die letztgenannte Variante war für die Luftabwehr gepanzerter Truppenteile auf dem Marsch und im Gefecht vorgesehen. Hauptbestandteil jeder Abart ist der Boden-Luft-Lenkflugkörper „Starstreak“ HVM (High Velocity Missile, Hochgeschwindigkeitsrakete), untergebracht in einem Einheits-Transport- und Startbehälter. Wie die „Stinger“- verfügt auch die „Starstreak“-Rakete über ein zweistufiges Feststofftriebwerk. Ihre Besonderheit ist der originelle Gefechtskopf aus drei pfeilförmigen Tochtergeschos-

Technische Angaben „Starstreak“	
Raketenlänge, mm	1369
Max. Raketendurchmesser, mm	130
Gewicht des Gefechtskopfes, kg	3 x 0,9
Typ des Gefechtskopfes	Splitter
Höchstgeschwindigkeit, m/s	1000
Einsatzschussweite, m:	
Maximal	7000
Minimal	300
Zielerfassungshöhe, m	bis zu 5000

sen („Darts"). Bei den „Darts" handelt es sich um drei Wolfram-Submunitionen von 0,45 m Länge und 20 mm Durchmesser, die jeweils mit kleinen Rudern und Stabilisatoren ausgestattet sind. Jeder Minipfeil wiegt 900 g, wovon 450 g auf die Ladung aus Plastiksprengstoff RVX-98 entfallen. Jeder „Dart" verfügt über eigene Laserstrahl-Lenkung, einen panzerbrechenden Kern, eine Sprengladung und eine Thermobatterie. Nachdem die Rakete gestartet und auf eine Geschwindigkeit von über 3000 km/h beschleunigt hat, stößt sie die drei Submunitionen aus. Diese sind sozusagen um den zielsuchenden Laserstrahl herum angeordnet, und ihre Ausrichtung erfolgt nach dem Prinzip des so genannten Laserpfads (halbautomatische Kommandolenkung durch Laserstrahl). Aufgrund der enormen Fluggeschwindigkeit und des Wolframkerns durchdringen die „Darts" Rumpf oder Flächen eines Luftziels und detonieren dann im Inneren, um größtmöglichen Schaden anzurichten. Die Verwendung dreier Tochtergefechtsköpfe erhöht die Trefferwahrscheinlichkeit – aller fiesen Dinge sind drei. Nach Herstellerangabe verfügen Flugkörper und „Darts" über ausreichend Beweglichkeit, um Luftziele mit einer Beschleunigung von bis zu 9 g zu treffen. Außerdem garantiert der Hersteller eine Haltbarkeit (Lagerdauer) der Rakete „Starstreak" HVM von 10 Jahren. Die Richteinheit besteht aus einer stabilisierten monokularen Optik und dem Laser zur Lenkung, die als Baugruppe zusammengefasst sind. Die Baugruppe enthält auch die Stromversorgung (Lithium-Sulfid-Batterie) und die Elektronik für Datenverarbeitung und Lenkung. Die Lenkeinheit umfasst einen Joystick, einen Auslöser, einen Höhen- und einen Windmesser. Vor dem Abschuss erfasst der „Starstreak"-Schütze sein Luftziel über die Optik und schaltet dann die Stromversorgung der Visiereinheit ein. Die Zielmarkierung befindet sich in der Mitte des Sichtfelds des Bedieners, der das ausgewählte Luftziel im Fadenkreuz hält. Nach dem Start des Flugkörpers verfolgt der Schütze das Luftziel mit dem Joystick. Berichten zufolge soll eine zusätzliche Software eine automatische Zielverfolgung ermöglichen. Einsatzerfahrungen mit „Starstreak" haben schwerwiegende Unzulänglichkeiten der Ziellenkung offen gelegt. Diese hängt stark von der Fähigkeit des Schützen ab, das Ziel zu erfassen und bis zum Treffer zu verfolgen. Selbst ein kurzzeitiger Verlust des Kontakts mit dem Ziel kann zu einem Fehlschuss führen. Das bedeutet, dass ein Treffer von der Stellung des Schützen, der Flugbahn des Ziels, den Wetterbedingungen und weiteren Faktoren abhängt. Dies gilt sowohl für die Einmannwaffe als auch für die selbstfahrenden und Mehrfach-Systeme, wie auch die Ukrainer feststellen konnten. Der „Stinger" hinkte „Starstreak" in punkto Wirksamkeit mit Abstand hinterher.

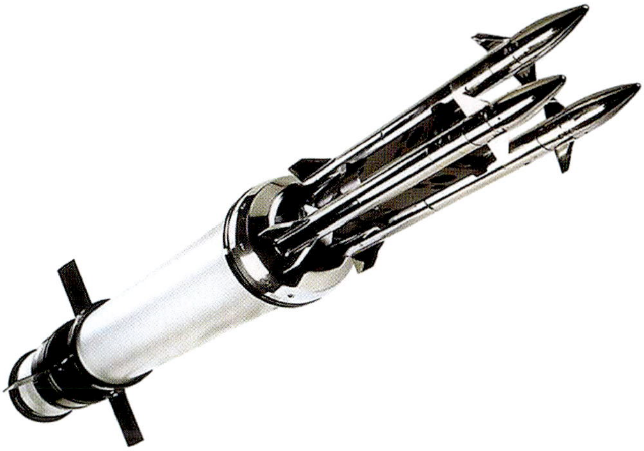

Der „Starstreak"-Gefechtskopf enthält drei pfeilförmige Wolfram-Geschosse.

LM „Starstreak" in Feuerstellung.

Abschuss einer „Starstreak"-Rakete.

Fliegerfaust „Mistral“

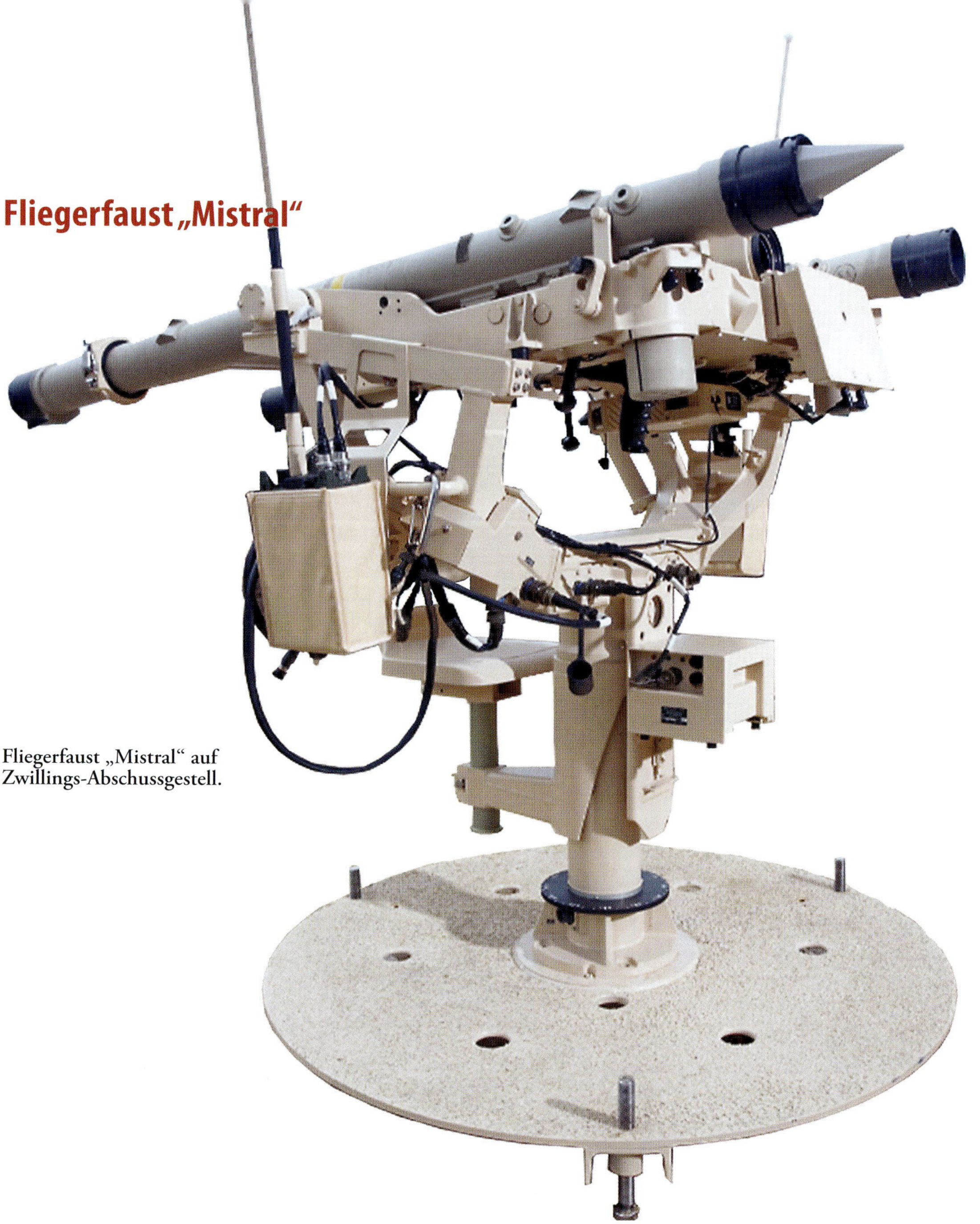

Fliegerfaust „Mistral“ auf Zwillings-Abschussgestell.

Am 20. April 2022 gab das norwegische Verteidigungsministerium eine Erklärung ab, 100 Flugabwehrraketen und mehrere Abschussgeräte der in Frankreich hergestellten Fliegerfaust „Mistral“ an die Ukraine zu liefern. Die norwegischen „Mistral“ waren in ihrer seegestützten Ausführung mit Abschussgestell auf norwegischen Minenräumbooten und Korvetten im Einsatz und sollten in naher Zukunft durch modernere Systeme ersetzt werden. Man weiß zwar, dass die Ukraine in den Genuss von „Mistral“ kam, aber genaue Zahlenangaben fehlen. Die Fliegerfaust „Mistral“ (Missile Transportable Antiaérien Léger; Tragfähige leichte Flugabwehrrakete) wurde vom französischen Unternehmen Matra ab 1980 entwickelt und 1988 bei den französischen Streitkräften eingeführt. Die Anlage ist zur Bekämpfung tieffliegender Ziele in 500 bis 5000 m Entfernung ausgelegt. Sie besteht aus einer Rakete in einem Transport- und Abschussbehälter, einer Abschussvorrichtung mit Zieloptik und einem Dreibein zur

Technische Angaben „Mistral"	
Gesamtgewicht, kg	38
Raketengewicht, kg	17
Gewicht des Gefechtskopfes, kg	3
Typ des Gefechtskopfes	Spreng
Leitsystem	Infrarot GSN
Einsatzschussweite, m: Maximal Minimal	 6000 500
Zielerfassungshöhe, m: Maximal Minimal	 3000 10
Bedienung	2

Aufnahme aller Bestandteile einschließlich Schützensitz. Der im verschlossenen Transport- und Startrohr untergebrachte Lenkflugkörper setzt sich aus dem Raketenmotor, einem Infrarot-Suchkopf, einer elektronischen Lenkvorrichtung mit Servomotoren sowie dem Gefechtskopf zusammen. Der Zielsuchkopf ist in der Lage, Wärmestrahlung von Düsenflugzeugen in mehr als 6 km und von Hubschraubern mit IR-Unterdrückung in über 4 km Entfernung zu erfassen und zu verfolgen, auch auf Gegenkursen. Der 3-kg-Gefechtskopf enthält vorgefertigte kugelförmige Wolframsplitter und zündet bei Aufschlag oder mit berührungslosem Laserzünder. Das zweistufige Raketentriebwerk besteht aus einem Start- und einem Marschtriebwerk. Das Starttriebwerk verleiht der Rakete eine Anfangsgeschwindigkeit von 40 m/s. Etwa 15 m nach Verlassen des Startrohres zündet das Marschtriebwerk und beschleunigt die Rakete auf eine Höchstgeschwindigkeit von Mach 2,6. Die Flugsteuerung erfolgt durch aerodynamische Ruder bzw. Flossen, die sich nach Verlassen des Startrohrs entfalten. Für den Transport lässt sich die Fliegerfaust „Mistral" in zwei etwa 20 kg schwere Teile zerlegen. Ukrainischen Medienberichten zufolge wurden einige „Mistral" auf Geländefahrzeuge gesetzt, um sie beweglicher zu machen.

Fliegerfaust „Mistal" auf Abschussgestell.

Die Visiereinrichtung der Fliegerfaust „Mistral" besteht aus einem Kollimator und einem Zielfernrohr.

Um die Mobiliät der Fliegerfaust „Mistral" zu erhöhen, setzt sie das ukrainische Militär auf Geländefahrzeugen ein.

Mittleres Flugabwehrraketensystem NASAMS

Der ukrainische Präsident Selenski besuchte die USA am 21. Dezember 2022. Im Vorfeld der Visite kündigte US-Außenminister Blinken ein Militärhilfepaket im Wert von 1,85 Mrd. Dollar für die Ukraine an. Dieses Paket umfasst insbesondere acht Einheiten des mittleren Flugabwehrraketensystems NASAMS (Norwegian Advanced Surface-to-Air Missile System, Modernes norwegischen Luft-Boden-Raketensystem). Am 10. Januar 2023 wurde bekannt, dass Kanada NASAMS von den Vereinigten Staaten kaufen würde, um sie an die Ukraine zu liefern. Das selbstfahrende Raketensystem mittlerer Reichweite wird gemeinsam von der US-amerikanischen Raytheon Technologies Corporation und der norwegischen Kongsberg-Gruppe hergestellt. Es ist für die Bekämpfung von Flugzielen in niedriger und mittlerer Höhe bei jedem Wetter ausgelegt. Die taktische Grundeinheit bildet die Batterie mit drei Raketenzügen zu je drei Abschussgeräten mit je sechs Raketen, einem Multifunktionsradar und einer Leitstelle. Insgesamt verfügt eine Batterie über 54 Raketen. NASAMS verwendet das Dreikoordinaten-Radar AN/TPQ-64, die NOAH-Feuerleitstelle der norwegischen Version von „Advanced Hawk" und AMRAAM-Raketen (Advanced Medium-Range Air-to-Air Missile, fortschrittliche Luft-Luft-Rakete mittlerer Reichweite); einer bodengestützten Ausführung der US-amerikanische Luftkampfrakete AIM-120A. Bei Letzteren handelt es sich um eine vergleichsweise ergraute Waffe, deren Auslieferung an die US-Luftwaffe bereits 1989 erfolgte. Der Flugkörper verfügt über ein kreuzförmiges Leitwerk und über weitere, ebenfalls kreuzförmige Stabilisierungsflächen im mittleren Teil. Die Flugsteuerung erfolgt über elektrisch angetriebene Heckruder. Im Heckteil des Raketenkörpers befinden sich Empfangsantennen für die Lenkeinheit, über die der Flugkörper Radarsignale des Flugzeugs oder der Bodenleitstelle zur Klärung der Zielposition empfängt. Der Antrieb erfolgt über einen zweistufigen Feststoffraketenmotor mit geringer Geräusch- und Rauchentwicklung, was die Entdeckung der Rakete auf Sicht erschwert. Das rund 70 kg schwere Triebwerk nimmt den meisten Platz innerhalb des Flugkörpers ein. Der 23 kg schwere Gefechtskopf befindet sich im Mittelteil und enthält 6,8 kg Sprengstoff. In Zusammenarbeit mit dem radargesteuerten Annäherungszünder kann er die Zerstörerladung aus 198 stabförmigen Splittern auf das Ziel konzentrieren, statt sie ringförmig zu streuen. Die Lenkung erfolgt durch ein kombiniertes System mit Trägheitslenkung in der Start- und Marschphase und aktiver Radarführung im Endanflug. Der Radarsuchkopf erfasst Ziele bis in 20 km Entfernung und verfolgt sie aktiv. Ein Mikrocomputer an Bord generiert dabei die Steuerungsbefehle und stellt den Zünder scharf. Die Rakete ist in einem Transport- und Abschussbehälter untergebracht. Die Abschussvorrichtung auf einem 6 x 4-Lkw Scania

Flugabwehrraketensystem NASAMS.

Technische Angaben NASAMS	
Startbehälter	6
Max. Raketendurchmesser, mm	178
Raketenlänge, mm	3655
Startgewicht, kg	157
Gewicht des Gefechtskopfes, kg	23
Typ des Gefechtskopfes	gerichtete Splitterladung
Höchstgeschwindigkeit, m/s	1020
Einsatzschussweite, m:	
Maximal	40.000
Minimal	2500
Zielerfassungshöhe, m	
Maximal	16.000
Minimal	30

Selbstfahrende Version des Boden-Luft-Raketensystems NASAMS.

nimmt sechs Behälter auf. Der Start erfolgt in einem festen Winkel von 30°. In Wartestellung lagern die Abschussbehälter waagerecht. Die multifunktionale Radarstation des Komplexes ermöglicht die Erfassung, Identifizierung und gleichzeitige Verfolgung von bis zu 50 Luftzielen sowie die Lenkung von bis zu drei Raketen auf ausgewählte Ziele. Den Radarbetrieb steuern die Rechner der Feuerleitstelle. Die gesamte Ausrüstung der Station ist auf einem gezogenen Anhänger montiert. Die Feuerleitstelle dient in der Regel zur Steuerung eines aus drei Werfern bestehenden Raketenzuges. Sie verfügt über zwei Rechner, eine modulare Mehrzweckkonsole mit Anzeige- und Steuersystemen, Datenübertragungs- und Kommunikationsgeräten. Die Konsole beinhaltet zwei redundante automatisierte Arbeitsplätze mit jeweils drei Anzeigen. Zwei Displays zeigen die gesamte Luft- und Gefechtslage an, das dritte Display den Status und den Bereitschaftsgrad der Systeme. Eine der drei Leitstellen einer Batterie dient als Batteriegefechtsstand. Mit Hilfe von Datenübertragungs- und Kommunikationseinrichtungen kann die Batterie Zieldaten von übergeordneten Kommandostellen empfangen und diese an mehrere (bis zu acht) Raketen übermitteln. Ein großer Vorteil von NASAMS ist seine Beweglichkeit und die Fähigkeit, verschiedene Mittel zur Feinderkennung zu nutzten (funktechnische Aufklärung, optische Aufklärung usw.). Nicht zuletzt lässt sich NASAMS in das Luftverteidigungssystem einbauen und kann Daten von allen anderen Radarstationen und Einrichtungen empfangen. Zweifelsohne hat NASAMS die Luftabwehrfähigkeiten der ukrainischen Streitkräfte nicht nur quantitativ, sondern auch qualitativ erheblich verbessert.

Werfer des Flugabwehrraketensystems NASAMS beim Abschuss einer Rakete.

Mittleres Flugabwehrraketensystem IRIS-T SLM

Im September 2022 hieß es in den Medien, die Bundesrepublik Deutschland plane die Lieferung von vier Flugabwehrraketensystemen IRIS-T SLM an die Ukraine. Zwei davon sollten bis Ende 2022 und zwei weitere Anfang 2023 geliefert werden. Später wurden diese Pläne revidiert, und alle vier Systeme wurden in einem kürzeren Zeitraum geliefert, wofür die eigentlich für Ägypten bestimmten Anlagen in die Ukraine umgeleitet wurden. Dabei vergaß man offensichtlich, den wüstengelben Anstrich durch geeignetere Tarnfarben zu ersetzen. Das hatte Folgen: einer der Komplexe wurde Anfang Juni 2023 von der russischen Luftaufklärung visuell erfasst und anschließend zerstört. IRIS-T steht für Infrared Imaging System Tail/Thrust Vector-Controlled; Bildgebendes Wärmebild-System mit Schubvektorlenkung. Es stellt ein Gemeinschaftsprojekt von Firmen aus sechs Ländern dar, sollte die US-Luftkampfrakete AIM-9 „Sidewinder" ersetzen und wurde unter Leitung des deutschen Unternehmens Diehl (genau gesagt: Bodenseewerk Gerätetechnik (BGT)) ab Mitte der 1990er-Jahre entwickelt. Die Arbeiten dauerten etwa 10 Jahre; 2005 wurden die ersten IRIS-T-Luftkampfraketen bei den Luftwaffen der Entwicklungsländer in Dienst gestellt. Fast unmittelbar danach begann man mit dem Projekt IRIS-T SL, das die Schaffung einer bodengestützten Anlage in zwei Ausführungen nach sich zog – für den Kurzstreckenbereich (SLS) und für den Mittelstreckenbereich (SLM). Das Kernstück aller Anlagen bildet die Lenkrakete IRIS-T mit den vier Hauptbaugruppen (von vorn nach hinten) Lenk-/Zielsucheinheit, Gefechtskopf, Triebwerk und Steuereinheit. IRIS-T verwendet den Infrarot-Zielsuchkopf TELL. Der Zielsuchkopf ist durch eine transparente Verkleidung abgedeckt. Die Kühlmittel sind in der Trägerrakete untergebracht. IRIS-T weist vier feste Stabilisatorenflächen am Triebwerksteil und ein kreuzförmiges Leitwerk mit vier Rudern am Heck auf. Jedes Ruder verfügt über einen eigenen elektrischen Antrieb. Die Anlage IRIS-T SLM umfasst ein Startgestell für acht Raketen auf einem Lkw MAN SX45 (8 x 8), eine Radarstation und ein Führungsfahrzeug. Das Startgestell nimmt acht Transport- und Abschussbehälter mit Raketen auf. Zum Abschuss fährt das Startgestell in eine senkrechte Position. Die Flugbahn der IRIS-T-Rakete wird durch GPS-Signale korrigiert und die Zielsucheinheit erst in unmittelbarer

Selbstfahrendes Flugabwehrsystem IRIS-T SLM.

Technische Angaben IRIS-T	
Startbehälter	8
Max. Raketendurchmesser, mm	127
Raketenlänge, mm	2936
Startgewicht, kg	87,4
Gewicht des Gefechtskopfes, kg	11,4
Typ des Gefechtskopfes	Splitter
Höchstgeschwindigkeit, m/s	885
Einsatzschussweite, m: Maximal Minimal	 40.000 -
Zielerfassungshöhe, m Maximal Minimal	 20 -

Nähe des Ziels aktiviert. Die besondere Konstruktion des Zielsuchkopfes und das Vorhandensein eines digitalen Datenverarbeitungssystems gewährleisten eine hohe Störfestigkeit und eine zuverlässige Zielerfassung, selbst wenn das Ziel kunstflugartige Ausweichmanöver fliegt. Während sich der Flugkörper dem Ziel nähert, erstellt das Datenverarbeitungssystem ein Bild des Ziels und vergleicht es mit Bildern typischer Ziele, die im Prozessor gespeichert sind. Dieser Algorithmus ermöglicht es dem Flugkörper, die empfindlichsten Teile des Ziels anzusteuern. Der IRIS-T-Komplex lässt sich eigenständig als auch im Rahmen eines gestaffelten Luftverteidigungssystems mit Datenaustausch betreiben. Das Bodenradar IRIS-T SLM liefert eine präzise Zielbestimmung für Kurz- und Mittelstrecken-Infrarot-Zielsuchköpfe. Es kann bis zu 200 Ziele gleichzeitig verfolgen und 24 Ziele bekämpfen. Ein wichtiger Vorteil des IRIS-T SLM ist seine Beweglichkeit und die Möglichkeit, sich aus NATO-Beständen zu ergänzen. Der Flugkörper verfügt über gute Flugeigenschaften, die ein schnelles Abfangen von Zielen über die gesamte Bandbreite der zulässigen Reichweiten und Höhen ermöglichen. Nicht zu Unrecht gilt IRIS-T SLM deshalb als das fortschrittlichste westliche Luftabwehrsystem, doch gibt es auch Zweifel an der tatsächlichen Wirksamkeit. Denn die Anlage basiert nun einmal auf einer modifizierten Luftkampfrakete und stellt kein eigenständig entwickeltes Flaraketensystem dar. Es ist nicht sicher, inwieweit IRIS-T tatsächlich in der Lage sein wird, hochbewegliche Ziele in geringer Höhe mit ausreichender Treffsicherheit zu bekämpfen. Außerdem wird die Flugbahn über störbare GPS-Signale gesteuert; der Infrarot-Zielsuchkopf übernimmt erst in unmittelbarer Nähe des Ziels. Mit

Das Flugabwehrsystem IRIS-T SLM in Marschstellung.

anderen Worten: IRIS-T weist eine gewisse Anfälligkeit gegen elektronische Störmaßnahmen auf. Dennoch: Am 19. Oktober 2022 berichteten ukrainischen Medien, eine russische Ch-101-Rakete sei von einer IRIS-T abgeschossen worden. Nach einem russischen Raketenangriff am 31. Oktober 2022 teilte die ukrainische Luftwaffe mit, dass IRIS-T-Raketen eine hundertprozentige Erfolgsquote bei der Abwehr des Angriffs verzeichnen konnten. Videoaufnahmen vom 15. November zeigten, wie IRIS-T-Raketen innerhalb von Sekunden zwei Marschflugkörper abschossen. Präsident Selenski war deshalb auch voll des Lobes und äußerte, IRIS-T sei „ein wirklich effektives System" und habe sich „als sehr gut erwiesen".

Flugkörper des Flugabwehrsystems IRIS-T SLM starten grundsätzlich senkrecht.

Flugabwehrkanonenpanzer „Gepard“

Im Juni 2022 wurde die Lieferung von 30 Flakpanzern „Gepard“ und etwa 6000 Schuss Munition an die Ukraine bekannt. Am 25. Juli kommentierte Verteidigungsminister Resnikow: „Heute sind die ersten drei »Gepard« offiziell eingetroffen, zu denen wir mehrere zehntausend Stück Munition erhalten haben". Im September 2022 verfügten die Ukrainer über 32 „Gepard", weitere 5 sollten noch folgen. Der „Gepard“ stellte für lange Jahre einen der Eckpfeiler der Flugabwehr der bundesdeutschen, niederländischen und belgischen Streitkräfte dar, die ihn Anfang des neuen Jahrtausends – der Ansicht vieler Militärs zum Trotz – außer Dienst gestellt hatten. Die Entwicklung des Flakpanzers durch bundesdeutsche, niederländische und schweizerische Unternehmen reicht bis Mitte der 1960er-Jahre zurück. Die Prototypen-Erprobung setzte 1969 ein, und am 5. Februar 1973 fiel die Entscheidung zur Serienfertigung des "Fla-Panzer 1 Gepard". Die Bundeswehr erhielt 420 „Gepard", das niederländische Heer 95 und die belgische Armee 55 Stück. Der „Gepard“ beruht auf dem Fahrgestell des Kampfpanzers „Leopard 1“ mit Motor-/Getriebe im Heck und Kampfraum/Drehturm in der Mitte. Die dreiköpfige Besatzung setzt sich aus Kommandant/Geschützführer, Richtkanonier und Fahrer zusammen. Die Wannenpanzerung schützt die Besatzung vor kleinkalibrigen Kanonengeschossen, während die Turmpanzerung Handwaffenbeschuss und Granatsplittern standhält. Die Bewaffnung besteht aus zwei 35-mm-Maschinenkanonen GDF L/90 der Schweizer Firma Oerlikon, in Waffengehäusen beidseitig am Drehturm montiert. Sie verfügen über Mündungsbremsen/Mündungsfeuerdämpfer mit Sensoren zur Messung der Mündungsgeschwindigkeit. Die Gasdrucklader entwickeln eine maxi-

Flugabwehrkanonenpanzer „Gepard“ der Bundeswehr.

male Feuergeschwindigkeit von je 550 Schuss pro Minute. Die Kampfbeladung umfasst 640 Granaten mit panzerbrechenden Brandgeschossen (zum Beschuss von Luftzielen) und 40 Granaten mit pan-

Flugabwehrkanonenpanzer „Gepard“, Vorderansicht.

Technische Angaben „Gepard“	
Besatzung/Bedienung	3
Gefechtsgewicht, t	47,5
Abmessungen, mm: Länge Breite Höhe (Radar eingefahren)	 7680 3270 3290
Bewaffnung, mm Kanone	 2 x 35
Kampfbeladung, Schuss	680
Geschossgewicht, kg	0,55
Effektive Einsatzschussweite, m: gegen Luftziele	 5000/3500
Höchstschussweite	12.000
Theoret. Feuergeschwindigkeit, S/min	1100
Motorleistung, PS	830
Höchstgeschwindigkeit, km/h	65
Fahrbereich, km	600

zerbrechenden Geschossen zur Bekämpfung leicht gepanzerter Bodenziele. Die effektive Kampfentfernung gegen Flugziele beträgt 5000 m und 3500 m in der Höhe; die Höchstschussweite 12.000 m. Die Feuerleitanlage umfasst ein Zielerkennungsradar, ein Zielverfolgungsradar, optische Visiereinrichtungen, zwei elektronische Rechenanlagen (eine davon als Ersatz) und eine Freund-/Feind-Kennanlage. Bei den Radaren handelt es sich um ein MPES-12 zur Zielerfassung und ein Albis zur Zielverfolgung. Beide arbeiten unabhängig voneinander, so dass der Luftraum überwacht und Ziele aufgeklärt werden können, während gleichzeitig das zu bekämpfende Ziel verfolgt wird. Alternativ oder bei Radarausfall können Kommandant und Richtkanonier zwei optische Panoramaperiskope mit eineinhalb- bis sechsfacher Vergrößerung und Sichtfeld 50° bzw. 12,5° nutzen. Zur Berechnung des Vorhaltewinkels verfügt die Feuerleitanlage über zwei elektronische Analogrechner (einer als Ersatz bei Ausfall des anderen). Der Vorhaltewinkel wird unter Berücksichtigung der von Gyroskopen ermittelten räumlichen Lage des Panzers (Neigung, Winkel, Richtung), der Flugbahn des Ziels und der von den Messanlagen an den Rohrmündungen gemeldeten Anfangsgeschwindigkeit der Geschosse berechnet. Starke Elektromotoren treiben bzw. richten Turm und Waffen, wobei der Turm in weniger als 2,5 Sekunden um 360° schwenkt und die Waffenanlage von –10° bis +85° in lediglich 1,5 Sekunden nach oben oder unten richtet. Der „Gepard“ baut auf dem Fahr-

Flakpanzer „Gepard" bei der Bekämpfung eines Flugziels.

gestell des Kampfpanzers „Leopard 1" auf, wobei Motor, Getriebe und Kettenlaufwerk mit einigen Änderungen übernommen wurden. Der 10-Zylinder-Vielstoffmotor MB 828 CaM-500 leistet 830 PS; angeflanscht ein hydromechanisches Getriebe 4HP-250 der Zahnradfabrik Friedrichshafen. Die Motor-/Getriebeeinheit lässt sich t innerhalb von 20 Minuten austauschen. Das drehstabgefederte Stützrollenlaufwerk verfügt über je sieben Laufrollen je Seite, aufgelegt die Endverbinder-Gleiskette mit Kettenpolstern; im Unterschied zum „Leopard 1" aber mit 85 statt 84 Kettengliedern, größerem Laufrollenabstand aufgrund der Wannenverlängerung sowie geänderten Stoßdämpfern zur Erhöhung der Stabilität beim Schnellfeuer. Auf Straßen erreicht der „Gepard" eine Höchstgeschwindigkeit von 65 km/h. Er überwindet Steigungen bis 30°, bis zu 1,15 m hohe senkrechte Hindernisse und bis zu 3 m breite Gräben. Zur Ausstattung gehören moderne Funk- und Navigationsgeräte, eine ABC-Schutzanlage, eine Feuerlöschanlage sowie Mechanismen zur automatischen Umstellung von der Marschlage in die Gefechtslage. Der Fahrer erhielt ein Infrarot-Nachtsichtgerät. Die Bundeswehr sonderte den „Gepard" ab 2010 im Zuge von Einsparmaßnahmen als „veraltet" aus, obwohl 85 kampfwertgesteigerte Ausführungen „Gepard 1A2" noch bis 2015 zur Einführung eines neuen geplanten „Systems Flugabwehr" – das nie kam – im Dienst bleiben sollten. Eine von vielen Fachleuten kritisierte Maßnahme, aber charakteristisch für manch andere hanebüchene Entscheidung, die höheren Orts getroffen wurde. Auch die Lieferung von Waffen in ein Kriegsgebiet mit der Unterstützung politischer Parteien, die zuvor ein deutsches Waffenunternehmen wegen (staatlich genehmigter) Lieferung von Sturmgewehren an die mexikanische Polizei heftig kritisiert hatten, wunderte große Teile der Bevölkerung. Die an die Ukraine gelieferten „Gepard" ließ man jedenfalls vor der Übergabe generalüberholen. In der Ukraine konnten die Flakpanzer zuerst allerdings nicht eingesetzt werden, da sie statt mit schweizerischer mit norwegischer Munition bestückt wurden, mit der der „Gepard" nicht zurechtkam und mit Ladehemmungen reagierte. Um dieses Problem zu lösen, musste bei Rheinmetall eiligst eine neue Munitionsproduktion eingerichtet werden. Damit klappte es wieder einigermaßen und im Jahr 2022 sollen die „Geparden" in der Ukraine 56 Drohnen und 10 Marschflugkörper abgeschossen haben.

Flugabwehrraketenpanzer „Stormer“ HVM

Am 12. April 2022 berichtete die britische Zeitung *The Sun*, die Führung des britischen Verteidigungsministeriums habe beschlossen, Flaraketenpanzer des Typs „Stormer“ HVM in die Ukraine zu verlegen. Ende Juli veröffentlichten ukrainische Zeitungen Fotos der ersten eingetroffenen „Stormer“; insgesamt soll es sich um sechs Stück gehandelt haben. Den Auftrag zur Entwicklung des Flaraketenpanzers erteilte das britische Verteidigungsministerium 1986. Als Trägerfahrzeug für Boden-Luft-Lenkflugkörper „Starstreak“ (siehe dort) diente der leichte Kettenschützenpanzer FV4333 „Stormer“. Die britischen Streitkräfte erhielten 1997 die ersten Einheiten des nun als „Stormer“ HVM bezeichneten Komplexes (HVM = High Velocity Missile; Hochgeschwindigkeitsrakete). Nach Angaben von *The Military Balance* verfügte die britische Armee 2022 über 60 solcher Systeme. Das Kettenlaufwerk des „Stormer“ HVM trägt eine aus Panzerstahlplatten geschweißte Wanne, welche die dreiköpfige Besatzung vor Handwaffengeschossen und Granatsplittern schützt. Im Bug ist ein Dieselmotor Rankins T63544 mit 250 PS eingebaut. Der Motor arbeitet mit einem Schaltgetriebe. Das drehstabgefederte Laufwerk zeigt je Seite sechs Laufrollen; Antriebsrad vorn, Leitrad hinten. Der Kampfraum mit oben aufmontiertem, rundum schwenkbaren Abschussgestell nimmt den mittleren und hinteren Teil ein. Die Konstruktion der Abschussvorrichtung und ihrer Anlagen für acht „Starstreak“-Behälter gewährleistet, dass die Raketen in jede Richtung und in verschiedenen Höhenwinkeln abgeschossen werden können. Anstelle der Lenkeinheit der tragbaren Fliegerfaust „Starstreak“ nutzt Stormer“ HVM eine optoelektronische Station mit entsprechenden Ausrüstung im

Technische Angaben „Stormer“ HVM	
Besatzung	3
Gefechtsgewicht, t	13
Abmessungen, mm: Länge Breite Höhe	 5270 2400 2270
Startbehälter	8
Max. Raketendurchmesser, mm	130
Raketenlänge, mm	1369
Startgewicht, kg	14
Gewicht des Gefechtskopfes, kg	3 x 0,9
Max. Einsatzentfernung, km	7
Max. Zielerfassungshöhe, km	5
Höchstgeschwindigkeit, km/h	80
Fahrbereich, km	650

Flugabwehrraketenpanzer „Stormer“ HVM.

Flugabwehrraketenpanzer „Stormer“ HVM, Seitenansicht.

Abschussgestell des „Stormer“ HVM.

Abschuss einer „Starstreak“-Rakete aus „Stormer“ HVM.

Fahrzeuginneren. Im Unterschied zur Fliegerfaust arbeitet die Zielsuche teilautomatisiert. Das zweistufige Feststoffraketentriebwerk blieb sich gleich, ebenso der Gefechtskopf mit Wolfram-„Darts“ als Splitterladung. Die acht Transport-/Startbehälter teilt die Abschussvorrichtung des „Stormer“ HVM in zwei Viererpakete auf. Weitere 12 sind im Heck zum händischen Nachladen untergebracht. Das Entfernen der leeren und das Einsetzen neuer Behälter bewältigt eine eingespielte Besatzung in zwei Minuten. Zusätzlich befindet sich eine Fliegerfaust „Starstreak“ an Bord, die ebenfalls aus dem Nachladevorrat ergänzt werden kann. Dank einer zweiteiligen Nebelmittelwurfanlage oben an der Bugpanzerplatte kann sich das Fahrzeug einnebeln. Da der „Stormer“ HVM hauptsächlich als Begleiter von Panzer- und Panzergrenadierverbänden geschaffen wurde, verfügt er über eine hohe Geschwindigkeit und Geländegängigkeit. Auf befestigten Straßen erreicht er bis zu 80 km/h und einen Fahrbereich von 650 km. Experten stellen fest, dass die an die Ukraine gelieferten Flaraketenpanzer zwar ein hoher Automatisierungsgrad und ein hoher Munitionsvorrat kennzeichnen, sie aber nur über optische Zielanlagen und nicht über Radar verfügen. Hat auch seine Vorteile, denn so kann sich „Stormer“ HVM nicht durch Radarsignale verraten und bis zum Raketenabschuss unentdeckt bleiben. Die Laserstrahllenkung zeichnet sich durch eine hohe Störfestigkeit aus. Im Gegensatz zum tragbaren Komplex verfügt das Kampffahrzeug – wie erwähnt – über ein automatisches System, das den Laserstrahl im Ziel hält. Dadurch verringert sich die Wahrscheinlichkeit, dass die Lenkung aufgrund eines Bedienfehlers ausfällt oder in die Irre geht. Allerdings verfügt „Stormer“ HVM nur über einen Laser, was bedeutet, dass er jeweils nur ein Ziel bekämpfen kann, und das auch nur, wenn sich dieses auf Sicht erfassen lässt. Abschuss, Reichweite und Verfolgung hängen also stark von herrschenden Sicht- und Wetterbedingungen ab. Dasselbe gilt für die Laserbeleuchtung des Ziels und den Empfang des Strahls durch die Instrumente des Flugkörpers. Das selbstfahrende System basiert auf einer tragbaren Flugabwehrrakete mit begrenzter Reichweite, so dass in 7 km Entfernung bzw. 5 km Höhe fliegende Feindflugzeuge nach entsprechender Aufklärung einen Flaraketenpanzer „Stormer“ HVM ohne jedes Risiko für sich selbst zerstören können.

Flugabwehrraketensystem MIM-104 „Patriot“

Ende Dezember 2022 gaben die USA bekannt, eine Batterie des Luftabwehrraketensystems MIM-104 „Patriot“ an die Ukraine liefern zu wollen. Über den Zeitpunkt der Übergabe gab es keine Informationen. Nach Angaben der Nachrichtenagentur AP wurden ukrainische Bedienungen zunächst auf einem US-Militärstützpunkt in Deutschland daran ausgebildet. Normalerweise dauert eine solche Ausbildung bis zu sechs Monate, doch dieses Mal sollte sie nur wenige Wochen in Anspruch nehmen. Dass eine solche „Schnellbleiche“ keine störungsfreie Beherrschung eines recht anspruchsvollen Systems leisten kann, dürfte selbst Laien nicht verwundern. Möglicherweise handelt es sich lediglich um eine Tarnmaßnahme, während vor Ort „Militärberater“ in ukrainischen Uniformen die Bedienung übernehmen oder zumindest leiten – es wäre bei weitem nicht das erste Mal. Jedenfalls sollte gemäß der *Zeitung Politico* zunächst eine „Patriot“-Batterie in die Ukraine verlegen, um gegebenenfalls „ballistische Raketen“ abzufangen. Das Weiße Haus bemühte sich zu versichern, dass ausschließlich ukrainische Soldaten die Batterie auf ukrainischem Territorium betreiben werden und angeblich keine Anwesenheit

Flugabwehrraketensystem „Patriot“ in Gefechtsstellung.

Boden-Luft-Raketensystem MI;-104 „Patriot“ in Marschstellung.

von US-Soldaten geplant sei. Möglicher Weise nur ein erster Schritt: Washington hatte ja bereits erklärt, in der Ukraine ein umfassendes Luftverteidigungssystem aus Luftabwehrsystemen unterschiedlicher Reichweite aufbauen zu wollen. Im weiteren Sinne versuchen die USA also, der Ukraine Waffen zur Verfügung zu stellen, die es ihr ermöglichen würden, eine Flugverbotszone ohne offizielle NATO- Beteiligung durchzusetzen. Beim MIM-104 „Patriot“ handelt es sich um das weitreichendste und modernste Luftabwehrsystem, das NATO-Staaten bisher in die Ukraine entsandt haben. Es ist in der Lage, moderne Raketen, Drohnen und Marschflugkörper unter verschiedenen Bedingungen zu bekämpfen. Hauptentwickler Raytheon arbeitete seit Anfang der 1970er-Jahre an „Patriot“, das damals noch die Bezeichnung SAM-D trug. Der erste Prototyp erschien 1976 dann als „Patriot“ und diente in erster Linie zur Erprobung der aerodynamischen Eigenschaften und der Funktion der elektronischen Ausrüstung. 1977 erschienen weitere Prototypen für umfassende Erprobungen. 1982 folgte die Einführung bei den US-Streitkräften, die 2022 nach offiziellen Angaben über 1106 „Patriot“-Systeme verfügten. Der Komplex MIM-4 besteht aus vier Flugabwehrlenkflugkörpern

Technische Angaben MIM-104 „Patriot“	
Startbehälter	4
Max. Raketendurchmesser, mm	410
Raketenlänge, mm	5310
Startgewicht, kg	912
Gewicht des Gefechtskopfes, kg	90,7
Typ des Gefechtskopfes	Splitter
Raketen-Höchstgeschwindigkeit, m/s	1750
Einsatzschussweite, km:	
Maximal	100
Minimal	3
Zielerfassungshöhe, km	
Maximal	25
Minimal	0,06

„Patriot“ in Transport- und Abschussbehältern, der Abschussvorrichtung M901, dem Multifunktionsradar AN/MPQ-53, der Steuerzentrale AN/MSQ-104 (in der Regel zur Führung von 5–8 Abschussvorrichtungen), der Stromversorgung, der Kommunikationsausrüstung und der betrieblichen Zusatzausrüstung. Der einstufige Lenkflugkörper arbeitet mit Feststoffantrieb. Die Raketenlänge beträgt 5200 mm, der größte Durchmesser 410 mm, das Startgewicht 906 kg und das Gewicht des Gefechtskopfes 90,7 kg.

Der Flugkörper besteht aus dem Triebwerk, einem Splittergefechtskopf, einer Flugbahnsteuerung und der Verkleidung. Letztere bietet Schutz gegen starke thermische und aerodynamische Belastungen bei hohen Fluggeschwindigkeiten. Die Sprengladung bringt ein Funkzünder zur Detonation. Das einstufige Feststofftriebwerk entwickelt einen durchschnittlichen Schub von 110 kN und beschleunigt den Flugkörper auf bis zu 1750 m/s für 12 Sekunden. Nach der Montage im Werk wird der startbereite Flugkörper in einen Transport- und Startcontainer verpackt und bedarf keiner nennenswerten Kontrollen im Feld mehr. Das Gewicht des beladenen Containers beträgt 1696 kg. Die M901-Startanlage nimmt vier Flugkörper in Transport- und Startbehältern auf. Jede Abschussvorrichtung verfügt über eine eigene autonome Stromversorgung mit einer Leistung von 15 kW. Der Viererpack ist auf einem Sattelauflieger M860 mit Zugmaschine M818 montiert. Der Start erfolgt in einem festen Aufstellungswinkel von 38°. Das zum System gehörende multifunktionale Radar AN/MPQ-53 dient der Erkennung, Identifizierung, Verfolgung und Beleuchtung von Zielen, dem Empfang von Informationen vom Lenkflugkörper und der Übermittlung von Befehlen an diesen. Es kann Luftziele auf bis zu 150 km Entfernung erfassen, bis zu 100 Ziele verfolgen und die für die gleichzeitige Bekämpfung von neun Zielen erforderlichen Daten liefern. Die Feuerleitstelle AN/MSO-104 – auch Gefechtsstand genannt – ist in einer Standardkabine auf Fahrgestell eines dreiachsigen Militär-Lkw untergebracht. Sie verarbeitet die vom Multifunktionsradar empfangenen Informationen, erzeugt Lenkbefehle sowie andere Daten, die für den Raketenstart und die Führung der Gesamtanlage erforderlich sind. Nachdem der Flugkörper den Startbehälter verlassen hat, sucht und verfolgt das Multifunktionsradar den Flugkörper entsprechend den Befehlen der Feuerleitstelle und „behält das Ziel im Auge". Der Verfolgungskanal gibt dem Flugkörper Lenkbefehle, die ihn auf der effektivsten Flugbahn zum Ziel leiten. Seit Beginn der Serienfertigung erfolgten drei Modernisierungen. Ab 1983 wurde im Rahmen des Patriot Antitactical Capability-Progamms (PAC) daran gearbeitet, den Lenkflugkörpern zusätzliche Fähigkeiten zur Abwehr taktischer und operativ-taktischer Raketen zu verleihen. Es wurden Verbesserungen an Raketen, Radaren, Rechner- und Kommunikationsanlagen vorgenommen. Die nächste Modernisierung im Rahmen des PAC-2-Programms beruhte auf Erfahrungen mit dem „Patriot"-Einsatz im Krieg gegen den Irak 1991. Die aufgerüsteten Raketen verfügten über ein verbessertes Zielsystem, das auch ballistische Flugkörper erfasst. Die Empfängerempfindlichkeit des Lenksystems wurde verbessert, und die Raketen erhielten einen neuen aktiven Radarzünder. Im Rahmen der Modernisierung PAC-3 wurde die Fähigkeit zur Bekämpfung von taktischen, operativ-taktischen und Marschflugkörpern sowie von „Tarnkappen"-Flugzeugen/Flugkörpern weiter geschärft und zur von Loral geschaffenen ERINT-1-Abfangrakete

Startanlage M901 mit vier „Patriot"-Flugkörpern in ihren Transport- und Startbehältern.

Luftzielerfassungsradar des Boden-Luft-Raketensystems MIM-104 „Patriot".

Start einer ERINT-Rakete.

weiterentwickelt. Dieser Raketentyp wird auf modernisierten Abschussvorrichtungen für vier Lenkflugkörper eingesetzt und ersetzt vier alte „Patriot" (wobei die Bezeichnung „Patriot" für die Gesamtanlage erhalten blieb). Die Indienststellung begann 1998. Zur Gliederung: Die grundlegende organisatorische und technische Einheit von MIM-104 „Patriot" bildet die Abteilung, die wiederum aus Raketenbatterien und Leitstellen besteht. Jede Batterie verfügt über acht Abschussgeräte, ein Multifunktionsradar und eine Leitstelle. Berichten zufolge wurde bzw. wird die Ukraine mit der Modifikation „Patriot" PAC-3 beliefert. Zur Ausbildung ukrainischer Bedienungen kommen die Anlagen zunächst auf US-Stützpunkte in Deutschland. Die Ausbildung eines Systemmechanikers dauert in der Regel mindestens 53 Wochen, die eines Feuerleitoffiziers 20 Wochen und die eines Feuerleitassistenten 13 Wochen. Insgesamt werden etwa hundert Personen benötigt, um ein einziges „Patriot"-System zu betreiben. Die *New York Times* vermeldete, die Ausbildungszeit für die ukrainischen Bedienungen ließe sich verkürzen, da sie ja bereits über Erfahrungen mit Luftabwehrsystemen anderer Hersteller verfügten. Militärexperten wiesen darauf hin, dass Flugabwehrraketen „Patriot" den Verlauf des Krieges zwar beeinflussen, aber nicht grundlegend ändern könnten. Dies vor allem vor dem Hintergrund, dass eine „Patriot"-Batterie ein Gebiet mit einem Radius von 15 bis 20 km verteidigen könne, die genannte Zahl der Systeme aber bei weitem nicht zur Luftverteidigung des ganzen Landes ausreiche.

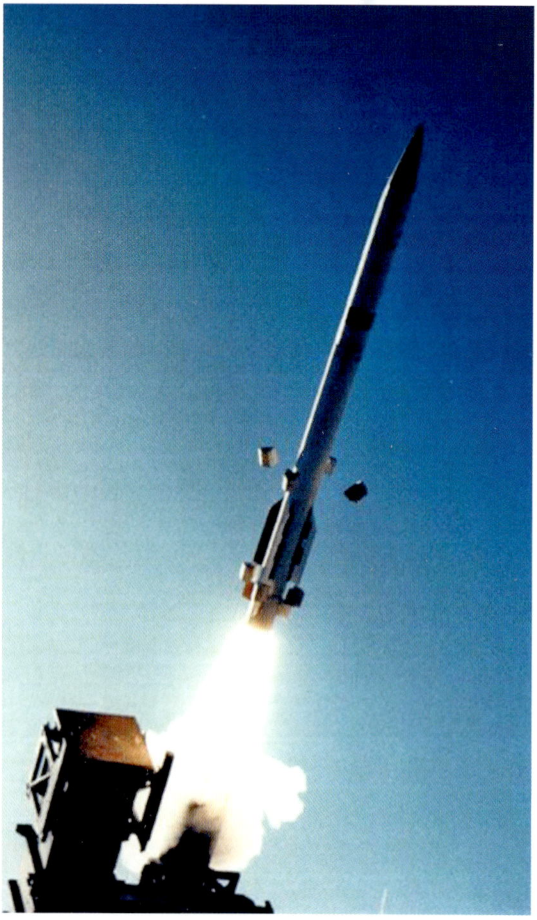

Werfereinheit eines Boden-Luft-Raketensystems „Patriot“ während einer Übung. (Foto: 2nd Lt. Emily Park, Public domain, via Wikimedia Commons)

WEITERE INTERESSANTE BÜCHER ZUM THEMA

Victor Schunkow widmet sich den Panzern der Russischen Armee, die heute im Einsatz sind oder zum Einsatz kommen sollen, angefangen bei den bewährten Typen T-80 und T-90 bis hin zu den modernsten Vertretern ihrer Art, den T-14 Panzern. Eine umfassende Darstellung von besonderer Aktualität.
192 Seiten, 258 Abb.,170x240 mm
ISBN 978-3-613-04601-6
€ 29,90 | € (A) 30,80

Victor Schunkow widmet sich in diesem Band nicht nur der modernen russischen Panzerwaffe, der Rohr- und Raketen-Artillerie, sondern auch den weiteren Waffen aus dem Arsenal der russischen Streitkräfte bis hin zu den Pistolen, Maschinenpistolen und Gewehren, die der Infanterist führt.
248 Seiten, 318 Abb.,170x240 mm
ISBN 978-3-613-04510-1
€ 34,90 | € (A) 35,90

Nach dem Überfall der Wehrmacht auf die Sowjetunion 1941 unterstützten die USA diese mit Waffenlieferungen. Zusätzlich erbeutete die Rote Armee später auch Waffen und Gerät der Wehrmacht. Victor Schunkow beschreibt in diesem Band alle Waffen, die als Beutegerät oder durch US-Hilfslieferungen die Rote Armee im Zweiten Weltkrieg verstärkte.
272 Seiten, 250 Abb.,170x240 mm
ISBN 978-3-613-04452-4
€ 29,90 | € (A) 30,80

Victor Schunkow liefert mit dem zweiten Band über die Waffen der Roten Armee im Zweiten Weltkrieg einen kompletten Überblick über die Panzerfahrzeuge der damaligen Sowjetunion - vom schweren KW-1 über den mittleren T-34 bis hin zum Tiger-Rivalen IS-2.
240 Seiten, 240 Abb., 170x240 mm
ISBN 978-3-613-04332-9
€ 29,90 | € (A) 30,80

Leseproben zu allen Titeln auf unserer Internetseite

Stand Februar 2024
Änderungen in Preis und Lieferfähigkeit vorbehalten.

Überall, wo es Bücher gibt, oder unter
WWW.MOTORBUCH-VERSAND.DE
Service-Hotline: 0711 / 78 99 21 51
www.facebook.com/MotorbuchVerlag

Motor buch Verlag